细支卷烟质量控制技术

邓国栋
王 兵 主编
李 斌

中国轻工业出版社

图书在版编目（CIP）数据

细支卷烟质量控制技术 / 邓国栋，王兵，李斌主编. —北京：中国轻工业出版社，2023.1
ISBN 978-7-5184-3906-5

Ⅰ. ①细… Ⅱ. ①邓… ②王… ③李… Ⅲ. ①卷烟—生产工艺—质量管理 Ⅳ. ①TS452

中国版本图书馆 CIP 数据核字（2022）第 059495 号

责任编辑：张　靓
文字编辑：王庆霖　　责任终审：白　洁　　封面设计：锋尚设计
版式设计：砚祥志远　　责任校对：吴大朋　　责任监印：张　可

出版发行：中国轻工业出版社（北京东长安街 6 号，邮编：100740）
印　　刷：三河市万龙印装有限公司
经　　销：各地新华书店
版　　次：2023 年 1 月第 1 版第 1 次印刷
开　　本：720×1000　1/16　印张：14.75
字　　数：320 千字
书　　号：ISBN 978-7-5184-3906-5　定价：78.00 元

邮购电话：010-65241695
发行电话：010-85119835　传真：85113293
网　　址：http://www.chlip.com.cn
Email：club@chlip.com.cn
如发现图书残缺请与我社邮购联系调换
200433K1X101ZBW

本书编写人员

主　　编　邓国栋　王　兵　李　斌
副 主 编　邓　楠　王　乐　刘晓萍
参　　编（排名不分先后）
　　　　　　丁美宙　刘文锋　刘民昌　朱　波
　　　　　　关　欣　刘　洋　李洪涛　毕思强
　　　　　　邢　军　芮金生　周明珠　罗　靖
　　　　　　胡素霞　郝喜良　温若愚　熊安言
　　　　　　董　浩　张　齐　李焕威　杨俊杰
　　　　　　赵静芬　徐大勇　郑松锦　王　廷
　　　　　　许冰洋　秦国鑫　张二强　李善莲

前言
PREFACE

本书以细支卷烟发展历史为起点,以细支卷烟的主要物理指标、烟气指标及其加工过程因素为考察对象,系统研究了细支卷烟支重、吸阻、硬度等波动较大的共性问题。第一,通过深度调研当前国内外细支卷烟,发现国内细支卷烟在烟支设计、质量稳定性方面存在的提升空间。第二,以卷烟支重、硬度、吸阻、滤嘴通风、密度一致性、空头率、落头倾向以及烟气指标为细支卷烟质量稳定性评价指标,获得了烟丝形态、烟丝物理特性与卷制过程参数对细支卷烟质量稳定性的影响规律。第三,确定了烟丝形态、烟丝物理特性与卷制过程参数的测定指标、调节参量和控制手段,构建了细支卷烟质量稳定性控制的"测""调""控"技术,并分析了细支卷烟各项质量指标的稳定性可控范围。第四,在以上分析基础上进行了细支卷烟定量设计与优化方案研究与分析。上述技术在行业 19 家企业中得到应用,并形成技术改进方案,且应用的 12 个牌号(规格)的细支卷烟物理指标(支重、硬度、吸阻、动态吸阻)、烟气指标等稳定性得到不同程度提升:烟支密度一致性增加,细支卷烟整体感官质量得到不同程度提升,卷烟支重平均标准偏差≤12.5mg,烟支开放吸阻平均标准偏差≤49Pa,烟支硬度标准偏差≤2.81%,焦油量批内波动≤0.40mg,焦油量批间波动≤0.58mg,基本实现了预期经济技术指标。本书的技术成果可为细支卷烟质量稳定性提升提供参考。

本书正是根据行业"细支卷烟升级创新"重大专项中的"提高细支卷烟质量稳定性关键工艺技术研究"项目研究成果,结合卷烟工业企业研究与应用实践,分别从细支卷烟的发展历史及研究现状、细支卷烟加工工艺参数设置及试验检测研究方法、国内外细支卷烟质量品质分析、烟丝形态对细支卷烟质量稳定性的影响、烟丝物理质量对细支卷烟质量稳定性的影响、卷制工艺对细支卷烟质量稳定性的影响、质量控制技术研究、关键技术研究应用等方面进行了详细阐述。全书共分为九章:第一章由邓国栋、关欣、朱波、王兵编写;第二章由邓国栋、李斌、毕思强、朱波、关欣编写;第三章由周明珠、邓国栋、董浩、刘晓萍编写；第四章由邓国栋、刘晓萍、王乐编写；第五章由李斌、邓楠编写；第六章由邓国栋、李斌、王乐、邓楠编写；第七章由王兵、邓国栋、李斌、王乐、徐大勇编写；第八章由王乐、邓楠、李斌、张齐编写；第九章由王兵、丁美宙、刘文锋、刘民昌、刘洋、李洪涛、刘晓萍、芮金生、罗靖、胡素霞、郝喜良、温若愚、熊安言、毕思强、李焕威、赵静芬、杨俊杰、郑松锦、王廷、许冰洋、秦国鑫、张二强、李善莲编写。邓国栋、王兵、李斌对全书进行了统稿。

由于编写人员学识有限，时间仓促，书中难免存在不妥之处。恳请专家和读者批评指正，使其渐臻完善。

编者

目 录
CONTENTS

第一章　绪论 / 1
　　第一节　细支卷烟的发展历史 / 2
　　第二节　细支卷烟相关技术的研究进展 / 8

第二章　细支卷烟质量控制技术研究方法 / 35
　　第一节　细支卷烟质量指标与烟丝特性检测方法 / 35
　　第二节　工艺参数设置及样品制备方法 / 58

第三章　国内外细支卷烟质量品质分析 / 65
　　第一节　细支卷烟物理性能指标及其稳定性分析 / 65
　　第二节　细支卷烟烟丝质量特征分析 / 76
　　第三节　细支卷烟烟用材料特征分析 / 86
　　第四节　细支卷烟其他物理指标特征分析 / 100
　　第五节　细支卷烟烟丝化学成分特征分析 / 104
　　第六节　细支卷烟烟气释放特征分析 / 109
　　第七节　感官质量评价 / 116

第四章　烟丝形态对细支卷烟质量稳定性的影响 / 118
　　第一节　工艺参数控制行为对烟丝形态特征的影响 / 118
　　第二节　烟丝形态对卷烟物理指标及稳定性的影响 / 125
　　第三节　烟丝形态对卷制过程适应性的影响 / 130
　　第四节　烟丝形态对烟气指标及其稳定性的影响 / 132

第五节 烟丝形态对其他质量指标的影响 / 135

第五章 烟丝物理质量对细支卷烟质量稳定性的影响 / 138
  第一节 加工工艺参数控制行为对烟丝物理质量的影响 / 138
  第二节 烟丝物理质量对卷烟物理指标及稳定性的影响 / 140
  第三节 烟丝物理质量对卷制过程适应性的影响 / 143
  第四节 烟丝物理质量对烟气指标及其稳定性的影响 / 145
  第五节 烟丝物理质量对其他质量指标的影响 / 147

第六章 卷制工艺对细支卷烟质量稳定性的影响 / 150
  第一节 卷制工艺参数控制行为对烟丝/卷烟烟支状态指标的影响 / 150
  第二节 卷制工艺对卷烟物理指标及其稳定性的影响 / 154
  第三节 卷制工艺对卷制过程适应性的影响 / 157
  第四节 卷制工艺对烟气指标及其稳定性的影响 / 159
  第五节 卷制工艺对其他质量指标的影响 / 162

第七章 细支卷烟加工质量控制技术研究 / 164
  第一节 烟丝形态控制技术研究 / 164
  第二节 烟丝物理指标控制技术研究 / 165
  第三节 卷制过程控制技术研究 / 166

第八章 细支卷烟定量设计及优化方案 / 169
  第一节 细支卷烟综合设计方案 / 169
  第二节 细支卷烟指标稳定性的设计方案 / 171
  第三节 卷烟吸阻定量设计及优化方案 / 174

第九章　关键技术研究应用／180
　　第一节　验证试验参数／180
　　第二节　验证试验结果／181

附表／192

参考文献／218

第一章
绪论

国家烟草专卖局在 2008 年 6 月首次提出 "中式卷烟" 品类构建的概念，并明确了品类构建与创新是品牌创新和技术创新的重要途径和切入点。随后，从 "清香" "浓香" 和 "中间香" 到 "淡雅香" "本草香" "原香" "醇香" "焦甜香"，围绕 "特色香" 涌现了诸多新品类，极大地丰富了中式卷烟品类的内涵，也培育和发展了一批中式卷烟特色品牌。

除 "特色香" 外，卷烟形态特征的变化涌现出了 "细支卷烟" 这一品类，2008 年，国内第一款圆周 17mm 细支卷烟从江苏中烟工业有限责任公司（简称江苏中烟）南京卷烟厂诞生之后，尤其是在 2012 以后，得到了快速发展。2014 年 6 月，国家烟草专卖局下发了《关于规范和支持细支卷烟发展的通知》，鼓励各企业通过合理布局，开展技术研发，有效促进细支卷烟规范发展。2014 年细支卷烟快速增长，18 家工业公司均开发了细支卷烟，标准周长以下的细支卷烟销量达到 44.2 万箱，以 "南京" 品牌为代表的细支高端卷烟实现新突破，全行业含税调拨价 171 元/条以上的细支卷烟销量增长 5.3 倍。在 2015 年，为促进细支卷烟的发展，国家烟草专卖局在（国烟办综〔2015〕52 号）文件中明确了细支卷烟的研发方向为 "高品质、高技术、高起点、高效益"，其中针对高品质细支卷烟，提出了 "提高细支卷烟产品物理指标的控制精度以及烟气盒标值与实测值偏差的控制水平，全面提升细支卷烟产品质量水平"；研究确定合理的卷制参数组合，达到理想的物理指标均匀性及烟气指标的稳定性；系统研究卷烟物理指标、烟气指标、感官质量之间的相关性，通过卷制参数优化，实现细支卷烟综合质量的均衡与协调。加强产品感官评价、质量检测标准等方面的基础研究，引导细支卷烟质量的提升发展。在 2015 年全国烟草科技工作会议上对科技工作的安排中明确指出："研究规划细支卷烟重大专项，提升细支卷烟品质，在融合品牌风格特征的基础上，彰显细支卷烟的烟草本香，提高香气量、烟气浓度和满足感，创造新的技术亮点、风格特征、市场卖点、推动其发展成为中式卷烟不可或缺的新增长极"。细支卷烟作为中式卷烟新品类，在减害降焦、节能环保和降本增效等领域有着固有的优势。同时，在卷烟物理形态的变化上，细支卷烟降低了圆周，在卷烟长度不变的情况下，获得与常规卷烟相似的烟支密度（230mg/cm³左右），势必造成填充时出现烟丝状态与加工工艺过程匹配的问题，物理质量在原有的测试方法中除均值会发生变化以外，标准偏差有所增加是可能面临的主要问题。当然滤棒成型中存在相似的问题。因此，细支卷烟的配方设计、卷烟材料设计及加工工艺水平提升领域逐渐成为其发展中研究的热点领域。如何综合考虑将配方烟丝状态和卷烟材料，通过工艺加工水平的提升，达到提高细支卷烟综合质量水平的目的，成为目前细支卷烟发展中的迫切问题。2016年国家烟草专卖局启动"细支卷烟创新提升"重大专项，为细支卷烟关键技术提升的相关技术领域进行了顶层设计，专项进行了边研究边推广的实施策略，在多个技术领域取得了较好的效果，有效地保证了细支卷烟销量的增长。近几年的统计数据表明，2014、2015、2016年细支卷烟销量分别为27.94万箱、70.91万箱、136.86万箱，年均增长率为123%，远超常规卷烟年均增长3.57%、国产卷烟年均增长-4.09%的水平，为实现卷烟稳产销提供了有力支撑。2017年1—9月，细支卷烟销量183.71万箱，同比进一步增长80%，仍然远超常规卷烟销量增幅-0.68%、国产卷烟销量增幅1.76%的水平，为实现全年卷烟销售4730万箱的目标发挥了重要的支撑作用。

第一节 细支卷烟的发展历史

一、国外细支卷烟发展

国外细支卷烟已有60多年的发展历史，遥遥领先国内50余年，其间大量研究成果公之于众，如19.75mm圆周的滤嘴卷烟Homa的面世、细支卷烟燃烧机理面纱的揭开、烟气形成与传递规律的解密以及卷烟毒理的探究等[1]。在细支卷烟产品开发初期，国外烟草公司将重点主要放在了女性消费者市场，输入产品优雅、独立等属性的概念，稳定了女性市场。细支卷烟市场快速扩大的另一个重要原因是其自身的结构特点，细支卷烟低焦油、细长、烟丝少等特征较常规卷烟而言更能直观地吸引消费者的注意，符合越来越多的消费者对具有低焦油、低危害的细支卷烟产品的选择趋势[2]。

从细支卷烟面世起，可以说属于小众产品。其目标消费群定位为独立的女性烟民。细支卷烟经过长期发展，逐渐被女性消费者市场所接纳，并且种类丰富。为了迎合女士烟民的吸食口味，还逐渐开发出了草莓型、玫瑰香型、薄荷型等多种香型细支卷烟。

卷烟品类繁多，除常规尺寸外，鉴于成本、市场及政府政策等多方面的因素，近些年来不同长度和圆周的卷烟产品在国外呈快速增长态势[3]。根据细支卷烟的尺寸（直径或圆周），Moodie等[4]将细支卷烟分为细支（Slim）、超细（Superslim，直径5.0mm）、半细（Demislim）和微细（Microslim，直径4.7mm）4个规格；McAdam等[3]将细支卷烟分为细支（Slim，圆周21~23mm）、半细（Demislim，圆周19~21mm）和超细（Superslim，圆周14~19mm）。国外科研人员普遍认为圆周22~24mm为细支，19~22mm为半细，14~19mm为超细；长度可分为80~85mm、90~100mm和120mm三种规格[3,5]。

尽管细支卷烟在全球市场份额的占比近年来才迅速增长，但国外的细支卷烟产品在60多年前便已上市。1951和1960年伊朗烟草公司分别开发了无滤嘴和带滤嘴的卷烟Homa，烟支圆周为19.75mm[6]。1955年，埃及就有圆周为17.46mm的King George V卷烟的生产[7]。1973年英美烟草公司的Lugton对全球的商业品牌卷烟进行了统计，其中圆周低于常规卷烟的有英国的Player No 6 Filter（圆周23.2mm），肯尼亚的Crescent&Star（20.79mm）、King Stork（21.86mm）以及Ten Cents（18.13mm）[8]。在美国，首款细支卷烟Silva Thins由美国烟草公司开发，但目标市场并不是女性消费者[9-11]，但菲莫烟草公司由此敏锐感知到女性消费者在烟草市场的巨大潜力，于1968年设计开发了针对女性消费者的首款细支卷烟VirginiaSlims（长度100mm，圆周23mm）[12-13]。1987年美国布朗&威廉姆森公司开发了首款超细卷烟Capri（圆周17.38mm）[3,8]。

国外烟草公司在产品开发初期进行了大量的广告宣传，将产品的属性（规格：细长；宣传：独立、自信、活力等）与女性消费者的社会价值观进行了很好的关联，有力地推动了女性消费者卷烟市场的发展[14-20]。近年来，全球控烟形势日益严峻，消费者的健康意识也不断增强，低焦和细支卷烟越来越受到男性消费者的青睐，细支卷烟市场份额呈快速增长趋势[21]。以这些品牌为代表的细支卷烟在国际卷烟市场份额中的占比逐年上升，尤其是在俄罗斯、日本、韩国等卷烟市场。2016年烟草发展报告数据显示，在全球传统卷烟市场持续缓慢下滑的大背景下（2016年同比下降约2%），细支卷烟的市场份额大幅增长，2015年细支卷烟销量（不含中国）约280万箱，占卷烟销量的 5%，相比于 2009 年，年均增速 4%[22-23]。

除了国外烟草公司的广告宣传因素外，细支卷烟自身的结构特点是其市场份额快速增长的另一重要因素。Mutti 等[19]调查研究表明，与常规卷烟相比，低焦、细支、加长（长度 100mm、120mm）卷烟更容易传递给消费者低风险感知。Kmietowicz[24]研究表明，由于细支卷烟烟丝含量少，消费者可能会产生一种细支卷烟健康风险较小的印象。Ford 等[25]发现，带有白色滤嘴或装饰性结构的细支或超细卷烟最具吸引力，细支结构能够传递给消费者口味淡且风险低的信息。Moodie 等[4]的研究结果显示，与常规卷烟相比，细支卷烟的烟支结构特点能够引起消费者的兴趣，并给人以吸味愉悦和风险降低的感知。2016 年，Kaleta 等[26]研究了波兰农村青年对卷烟及替代品（细支卷烟、薄荷烟、水烟、电子烟和无烟气烟草制品）的风险感知行为，结果表明，参与者普遍认为细支卷烟和薄荷烟具有更低的风险。

综上可知，国外在细支卷烟方面的研究起步较早，细支卷烟产品的规格较多。细支卷烟的圆周范围较广，通常在 14~24mm；细支卷烟的长度通常有 3 种规格，在 80~120mm 之间。在全球控烟形势日益严峻和消费者健康意识不断增强的新形势下，细支卷烟产品的市场占比近年来呈快速增长趋势。

二、国内细支卷烟发展

细支卷烟进入国内之后，起初的目标群体也落脚在女性市场。因此，最早在国内开发成功的细支卷烟（圆周小于 24.5mm）品牌，也以女性消费者为主要市场目标。鉴于细支卷烟的市场定位，细支卷烟的广告投放，也主要针对女性市场。年轻女性烟民群体是细支卷烟最早的消费主力。通过市场调研，国内细支卷烟的受众市场狭小，遇到了难以增长的困境。遏制女性消费人群吸烟率上升也一直是国际控烟组织关注的焦点，不仅会带来产销量难以增长的问题，还可能引发舆论风险。然而，国内细支卷烟生产企业大量在市场调研也有新发现，实际上，细支卷烟产品的消费人群还可以进一步细分。在女性消费人群以外，还包括一部分追求时尚，敢于尝试新鲜事物的男性消费人群。各卷烟生产企业及时改变了市场营销策略。不再仅仅把细支卷烟贴上女士烟的"标签"，而是积极探索细支卷烟的本质，挖掘亮点，提升卷烟消费者对细支卷烟的全面认知。长期发展形成的卷烟市场，常规卷烟始终占据着主导地位，细支卷烟不过是产品差异化的一个补充和尝试。经过大量的投入，国内细支卷烟发展初期面临的消费群体小，产销量小的问题并没有得到较好的改善。细支卷烟的市场发展前景不十分明朗。

21世纪以来，随着吸烟与健康研究的不断深入，吸烟的安全性问题日益受到人们的重视。由世界卫生组织制定的、各成员国政府已签署的《烟草控制框架条约》更是对烟草制品作出了严格的限制。世界上一些发达国家相继对市售卷烟的焦油、烟碱及CO量作出了具体的限量规定，同时，消费者对自身的健康也更加关注。环保理念、健康理念，受到越来越多的重视。卷烟消费在这样的背景下，逐渐发生了新的变化。追求健康，追求环保，开始成为新的消费需求。健康观念的全面确立，环保养生的要求增强，终于给细支卷烟带来了市场机会。

细支卷烟与常规卷烟相比，给消费者带来的直接感受是烟气具有更柔和、更细腻，刺激性更小，抽起来浓度、劲头相对适中，余味干净等特点。较早一代的细支卷烟产品，焦油含量大多在11mg/支之下，如12mg/支的"茶花（柔和）"、11mg/支的"云烟（94mm印象）"、8mg/支的"南京（炫赫门）"、6mg的"南京（梦都）""南京（金陵十二钗）"和"娇子（X）"等细支卷烟产品。"中南海（I时代）"则是当时唯一一款焦油含量在5mg/支的细支卷烟产品。特别随着降焦减害技术的成熟，近年新上市的细支卷烟产品，焦油含量更低，基本都在8mg/支以下。低焦油细支卷烟产品不断涌现，迎合了核心消费人群追求健康与安全等方面的消费需求。细支卷烟规格所具备的优势恰好与消费者的消费心理相契合，为细支卷烟赢得市场奠定了基础。

江苏中烟作为细支卷烟领军企业，从健康理念、消费心态、市场细分等多个维度，积极构建细支卷烟的培育体系。在细支卷烟的目标群体上，把核心消费人群从追求时尚、活力无限的消费群体，向生活优越、更加关注自身健康、更愿意接受环保安全新生活理念的职场精英、企业高层、政界政要等中青年人群上移。正是消费核心群体的上移，为细支卷烟走向高端化赢得机会。细支卷烟彻底打破了女性消费的标签，逐渐在男性消费群体扩散开来，获得了越来越多的男性消费的认可。

2005年，全行业细支卷烟产销量不过只有几万箱而已。然而，到了2012年，全行业细支卷烟产销量达到了15万箱以上，市场规模增长率年增长率保持在了45%以上。细支卷烟表现出来的惊人的爆发力，引人注目的增长速度，成为全行业关注的焦点。也正是看到了细支卷烟发展的市场前景，在江苏中烟、川渝中烟工业有限责任公司之后，山东、河北、湖北、福建中烟工业有限责任公司（以下简称××中烟）等，也纷纷投入到细支卷烟的研发之中。细支卷烟从最初的三四个品牌，迅速增长到了十多个品牌。

可以说，这与细支卷烟成功的文化塑造也分不开。山东中烟在泰山风光中寻求启迪，大胆借鉴泰山的自然奇观，赋予细支卷烟"泰山（佛光细支）"深远的历史感。河北中烟的"钻石（时尚景泰）"，则吸收了中国传统工艺的集大成者——"景泰蓝"，通过融入传统文化元素，彰显深厚的文化底蕴。在众多细支卷烟品牌中，可以说，"南京（金陵十二钗）"最具有代表性。通过挖掘南京厚重的历史文化，丰富产品文化内涵，提升品牌品质和形象，赋予品牌独有的文化价值，增强细支卷烟的认知和文化感染力，因为诗画印为一体，达到了现代美与古典美、内在质量与外在艺术和谐统一。

在细支卷烟这个新品类上，科技也赋予它更多的品质魅力。这也是近年来细支卷烟快速发展的原因之一。由于细支卷烟还没有形成行业统一的标准，它成为卷烟新科技的最佳试验田。通过技术集成，将优质原料与综合配方深度融合，特色工艺与烟用材料深度协调，赋予了细支卷烟别样的科技魅力和高附加品质。

2003年4月，国家烟草专卖局提出"中式卷烟"的概念，并于2004年初将"中式卷烟"确定为中国烟草行业的发展方向，要求"中式卷烟"的研发必须把握"高香气、低焦油、低危害"的原则。

2008年6月，国家烟草专卖局在武汉召开"中式卷烟品类构建与创新研讨会"，首次提出"中式卷烟"品类构建的概念。国家烟草专卖局李克明副局长在会上指出，品类构建与创新是品牌创新和技术创新的重要途径和切入点，全国性重点品牌都应该成为"中式卷烟"品类的代表。会议强调，中国烟草行业要努力构建较为完善的"中式卷烟"品类体系，真正满足消费者的需求。

2014年6月，国家烟草专卖局下发了《关于规范和支持细支卷烟发展的通知》，通知指出"对于细支卷烟，要鼓励适度竞争，通过竞争促进各企业细支卷烟的技术研发能力提升，同时更要实行调控，避免一哄而上甚至是一些不规范竞争行为，通过综合布局，真正发挥重点品牌和规格的生力军作用，促进细支卷烟规范发展。"通知还进一步明确了细支卷烟的开发原则，明确规定细支卷烟新品开发价类不得低于二类卷烟，焦油量不得高于8mg/支。

2005年，江苏中烟开始对发展细支卷烟进行可行性论证及产品开发立项，2006年，江苏中烟推出周长17mm的细支卷烟梦都（细支型），标志着第一支国产细支卷烟面世，随后几年，国内细支卷烟市场一直不温不火，消费潮流尚未形成，国家烟草专卖局也没有统一的细支卷烟规范标准，当时市场上周长22mm左右的中细卷烟也被纳入细支卷烟分类研究中[27]。

从细支卷烟区域发展上看，最先形成细支卷烟消费氛围的市场主要集中在山东和东北地区，根据调研，主要原因之一是韩国"爱喜"品牌在这些地区长期存在，消费者养成了对进口细支卷烟的消费习惯，对细支卷烟的接受程度远高于国内其他地区，随着国产细支卷烟产品日益增多，尝试并重复购买的消费者也日益增多，中式烤烟型的国产细支卷烟比混合型的进口细支卷烟更加符合国内消费者的偏好，消费习惯逐渐转向国产细支卷烟，并向周边市场辐射，影响和带动周边市场细支卷烟的消费氛围。

国内细支卷烟产品的萌发起始于江苏中烟敏锐的市场认知，尽管产销经历了几年的低迷期，但也逐渐形成了一定规模。至今，细支卷烟发展进入如火如荼阶段，已形成江苏中烟领头，湖北中烟紧随其后，河南、云南、贵州、山东中烟并驾齐驱，其他地区中烟实力追赶的格局[27]。国内细支卷烟产品研发的背后是创新驱动，是烟草行业产品转型和创新的新路径，从产品设计、原料选取、生产制作、上市流通等各环节，细支卷烟都不同于常规卷烟原有思路。细支卷烟出现的各种新工艺、新技术、新方法，对提高中国烟草行业在全球市场的竞争力都有重要的实践意义[28]。

三、国内卷烟发展展望

回顾中国烟草科技过去几十年、特别是近十年的发展历程，科技创新是取得卓越成就的重要经验之一。展望未来，科技创新仍将是驱动中式卷烟实现新跨越的重要保障[29]。国外在细支卷烟产品开发和基础研究方面的研究开展较早，覆盖面较广。国内在细支卷烟领域的研究尽管起步较晚，但势头强劲，近些年在细支卷烟相关的制丝、烟用材料、烟气成分以及卷烟设计等方面取得了一定进展，但研究的深度不足。虽然在各方面的研究上取得了一定的成绩，但仍任重道远[30]。

国内烟草行业应实时跟踪行业前沿，积极参与前沿技术的研究与学术交流。在具体研发环节，善于利用已有研究结果，对未达成一致结论的方面，加大研究力度。与国外细支卷烟的规格相比，国内细支卷烟的规格偏窄，不利于烟支圆周等物理参数的连续性和深入性探究。随着国内"中支卷烟"的开发和未来相关研究的开展,国内烟草行业在标准制定方面,应根据行业的实际情况而定。国内烟草行业联系紧密,具有良好的合作基础和条件,因此,在细支卷烟亟须解决的基础性课题方面可进行协同攻关,从而构建以中式烤烟风格为前提的技术保障平台。[31]

从传统卷烟到细支卷烟,尽管只是圆周变小,但带来问题也接踵而至,需要在如下几方面升级创新:一是产品升级,彰显产品风格特色,提高产品综合质量;二是技术升级,突破关键技术瓶颈,构建核心技术体系;三是装备升级,形成覆盖细支卷烟生产全过程的系列化国产设备,提高装备保障能力。坚持中式卷烟品类构建,以产品为中心,实现产品升级。

综合我国烟草发展现状以及国情可以判断,今后相当长时间内中式卷烟仍将是我国烟草消费的主流形态。坚持大力发展中式卷烟,保持和发展中国卷烟特色,坚持高举降焦减害旗帜,进一步巩固卷烟工业民族品牌认同度和竞争力,将是我国烟草行业未来很长一段时期内的重要发展方向。而"烟草科技四化"的实现则是支撑中式卷烟稳定发展的必然选择,是进一步巩固卷烟民族品牌的认同度和市场竞争力的有力保障[29]。

第二节 细支卷烟相关技术的研究进展

一、细支卷烟产品设计

细支卷烟作为卷烟新品类之一,近年来在国内呈高速增长的态势。细支卷烟规格国内外认定不一,国外科研人员认为周长在22~24mm范围内为细支,19~22mm内为半细,14~19mm内为超细;长度分别有80~85mm、90~100mm和120mm三种规格。而国内在《关于规范和支持细支卷烟发展的通知》中,国家烟草专卖局明确了细支卷烟周长标准为(17±1)mm。

在细支卷烟烟支长度设计方面,国内卷烟牌号主要划分为100mm、97mm、96mm、94mm、90mm、88mm、84mm等几个规格(表1-1)。其中97mm规格占主体地位,以江苏中烟、山东中烟、河南中烟等牌号为主;100mm规格中云南中烟牌号较多;94mm规格中安徽中烟牌号较多;90mm规格中湖北中烟牌号较多;84mm规格中有浙江中烟、云南中烟、湖北中烟等牌号。

第一章　绪论

表 1-1　国内不同长度细支卷烟部分牌号

烟支长度						
100mm	97mm					
钓鱼台（细支）	南京（金陵十二钗烤烟）	泰山（茉莉香韵）	芙蓉王（硬蓝细支）	娇子（格调细支）	双喜（金樽好日子细支）	真龙（美人香草·刘三姐）
雪莲（细支1960）	南京（炫赫门）	中华（细支）	芙蓉王（金细支）	娇子（龙涎香细支）	双喜（细支盛世好日子）	玉溪（细支阿诗玛）
御猫（融和细彩）	南京（炫赫门炫彩）	中华（金细支）	芙蓉王（硬红带细支）	娇子（大连时尚）	双喜（金国喜细支）	云烟（细支珍品）
建牌（薄荷细支1）	南京（梦都）	利群（江南韵）	芙蓉王（硬闪带细支）	娇子（X生肖贵妃荔枝）	双喜（国喜细支）	红双喜（经典1905细支）
五台山（细支九五）	南京（细支九五）	利群（西湖恋）	白沙（硬白细支）	娇子（青海湖纯净）	兰州（细支飞天梦）	红双喜（细支飞天）
双头凤（细支）	南京（大观园爆冰）	黄金叶（黄金细支）	白沙（气生财）	娇子（X龙韵）	兰州（细支珍品）	红双喜（细支夜景罐）
玉溪（创客）	南京（红楼卷）	黄金叶（小黄金细支）	白沙（细支红）	娇子（X生肖）	金圣（China瓷）	红双喜（南洋1905）
玉溪（细支108）	南京（大观园）	黄金叶（洛阳牡丹细支HAPPY）	白沙（细支白）	娇子（X2013）	金圣（滕王阁细支）	钻石（细支西柏坡）
玉溪（细支初心）	南京（雨花石）	黄金叶（宋城细支）	白沙（细支和天下）	人民大会堂（盛京细支）	金圣（智圣出山·国味）	钻石（北戴河细支）

续表

烟支长度							
100mm		97mm					
玉溪（细支庄园）	南京（绿梦都）	黄金叶（洛阳牡丹国色细支）	泰山（八仙过海细支）	白沙（天天向上）	人民大会堂（16细支）	金圣（智圣出山·国瓷）	钻石（玫瑰之旅细支）
玉溪（细支清香世家）		黄金叶（仙境细支）		黄山（黑马细支）	人民大会堂（古瓷细支）	金圣（滕王阁·紫光）	钻石（洪荒之绿细支）
云烟（福细支）		黄金叶（浓香细支）	泰山（白将军细支）	黄山（红方印前店后坊细支）	人民大会堂（兰香细支）	金圣（本草瑞香）	钻石（蓝时尚细支）
云烟（细支云龙）		黄金叶（天叶细支）	泰山（心悦）	黄山（金皖细支）	人民大会堂（新典藏）	真龙（海韵细支）	钻石（红时尚细支）
云烟（细支大重九）		黄金叶（炫尚）	泰山（颜悦）	黄山（中国画细支新版）	人民大会堂（红玫瑰）	真龙（刘三姐）	钻石（典故细支）
红塔山（传奇细支）		黄金叶（摩卡）	泰山（合悦）	黄山（六尺巷细支）	人民大会堂（辽参）	真龙（凌云）	钻石（大好河山细支）
紫气东来（汾清香）		黄金叶（悦尚）	泰山（儒风细支）	黄山（红方印细支）	人民大会堂（红玫瑰细支）	真龙（燃情时光）	钻石（细支荷花）
呼伦贝尔（草原牧歌）		黄金叶（冰爽）	泰山（好客细支）	黄山（中国画细支）	双喜（好日子晶彩细支）	真龙（前程似锦）	钻石（避暑山庄）
		黄金叶（爱尚）	泰山（佛光细支）	娇子（宽窄逍遥细支）	双喜（春天细支）	真龙（晶钻刘三姐新版）	钻石（21克拉）

续表

烟支长度					
84mm	88mm	90mm	94mm	96mm	97mm
钓鱼台（84mm细支）	天子（金如意细支）	黄鹤楼（细支珍品）	黄山（徽商新视界细支）	古田（红星细支）	钻石（荷花绿水青山王）
利群（休闲细支）		黄鹤楼（硬15细支）	黄山（徽商新概念细支）	七匹狼（纯尚）	长白山（百草之尚）
利群（休闲云端）		黄鹤楼（硬峡谷情细支）	黄山（喜庆红方印细支）	七匹狼（纯境）	长白山（蓝尚）
利群（西子阳光）		黄鹤楼（视窗）	黄山（万象细支）		长白山（沉香）
苏烟（灵韵细支）		黄鹤楼（生态）	黄山（大黄山细支）		长白山（777）
凤凰（咖啡细支）		黄鹤楼（硬平安）	中南海（5mg细支）		黄鹤楼（凤凰细支明珠）
凤凰（细支）		黄鹤楼（嘉禧缘）	云烟（超细支清甜香）		黄鹤楼（硬天下胜景）
黄鹤楼（硬天骄圣地细支）		黄鹤楼（天下胜景）	云烟（芙蓉和悦）		黄鹤楼（硬圣火）
黄鹤楼（细支）		云烟（神秘花园）	黄金叶（天香细支）		牡丹（青竹细支）
黄鹤楼（天下名楼）		贵烟（细支行者）	娇子（X冰缘）		牡丹（金细支）
					七匹狼（古田金细支）
					七匹狼（乘风启航）
					七匹狼（金砖时代）

续表

烟支长度					
97mm	96mm	94mm	90mm	88mm	84mm
七匹狼（金砖细支）					钓鱼台（84mm细支）
七匹狼（锋芒）			贵烟（细支国酒香30）		云烟（细支祥瑞）
天子（千里江山细支）			贵烟（魔力）		云烟（84mm细支云龙）
天子（传奇细支）			钻石（微时代）		云烟（84mm细支雪域）
延安（圣地河谷）			兰州（桥）		红塔山（双享）
延安（千年帝都细支）					娇子（五粮浓香细支）
延安（细支1935）					娇子（宽窄好运细支）
长白山（韵藏天下细支）					娇子（X星座）
长白山（神韵细支）					娇子（九寨神韵）
长白山（国礼人参）					双喜（花悦）

在细支卷烟爆珠风格设计方面，爆珠风格多种多样，具体如表1-2所示。

表1-2　　　　　　　　国内不同爆珠风格卷烟产品

爆珠细支卷烟			
牌号	爆珠风格	牌号	爆珠风格
玉溪（细支108）	褚橙	芙蓉王（硬蓝细支）	烟草本香爆珠
南京（大观园爆冰）	冰薄荷	黄金叶（摩卡）	咖啡爆珠
天子（金如意细支）	桔普味爆珠	贵烟（魔力）	百草甘露爆珠
大华（开元陈皮爆珠）	陈皮爆珠	贵烟（细支国酒香30）	国酒香爆珠
利群（江南韵）	含桂花冰爆龙井爆珠	黄鹤楼（硬天下胜景）	姜味爆珠
娇子（五粮浓香细支）	酒香细支爆珠	延安（圣地河谷）	西柚爆珠
土楼（1575冰抹茶）	冰抹茶爆珠	黄山（金皖细支）	石斛爆珠
娇子（青海湖青稞酒香）	青稞酒香爆珠	三沙（细支）	海南绿橙汁爆珠
泰山（茉莉香韵）	茶甜香爆珠	娇子（宽窄好运细支）	川贝枇杷香珠
七匹狼（乘风启航）	金桔爆珠	娇子（大连时尚）	蓝莓香珠
牡丹（青柠细支）	青柠爆珠	黄山（徽商新视界细支）	石斛爆珠
贵烟（细支行者）	咖啡爆珠	芙蓉王（硬细支）	烟草本香油性爆珠
黄山（黑马细支）	薄荷爆珠	真龙（美人香草·刘三姐）	罗汉果爆珠
黄山（红方印前店后坊细支）	石斛爆珠	贵烟（跨越）	陈皮爆珠
三五（冰炫细支）	冰酒爆珠	黄鹤楼（硬峡谷情细支）	神农香菊爆珠
娇子（龙涎香细支）	龙涎香料爆珠	泰山（儒风细支）	茶甜香爆珠
黄鹤楼（生态）	香润珠		

在细支卷烟焦油设计方面，国内细支卷烟焦油含量均在6mg以下、6~8mg、8~12mg三个范围内，部分卷烟产品具体焦油含量如表1-3所示。

表 1-3　　　　　　　　国内部分细支卷烟焦油含量

≤6mg		6~8mg		8~12mg	
牌号	焦油含量/mg	牌号	焦油含量/mg	牌号	焦油含量/mg
红塔山（双享）	4	黄鹤楼（视窗）	8	双喜（金国喜细支）	10
苏烟（灵韵细支）	4	钓鱼台（100mm 细支）	7	双喜（国喜细支）	10
黄鹤楼（细支珍品）	6	牡丹（凤凰细支）	8	黄山（大黄山细支）	10
泰山（茉莉香韵）	6	利群（休闲细支）	7	黄山（喜庆红方印细支）	10
贵烟（细支国酒香30）	6	泰山（合悦）	7	黄山（徽商新视界细支）	10
天子（传奇细支）	6	双喜（好日子晶彩细支）	8	黄山（六尺巷细支）	10
真龙（刘三姐）	6	七匹狼（古田金细支）	8	黄山（红方印细支）	9
南京（细支九五）	5	真龙（刘三姐）	8	真龙（前程似锦）新版	10
泰山（儒风细支）	6	中华（细支）	8	梦都（细支）	9
冬虫夏草（和润）	5	天子（金如意细支）	8	黄鹤楼（嘉禧缘）	10
利群（西子阳光）	5	南京（炫赫门炫彩）	8	娇子（格调）	9
南京（雨花石）	5	玉溪（细支 108）	8		
七匹狼（纯境）	5	钻石（细支西柏坡）	8		
南京（金陵十二钗烤烟）	6	白沙（硬白细支）	8		
黄山（黑马细支）	6	贵烟（细支行者）	7		
		黄山（红方印前店后坊）	8		
		金圣（China 瓷细支）	8		
		芙蓉王（硬蓝细支）	8		
		黄金叶（摩卡）	7		
		黄鹤楼（硬15细支）	8		
		云烟（福细支）	8		

二、卷烟材料

卷烟材料是指除烟丝外卷烟制造过程中所使用的各种材料，一般包括包装材料和卷接材料。其中卷接材料主要包括卷烟纸、接装纸、滤棒成形纸、滤棒、胶黏剂、丝束、卷烟接嘴胶等，对卷烟的吸食品质有重要影响。

1. 细支卷烟滤嘴研究

滤嘴是卷烟的重要组成部分，可有效地降低卷烟烟气中焦油及其他有害成分，从而降低吸烟对人体健康的损害。根据滤嘴材料不同，可把滤嘴分为醋酸纤维滤棒、复合滤棒等。醋酸纤维滤棒是醋酸纤维丝束经胶黏剂黏结而成网状的均匀棒体。横截面呈网状，表面积和自由空间大，烟气进入滤棒，由于运动减速而沉积凝结或与醋酸纤维发生化学反应而被截留去除。复合滤棒是由两种或两种以上滤材经复合工序加工后制成的滤嘴，有不同的规格和不同的结构。复合滤嘴材料一般包括多孔材料和天然植物材料，其中多孔材料具有微孔式的网状结构、较高的比表面积、化学稳定性和优异的热稳定性，对亚硝胺、氨、CO、苯酚、氢氰酸、羰基化合物、苯并[α]芘等多种有害气体有较好的吸附能力，比如活性炭滤棒、纳米材料滤棒等。天然植物材料一般具有天然多孔结构，比表面积大，是天然的物理吸附材料。天然植物材料因其含有抗氧化的成分，能与主流烟气中的有害成分进行化学反应，起到降焦减害的作用。天然植物材料中还含有很多有机化合物成分，这些物质大多数是香味物质、抗氧化物质等，可以起到增香、降焦减害效果，可全面提升卷烟口感[32]。

细支卷烟因其圆周较小，烟支长度较长，吸阻较大等特点，其滤嘴与普通卷烟滤嘴存在较大的差异，目前行业内针对细支卷烟滤嘴参数对主流烟气的影响有一定的研究。高明奇等[33]考察了不同滤嘴参数对细支卷烟烟碱过滤效率的影响，结果表明：对于不同丝束规格成型的细支滤棒卷烟，在滤棒压降相同条件下，细支卷烟烟气烟碱过滤效率与滤嘴通风率显著正相关；随着滤棒压降增大，滤嘴通风率对烟碱过滤效率的影响幅度先增加后降低，滤嘴通风率每增加10%，烟碱过滤效率增加0.64%~1.00%。在相同滤嘴通风率条件下，烟碱过滤效率与滤棒压降显著正相关，滤棒压降每增加100 Pa，烟碱过滤效率增加1.20%~1.40%。丝束单旦增加、总旦降低，所成型的细支滤棒对主流烟气烟碱的过滤效率呈降低趋势。楚文娟等[34-37]研究了滤嘴参数对细支卷烟主流烟气中不同成分释放量的影响，结果表明：①丝束规格对细支卷烟主流烟气 pH 和感官质量均没有显著性影响。随滤棒压降升高，主流烟气 pH 呈增加趋势。对于同一丝束规格细支卷烟，随滤嘴通风度增大，主流烟气 pH 呈增加趋势；对于不同丝束规格细支卷烟，随单旦增加，主流烟气 pH 总体呈降低趋势。感官评价得分随滤棒压降升高呈降低的趋势。丝束规格为 6.7Y/17000 的细支卷烟，感官评价得分随滤嘴通风度的增加逐渐降低；其他 4 种丝束规格细支卷烟，在所有适宜的滤棒压降范围内，感官评价得分随滤嘴通风度的增加均呈先增加后降低的趋势。相关性分析表明，滤棒压降与主流烟气 pH 显著正相关，而与感官评价得分显著负相关；滤嘴通风度与主流烟气 pH 极显著正相关，与感官评价得分负相关但没有达到显著性水平，与感官评价指标中的香气极显著负相关，与刺激性极显著正相关。②细支卷烟主流烟气中糠醇、5-甲基糠醇释放量在不同丝束规格间的差异达到极显著或显著水平，而 3-甲基-2-环戊烯-1-酮、草莓呋喃酮、麦芽酚释放量及这 5 种烤甜香成分总释放量在不同丝束规格间的差异均不显著，使用 11.0Y/15000 丝束的细支卷烟有较高的糠醇和 5-甲基糠醇释放量；随着滤棒压降升高，主流烟气中 5 种关键烤甜香成分总释放量呈降低趋势；随着滤嘴通风度的增加，主流烟气中 5 种关键烤甜香成分总释放量呈先增加后降低的趋势。③细支卷烟主流烟气中代表性碱性、中性、酸性和香味成分总释放量与滤棒压降和滤嘴通风率均呈显著负相关；滤棒压降对细支卷烟主流烟气香味成分释放量的影响高于常规烟，而滤嘴通风则相反。④烟支吸阻和烟碱过滤效率在 5 种丝束规格间的差异分别达到显著和极显著的水平，而主流烟气常规成分释放量在 5 种丝束规格间的差异均未达到显著性水平。焦油、烟碱的释放量与滤棒压降和滤嘴通风率均负相关；CO 释放量与滤棒压降无相关性，与滤嘴通风率负相关。滤嘴参数对细支卷烟烟碱过滤效率和主流烟气常规成分释放量的影响幅度低于常规卷烟。

2. 细支卷烟接装纸研究

接装纸又称水松纸，是将滤嘴与烟支牢固连接起来的一种专用纸，其重要参数为接装纸透气度。透气度对卷烟质量影响较大，其原理是抽吸过程时将外界空气通过接装纸和成型纸吸入主流烟气中，使烟气中化学成分相对量降低，以达到稀释的效果。此外，通风还可降低燃烧过程中烟气的流速，延长烟气在滤嘴上的截留时间，提高滤嘴的过滤效率。目前，针对接装纸透气度对卷烟质量的相关研究较多。尧珍玉、庞永强等[38-39]则分析了不同透气度的接装纸对卷烟烟气成分和燃烧温度的影响，研究发现透气度跟烟气成分、燃烧温度、感官质量等都有一定的线性相关关系。与常规卷烟相比，细支卷烟的圆周大幅降低、烟支长度增长，导致细支卷烟烟气化学成分的生成、过滤和扩散均与常规卷烟存在较大差异。杨松[40]等考察了通风对细支卷烟主流烟气常规成分及 7 种有害成分释放量的影响，结果表明：①总通风率、滤嘴通风率、纸通风率与细支卷烟烟气常规成分、7 种有害成分释放量及卷烟危害性评价指数（H）呈负相关；②总通风率、滤嘴通风率、纸通风率增加 1% 时，CO、HCN 和巴豆醛释放量的降低率较高，纸通风对细支卷烟总粒相物、焦油、烟碱、CO、水分、HCN、NNK、苯酚和巴豆醛的释放量及 H 值的影响大于滤嘴通风；③滤嘴通风和纸通风对细支卷烟焦油、烟碱、CO、HCN、氨和苯酚的释放量及 H 值的影响小于常规卷烟。通过优化设计细支卷烟通风参数，可降低焦油和 7 种有害成分的释放量。

针对细支卷烟烟支长度较长，吸阻较大，为了降低消费者抽吸时的阻力，常在细支卷烟接装纸上进行打孔，来达到降低吸阻的目的。接装纸打孔通风技术作为一项重要的物理降焦方式，已广泛应用。激光打孔技术凭借其打孔形状规则、透气度稳定、打孔速度快、操作控制简便等优点已成为目前主流的接装纸打孔方式。接装纸激光打孔主要分为预打孔和在线打孔。在线打孔是指在烟支卷接过程中，由在线激打孔设备完成的接装纸打孔。喻赛波等[41]研究了接装纸透气度及烟丝结构对细支卷烟逐口吸阻波动的影响，发现打孔接装纸能够减小细支卷烟燃吸过程中逐口吸阻的波动，并且接装纸透气度越高，逐口吸阻的波动越小。杨金龙等[42]也利用 PLS（偏最小二乘法回规）分析方法研究了接装纸打孔参数对卷烟烟气焦油和七种有害成分释放量的影响。易虹宇等[43]研究了接装纸激光打孔方式对细支卷烟物理指标的影响，发现在其他参数不变的情况下，接装纸在线激光打孔方式更利于细支卷烟物理指标的稳定。

近年来，部分细支卷烟产品针对接装纸进行加香，由于接装纸与嘴唇直接接触，添加香精香料除了可以赋予接装纸嗅觉特征的同时，还可赋予其味觉特征，甜味接装纸最为常见。接装纸加香主要有以下几种方式：涂布加香，将香精香料制成涂层材料，在接装纸生产过程进行转移，添加到烟用接装纸原纸的表面或者成品接装纸的印刷层表面；油墨加香，香精香料添加到油墨中，在印刷过程将加香油墨印刷转移到接装纸上；原纸加香，在接装纸原纸的生产过程中添香精香料，制备出具有不同口味的接装纸原纸。

3. 细支卷烟卷烟纸研究

卷烟纸又称盘纸，是用于包裹烟丝成为卷烟烟支的专用纸，是卷烟的重要材料。卷烟纸直接参与卷烟燃烧，对烟支的阴燃性、燃烧速度、烟支主流烟气和侧流烟气的释放量、卷烟吸味和外观等方面有重要的影响。王小平等[44]对比了国内外细支卷烟卷烟纸设计参数差异，国内细支卷烟卷烟纸纤维有全麻和麻木混合纤维，国外以麻木混合纤维为主；国内细支卷烟卷烟纸的透气度在 50~118CU，而国外在 12~59CU；国内细支卷烟用卷烟纸定量主要集中在 27~32g/m^2 之间，国外最大值为 60g/m^2；国内细支卷烟卷烟纸助燃剂柠檬酸根离子含量在 0.5%~2.3%，而国外在 0.5%~1.0%。针对细支卷烟卷烟纸参数国内进行了大量研究，李海锋等[45]系统研究了不同透气度、定量、助燃剂含量的卷烟纸对细支卷烟主流烟气指标的影响。结果发现，在实验设计的水平范围内，卷烟纸助燃剂含量（以柠檬酸根计）、透气度与细支卷烟主流烟气焦油量、烟碱量、CO 量具有显著的负相关性；卷烟纸定量与细支卷烟主流烟气 CO 量具有显著的正相关性，与细支卷烟主流烟气焦油量、烟碱量分别具有非显著及显著的负相关性。楚文娟等[46]利用线性回归和逐步回归法建立了基于卷烟材料参数（滤嘴通风、滤棒压降、卷烟纸定量、卷烟纸透气度、卷烟纸助燃剂质量分数和卷烟纸助燃剂中钾钠比）对细支卷烟主流烟气焦油、7 种有害成分、烟碱释放量及卷烟危害性指数（H）的预测模型。

卷烟纸直接参与卷烟的燃烧，因此卷烟纸与烟丝燃烧行为要匹配一致，否则卷烟的包灰性能下降，在弹落烟灰时，燃烧锥易从卷烟主体部分脱落。张月华等[47]研究了卷烟纸阴燃速率与细支卷烟燃烧锥落头之间的相关性，研究发现烟支阴燃速率受卷烟纸阴燃速率影响非常大，烟支阴燃速率不同造成燃烧锥形状差异较大，阴燃速率与锥高、锥面积成显著正相关，与偏离角呈负相关，说明阴燃速率越快，燃烧锥高越高，偏离角越小，锥面积越大；烟支阴燃速率越大，抽吸口数越小；卷烟纸阴燃速率越大，燃烧锥落头率也越大。同时卷烟纸透气度与卷烟燃烧过程中烟草成分的热解和化学反应、烟气有害成分的产生量密切相关，是影响卷烟燃烧的一项重要参数。打孔是改变纸透气度常用的一种方式，针对接装纸打孔对卷烟烟气释放量的影响，已开展较为深入的研究。在卷烟纸方面，已有研究显示，提高卷烟纸助燃剂中钾钠比以及添加不同金属盐的卷烟纸可促进卷烟纸纤维的裂解致孔，有效降低烟气中 HCN 和 CO 释放量。何红梅等[48]研究了卷烟纸不同打孔参数细支卷烟两种抽吸模式下主流烟气中焦油和烟碱逐口释放量，结果表明：①ISO 模式下卷烟纸打孔细支卷烟样品的焦油释放量有不同程度降低，而烟碱释放量变化幅度不明显；②HCI（加拿大深度抽吸）模式下，纸打孔样品焦油和烟碱总释放量均有不同程度升高，卷烟纸打孔对细支卷烟焦油和烟碱总释放量有不利影响；③前 3 口焦油增长率的变化反映了 ISO（标准抽吸）模式下焦油逐口释放量的变化趋势较 HCI 模式大；④ISO 模式下，纸打孔卷烟总烟碱/焦油比均大于对照样，且在打孔数目相同的情况下，总烟碱/焦油比随孔带宽度增加而增加，孔带宽度相同时，烟碱/焦油比随打孔数目增加而升高。而 HCI 模式下打孔卷烟与对照样烟碱/焦油比未呈现明显的变化规律。

4. 细支卷烟爆珠研究

爆珠也称为香丸，是一种将香精包裹在胶皮壁材中球形胶囊。爆珠卷烟使用时只需将位于滤棒中心的爆珠捏破或者咬破，其内部的香精就会流出到滤棒丝束之中，再经烟气洗脱后赋予烟气丰富的香气成分。爆珠芯材有很多种，其中以薄荷醇最为常用。薄荷醇对口腔黏膜具有清凉和弱麻醉作用，能够在一定程度上掩盖卷烟烟气的刺激性。有研究检测了市面上 30 多种爆珠烟，其内容物中均含有薄荷醇，此外，它的"表兄弟"——薄荷酮、薄荷酯等，在爆珠芯材中也非常常见。在薄荷类物质之外，常见的还有果香、花香、茶甜、陈皮、酒香、本香等香味成分。爆珠在常规卷烟中应用较广，相关研究也较多。张志刚等[49]分析了爆珠滤棒与无爆珠滤棒卷烟的物理指标差异以及卷烟主流烟气常规指标差异。结果表明：①爆珠滤棒的压降标准偏差分别比相同丝束填充量滤棒和相同压降滤棒增大 39Pa 和 17Pa，圆度分别降低 0.039% 和 0.079%。②在烟支净含丝量相同的前提下，爆珠卷烟的质量与吸阻稳定性均变差，烟气烟碱量比相同丝束填充量滤棒卷烟降低 0.04mg/支，烟气焦油量和一氧化碳量比相同压降滤棒卷烟升高 0.2mg/支。③爆珠破碎后，卷烟吸阻明显降低，吸阻稳定性明显变差，主流烟气中的总粒相物、焦油、烟碱和一氧化碳分别增加 1.31mg/支、1.2mg/支、0.06mg/支和 0.4mg/支。④在爆珠未破碎状态下，保持烟支净含丝量和烟支吸阻一致可以保证爆珠卷烟与常规卷烟主流烟气指标的一致性；在爆珠破碎状态下，要保证爆珠卷烟与常规卷烟主流烟气指标的一致性，爆珠滤棒的压降应比常规滤棒低 376Pa 以上。朱凤鹏等[50]分析了爆珠破碎对卷烟烟气有害成分释放量的影响，结果表明：①在 ISO 标准抽吸条件下，相对于常规卷烟，爆珠卷烟除了苯并[a]芘高于常规卷烟外，其他有害成分单支释放量与常规卷烟没有差异；②对于爆珠破碎后的单支卷烟有害成分释放量，巴豆醛单支释放量降低，差异显著；其他成分释放量没有明显差异；③对于主流烟气有害成分单位毫克烟碱释放量来说，爆珠是否破碎对氨、NNK 和巴豆醛有显著影响，爆珠破碎后氨和 NNK 单位毫克烟碱释放量升高，巴豆醛单位毫克烟碱释放量降低；④爆珠是否破碎对滤嘴中 NNK 和苯酚有显著影响，爆珠破碎后滤嘴对苯酚的截留增加，对 NNK 的截留能力减弱。

爆珠对细支卷烟的影响也有相应研究，刘凌璇等[51]分析了爆珠对细支卷烟的主流烟气成分和感官舒适性影响。发现爆珠明显增大滤棒和烟支的吸阻，爆珠捏破后吸阻下降；爆珠成分进入烟气后会导致烟气焦油量上升，其他成分不受影响；爆珠对细支卷烟的感官舒适性有很好的提升效果，特别是天然提取物类的香料成分提升效果更好。吴秉宇等[52]对比了烟丝、爆珠、丝束及香线不同加香方式细支卷烟中香味成分的转移情况。结果表明：①30d 密封保存后，4 种加香方式烟丝与滤嘴中香味成分分布差异明显，烟丝加香样品香味成分迁移比例较大。②丝束和香线加香方式下香味成分主流烟气粒相转移率较为接近；烟丝加香方式下沸点较高成分主流烟气粒相转移率高于其他 3 种加香方式，爆珠加香最低。③对于醛类、酮类、酯类香味成分，烟丝、丝束和香线 3 种加香方式下同类物质主流烟气粒相转移率随沸点升高而逐步增大，爆珠加香方式下则随沸点升高先增大后减小；醇类香味成分主流烟气粒相转移率随沸点变化规律较其他香味成分稍有差异。④丝束加香方式下 4 类香味成分的滤嘴残留率略高于香线加香；爆珠加香方式下沸点较高成分的滤嘴残留率高于其他 3 种加香方式，烟丝加香方式下沸点较高成分的滤嘴截留率最低。楚文娟等[53]研究了爆珠中柠檬烯、薄荷醇在卷烟中的转移行为。结果表明：①随爆珠直径的增大，柠檬烯、薄荷醇向主流烟气粒相物的转移率呈增加趋势，而在滤嘴中的截留率呈降低趋势；②随爆珠距滤嘴唇端的距离增大，柠檬烯、薄荷醇向主流烟气粒相物的转移率呈降低趋势，而在滤嘴中截留率总体呈增加趋势；③柠檬烯、薄荷醇向细支卷烟主流烟气粒相物的转移率高于常规卷烟，而在滤嘴中的截留率低于常规卷烟；④相关性分析表明，爆珠直径与柠檬烯、薄荷醇向主流烟气粒相物的转移率正相关，与柠檬烯、薄荷醇在滤嘴截留率负相关，且均达到极显著水平；爆珠位置与柠檬烯、薄荷醇向主流烟气粒相物的转移率显著负相关,与柠檬烯、薄荷醇在滤嘴中的截留率显著正相关。

三、加工工艺

1. 打叶工艺研究

片烟结构是打叶复烤环节叶梗分离工序质量控制的重点指标之一,不仅与打叶复烤加工经济指标、烟叶纯净度直接相关,还会对卷烟工业企业制叶丝质量构成影响,而后者又是决定卷烟质量如燃烧锥落头倾向、单支质量、烟支吸阻、端部落丝量、烟支密度等的重要因素,甚至影响吸食品质。近年来,随着细支卷烟爆发增长和卷烟结构的上升,制丝、卷接工艺装备水平的提高以及工艺加工理念的转变,卷烟工业企业对打叶复烤片烟结构提出了更高的质量要求。打叶复烤后的片烟需要更加合理的叶片形状和大小,"控制大片率、提高中片率、降低碎片率"成为目前打叶复烤片烟结构控制的新思路。针对打叶复烤片烟结构需求,国内研究学者进行了相关研究。江雪彬等[54]研究表明,大片率的增加有助于提高整丝率、降低碎丝率,但同时也会导致长丝率增加,中丝率降低;中片率和小片率的增加,均会导致切后碎丝率增加,中丝率与中片率呈显著正相关关系;建立叶片结构各指标与烟丝结构各指标之间的关系模型能够较好地预测不同结构叶片切后烟丝的尺寸分布。刘泽等[55]采用相关分析、逐步回归分析和通径分析等方法建立烟丝结构的预测模型。

明确烟片结构与烟丝结构的关系,可以合理控制烟片的片型和结构,对烟丝结构进行优化。卢幼祥等[56]为确定细支卷烟打叶复烤适宜的打叶工艺,从叶片质量、叶丝质量、卷烟质量3个方面对菱形框栏、六边形框栏片烟结构进行比较。发现六边形框栏片烟具有大小相对均匀、含水率及成丝稳定性好、烟支密度分布均匀等优点,不足之处在于抗造碎性弱、整丝率及烟丝利用率低,而菱形框栏片烟相反;与菱形框栏片烟相比,六边形框栏片烟经卷烟加工后,单支质量、烟支吸阻、总粒相物、焦油稳定性好,燃烧飞灰、持灰性有所改善,燃烧时间短,抽吸口数少,叶丝填充值及其他物理烟气指标无明显变化。以卷烟内在品质的角度为出发点,细支卷烟选择六边形框栏加工的片烟较为适宜。袁帅等[57]研究了不同打叶框栏组合方式对细支卷烟叶片结构的影响,发现一打采用8.89cm六边形、7.62cm六边形和7.62cm圆形3种框栏组合,二打采用6.35cm六边形和6.35cm圆形2种框栏组合的打叶模式，可使中片率显著提高、叶中含梗率明显降低。刘鹏[58]等研究了工艺参数打辊转速对河北产地烟叶叶片结构指标及片形的影响，发现合理控制打辊转速对细支卷烟加工的叶片结构有重要影响。

2. 制丝工艺研究

（1）切丝工艺　切丝是将烟片按设定要求切成宽度均匀的叶丝，满足后工序加工要求。切丝工序是影响烟丝结构、尺寸的关键环节。通过优化切丝宽度、切丝长度等关键工艺参数，在一定程度上可满足细支卷烟的加工要求。针对细支卷烟切丝工艺，行业内做了大量研究。

细支卷烟的固有特点对烟丝与烟支规格的适配性提出了更高的要求，郭华诚等[59]研究了细支卷烟 0.6mm、0.7mm、0.8mm、0.9mm、1.0mm 切丝宽度对细支卷烟烟丝结构、卷制质量、烟气成分及感官质量的影响。结果表明，切丝宽度为 0.6~1.0mm 时，整丝率与切丝宽度显著正相关，碎丝率与切丝宽度显著负相关，吸阻、总通风率、焦油量与切丝宽度间均呈显著负相关关系；切丝宽度为 0.6~0.8mm 时，细支卷烟单支重、吸阻、硬度、总通风率及焦油量与设计值的相对残差较接近于 0；随切丝宽度降低，细支卷烟感官质量整体表现逐渐向好。综合不同切丝宽度细支卷烟卷制质量、烟气成分和感官质量，兼顾烟丝结构，提出细支卷烟适宜切丝宽度为 0.7~0.8mm。而段海涛等[60]研究了烟丝宽度对细支卷烟理化指标及感官质量的影响，发现随着细支卷烟切丝宽度的降低，碎丝率升高，长丝率和中丝率相对变化不明显；细支卷烟切丝宽度对烟支其他物理指标以及各项烟气指标影响不大，对吸阻略有影响，但影响幅度不大，平均吸阻变化在 10 Pa 左右；通过对不同烟丝宽度细支卷烟的感官评价，1.00mm 的切丝宽度整体较好。两人研究结果存在差异，可能与不同细支卷烟品牌原料、风格等差异有关，侧面说明针对不同牌号细支卷烟，应根据原料和品牌风格等进行试验验证，找到适宜的工艺参数。

切丝长度不同，烟丝结构也发生相应变化，烟丝结构对卷烟质量的影响已有大量研究。针对细支卷烟烟丝结构，在切丝工序有采用定长切丝模式来进行优化。瞿先中等[61]为探索定长切丝技术对细支卷烟烟丝结构、卷制效果等指标的影响，结果表明，定长切丝能一定程度上改善细支卷烟烟丝结构分布，中丝的比例增加，成品烟丝均匀性提升，烟支物理指标稳定性提高，燃烧锥落头倾向略有降低，烟气细腻度改善，且能一定程度上降低烟丝消耗。朱文魁等[62]对比研究了传统切丝与定长切丝方式对细支卷烟烟丝结构的影响,结果表明,与传统切丝方式相比,采用40mm定长切丝方式,烟丝结构中3.35mm以上的长丝占比减小,3.35mm以下的各区间烟丝占比增加,长丝和中短丝占比的均匀性得到了改善。韩慧杰等[63]对比研究了传统切丝、30mm和40mm异型切丝方式对细支卷烟烟丝结构的影响,发现与传统切丝方式相比,40mm异型切丝方式的整丝率和中丝率基本不变,而30mm异型切丝方式的整丝率有所下降,中丝率有所上升。王夏婷等[64]研究了平刀和矩形刀两种叶片成丝方式对细支卷烟品质的影响,结果表明,两种叶片成丝方式加工的烟丝结构差异显著,其中平刀切丝方式以长丝(3.35mm以上)为主,矩形刀切丝方式以中短丝(1.00~3.35mm)为主,且采用矩形刀切丝方式的细支卷烟烟支空头剔除率降低了0.03%~0.20%。

(2) 烘丝工艺 叶丝膨胀干燥的目的是去除叶丝中部分水分,提高叶丝填充能力和耐加工性,满足后工序加工要求,同时彰显卷烟香气风格,改善感官舒适性,提高感官质量,该工序兼顾叶丝感官质量和物理质量,实现两者的协调统一。在烘丝工艺方面,烘丝方式和工艺参数对细支卷烟的产品质量均存在较大的影响。现国内工业企业主要采用滚筒薄板和气流式干燥方式,两者加工原理不同,其对细支卷烟质量影响也各不相同。赵静芬等[65]对比分析了滚筒烘丝方式和气流烘丝方式对细支卷烟烟丝结构和烟支品质的影响,结果表明,在制丝过程中,相比气流烘丝方式,滚筒烘丝方式的出丝率提高了0.41%,但填充值降低了5.64%。滚筒薄板烘丝主要通过控制筒壁温度、热风温度、热风风速及排潮开度等参数,使出口烟丝水分达到工艺要求,满足后序加工要求。不同参数对细支卷烟产品质量影响也各不相同。郭华诚等[66]研究了干燥模式与细支卷烟加工的适配性,在保持其他加工工艺参数一致的条件下,分别采用恒温、低温差分段变温、中温差分段变温、高温差分段变温干燥模式对烟丝进行处理,考查不同干燥模式对细支卷烟烟丝结构、卷制质量及主流烟气成分的影响。结果表明,与其他干燥模式相比,高温差分段变温模式干燥后的烟丝结构比例更适宜细支卷烟卷接加工;恒温干燥和高温差分段变温干燥模式下,细支卷烟单支重、吸阻、硬度及总通风率与设计值较为接近,且烟支卷制质量指标稳定性相对较好;中、高温差分段变温干燥模式下,细支卷烟焦油量、烟碱量与设计值的残差相对较小,CO量相对较低。综上,高温差分段变温干燥为细支卷烟加工适宜的干燥模式。

(3) 制梗丝工艺 烟用梗丝是卷烟配方中重要的组成部分。与常规卷烟相比，细支卷烟的适宜切丝宽度有所降低，这导致烟丝结构存在差异，与之配伍的烟用梗丝也需进行相应的调整。同时，梗丝形态对成品卷烟烟丝混合的均匀性及卷制质量均有明显的影响。丁美宙等[67]研究了梗丝形态对细支卷烟加工及综合质量的影响，发现与片状梗丝相比，丝状梗丝在混丝、卷制工序与叶丝的混合均匀度更高，稳定性更好；与掺配片状梗丝的细支卷烟相比，掺配丝状梗丝的细支卷烟品质稳定性更好，但单支质量和吸阻稍大；掺配丝状梗丝的细支卷烟烟气指标稳定性较好，卷烟危害指数较低，感官品质稍好。廖晓祥等[68]研究了微波膨胀梗丝、薄压气流梗丝和正常气流梗丝形态对细支卷烟品质稳定性的影响，发现微波膨胀梗丝与烟丝的混合均匀性、卷制后的烟支卷烟吸阻稳定性、成品卷烟的焦油和CO释放量稳定性均较好。云南中烟工业有限责任公司[69]研发了一种细支卷烟用梗丝的制备方法，主要包括配梗、筛分、洗梗、贮梗、增湿、压梗、切梗、梗丝加料、梗丝干燥、梗丝加香等工序。其中，洗梗工序为温差梯度式分级差异化洗梗，结合碱性醇溶液和复合酶制剂处理后，能有效改善梗丝的感官品质；压梗工序前设计了理顺、预压梗工序，针对性地降低了压梗间隙，提升了压梗后物料的均匀性，间接地改善了梗丝的形态和结构；切梗工序采用高料比（高料比指烟梗喂料高度与输送到切刀刀门间距之比）切梗丝，并与薄压梗相结合，使切后梗丝的均匀性和丝状效果更好。之后，廖晓祥[70]等研究了梗丝形态对细支卷烟主流烟气和燃烧特性的影响，发现使用微波膨胀梗丝的细支卷烟常规主流烟气成分释放量稳定性较好，而使用正常气流梗丝的细支卷烟在降低苯酚、巴豆醛和NNK释放量方面效果较好。山东中烟在辊切梗丝创新工艺与装备研制项目研究[71]中，首次开展辊切梗丝成丝工艺技术，对切后片状梗丝进行再次辊切，梗丝辊切宽度为1mm，经辊切后梗丝形态与烟丝形态基本相似，研究表明，经过辊切后丝状梗丝结构变化明显，梗丝尺寸减小，整丝率和长丝率显著降低，中、短丝率大幅增加，应用在细支卷烟中，可以明显改善细支卷烟物理质量和感官质量。

（4）烟丝形态调控工艺　随着细支卷烟产销量迅猛增加，卷烟配方及卷烟加工过程也发生了较大的变化。细支卷烟圆周和长度与常规卷烟相比，圆周减小、长度增加，烟丝形态（长度、宽度、纯净度等）必然需要进行相应的改变，来满足细支卷烟卷制加工质量及抽吸过程需要。为提升细支卷烟质量及稳定性、满足市场需求，行业内针对细支卷烟烟丝形态调控开展了大量研究。

从打叶复烤角度，2017年，湖北中烟在"适应细支卷烟的打叶复烤片烟结构优化关键工艺与装备研究"项目[72]中，通过研究烟片结构和烟丝结构的关系，进行打叶复烤关键工艺设备的改进和优化研究，明确了适应细支卷烟的打叶工艺指标；开展打叶复烤关键工艺设备改进与优化研究，形成了应不同类型烟叶片烟结构优化调控技术；研发六边形打叶框栏及打刀装置，优化原烟多级分切、柔性风分等关键打叶工艺，可较好地满足了细支卷烟对片烟形状、结构、叶中含梗率的质量需求，且实现三级高效打叶，为行业打叶复烤工艺流程及设备配置优化提供了新思路；成果应用后，提升了常规和细支卷烟产品质量稳定性，并有效改善了细支卷烟易产生燃烧锥掉落、竹节烟、梗签刺破卷烟纸等质量缺陷。

在制叶片环节调控方式，2019年，湖北中烟在"黄鹤楼品牌细支卷烟特色工艺研究"项目中[73]，通过在制丝生产线增设片型控制单元，实现"降大片、提中片、控碎片"的目标，大片率下降12%，中小片率上升8%；形成改善细支卷烟烟丝结构关键技术，超长丝率下降17%，中长丝率上升12%，细支卷烟物理质量稳定性显著提升。同时在"长白山"细支卷烟烟片结构调控技术研究项目中[74]，在烟片贮叶后也增加在线调控单元，包括大片烟叶的筛分提取、叶片旋转分切和细梗分离净化等，研究发现，在线调控模式对烟片结构有效调整，中、短丝率得以提高；原料利用率降低0.29%，单箱原料消耗有所增加；卷包机台的生产效率明显提高，总剔除率、残烟量明显下降；卷烟物理指标和主流烟气指标批间的稳定性明显提高，其中单支质量标准偏差、开放吸阻标准偏差和总通风率标准偏差分别下降8.84%、12.70%和18.41%，焦油、烟碱和CO标准偏差分别下降89.92%、24.07%和32.09%；配方烟丝结构和烟支烟丝密度分布的均匀性明显提高，卷烟感官质量保持稳定。采用片烟在线调控模式对于优化细支卷烟烟丝结构具有显著作用，有利于提升细支卷烟产品质量的稳定性。

从切丝角度进行调控，朱文成等[75-76]对比分析了常规切丝和定长切丝模式对细支卷烟烟丝结构、物理指标、主流烟气化学成分及危害性指数等的影响。结果表明：①与常规切丝模式相比，40mm定长切丝模式未对切后叶丝的宽度产生明显影响，烟丝的中丝率、短丝率明显提高，特征尺寸下降了40.19%，碎丝率和填充值变化不大，烟丝均匀性明显改善；制丝过程造碎略有增加,出丝率下降0.18%,细支卷烟机台作业效率明显提高,总剔除率和空头剔除率明显下降;细支卷烟中部烟支密度均匀性、物理指标稳定性和主流烟气指标批间的稳定性明显提高,其中单支质量、开放吸阻的标准偏差均值分别降低13.2%、12.0%,焦油、烟碱、CO的批间极差分别降低54.0%、65.5%和21.1%,标准偏差分别降低53.0%、44.4%和56.8%;随着质量稳定性的提高,每口抽吸的感官差异变小。②2个不同规格试验样危害性指数与对照样相比分别降低了10.87%、6.22%,巴豆醛、苯酚和HCN的释放量降低了3%~17%,氨和NNK的释放量降低了16%~24%,苯并[a]芘和CO释放量略有上升;应用定长切丝后,烟丝结构特征发生变化导致燃烧状态发生变化,燃烧锥升温速率和特征温度$T_{0.5}$升高,从而影响了细支卷烟烟气有害成分的释放量;为提高细支卷烟物理指标和主流烟气化学指标的稳定性,采用了不同于常规切丝的定长切丝模式进行切丝以降低烟丝的特征尺寸、提高烟丝结构的均匀性。

片烟形态的调控和定长切丝技术的引用,都只从片烟形态和结构的角度改善烟丝结构,江苏中烟通过研究烟丝结构柔性断丝设备[77],从切后烟丝的角度来调控烟丝结构,设备由烟丝柔性筛选装置和烟丝铡切装置两部分组成,通过对来料烟丝的筛选,大于目标长度的烟丝被输送到烟丝铡切装置,在动刀组与定刀组共同作用下,被切断为中短丝,而后落入下方振槽,与筛下烟丝一同进入下一工序,该设备安置在烘丝工序之后。王震等[78]对比分析了常规切丝技术和柔性断丝技术两种模式在细支卷烟生产中的应用效果,研究发现,与常规切丝技术相比较,柔性断丝技术能够在保证碎丝率可控的前提下,降低长丝率,提升中短丝比例,冷却定型(VAS)工序后的烟丝长丝率降低约7%,卷接工序后的长丝率下降幅度最为明显;风选环节中梗签剔除量上升27.04%,卷烟成品中的残次品剔除量由0.35kg/箱下降至0.26kg/箱,降幅为25.71%,并减少了设备停机次数;卷制后烟支单支质量和吸阻的标准偏差降幅均超过10%,硬度提升约4%;烟支轴向填充密度及其均匀性得到提高,均匀性系数由0.0088下降至0.0049,因密度异常引起的燃烧锥落头率由0.051%下降至0.021%,降幅为58.8%;烟支抽吸口数及烟气化学成分均值都略有增加。

3. 卷制工艺研究

常规卷烟中卷烟机参数变化对卷烟物理质量稳定性、空头率影响等的研究较多,而目前针对卷烟机参数对细支卷烟机台运行情况及烟支物理质量的影响报道较少。与常规卷烟相比,细支卷烟呈现烟支圆周小、烟支较长、吸阻较大、焦油量低等特点,对常规卷烟的研究结论不适用于细支卷烟。周凯敏等[79]研究了卷烟机针辊回丝量电压值、大风机压力、小风机压力等卷烟机关键工艺参数对细支卷烟机台运行情况和烟支物理质量的影响规律。结果表明,针辊回丝量、大风机压力、小风机压力对细支卷烟机台设备运行情况和细支卷烟物理质量指标均有不同程度的影响;回丝量对平整盘位置和空头率影响显著($P<0.05$);随着回丝量的增大,平整盘位置减小,压实量增大,空头率减小;大风机压力对平整盘位置影响显著($P<0.05$);随着大风机负压的增大,平整盘位置减小;增加回丝量可以减小细支卷烟空头率,改善细支卷烟的质量。王迅等[80]研究了不同剖切位置对细支卷烟物理指标与空头剔除率的影响,发现细支卷烟剖切位置与空头剔除率、端部落丝量存在较强的正相关关系。高明奇等[81]研究了在线打孔参数对细支卷烟理化指标的影响,发现细支卷烟的在线激光打孔数量和激光脉冲持续时间对理化指标有显著影响,通风率均值随打孔数量和激光脉冲持续时间的增加而升高。此外,喻赛波等[82]研究了烟丝含水率对细支卷烟烟气和感官品质的影响,发现烟丝含水率过高会导致细支卷烟烟气浓度减小,抽吸满足感降低,建议生产过程中细支卷烟的烟丝含水率尽量控制在12.50%~12.90%。王亮等[83]研究了烟丝结构分布对细支卷烟燃烧锥落头的影响,发现烟丝配方中中短丝占比越高,细支卷烟的燃烧锥越短,烟支内部结构越均匀;当烟丝配方中中短丝占比从10%增至35%时,细支卷烟的燃烧锥落头率从42%降至20%。

四、装备开发

细支卷烟与常规卷烟的设计规格和加工工艺不同,导致细支卷烟加工装备与常规卷烟也存在较大的差异。主要从打叶复烤、制丝和卷接包3个环节对细支卷烟加工装备的研究进展进行阐述。

1. 打叶复烤加工装备

目前,国内各烟草企业生产细支卷烟与常规卷烟在打叶复烤环节采用的加工流程和加工设备基本一致。考虑到细支卷烟对叶片结构的要求不同于常规卷烟,烟草行业研究者们已开始研究打叶复烤加工装备对细支卷烟叶片结构的优化与控制。孔祥等[84]对打叶框栏形状进行重新设计发现,采用六边形框栏代替菱形框栏,大片率降低了13%,中片率提高了12%,叶片含梗率降低了0.5%。王发勇等[85]对打叶框栏开口尺寸进行局部改造发现，框栏开口尺寸与撕叶率、中片率、小片率、碎片率和含末率均呈负相关关系，与大片率、大中片率均呈正相关关系；采用改进复合开口框栏的撕叶率、中片率分别提高了5.54%和5.56%，大片率降低了5.74%，含末率可控制在0.80%以内。李俊男等[86]通过对打叶框栏开口尺寸进行局部改造发现，将一打框栏尺寸设置在7.11~9.14cm范围内，当框栏尺寸减小时，大片率有所减小，造碎率有所增加。杨江平等[87]通过重新设计打叶框栏形状发现，与菱形框栏相比，在一打和二打处采用六边形框栏的大片率显著降低，大中片率均有不同程度的降低，而中片率则显著升高。

2. 制丝加工装备

制丝是卷烟加工过程的关键环节，直接影响甚至决定了卷烟的加工质量。目前，烟草行业研究者主要围绕细支卷烟在卷制过程中存在的烟丝长度过长、质量波动较大和含梗签率较高等问题，在制丝环节开展相应的加工装备研究。江苏中烟工业有限责任公司[88]开发了一种基于细支卷烟烟丝长度控制的筛选装置，该装置可实现烟丝在传输过程中的选择性筛分，筛分后的长丝会自动切短，从而改善细支卷烟烟丝结构的均匀性，提高细支卷烟卷制的综合质量。江苏恒森烟草机械有限公司[89]开发了一种细支卷烟烟丝长度控制及梗签剔除装置，主要包括均料振动输送机、分选打散区、辊剪区、进料皮带输送机、第一多功能风选箱、第二多功能风选箱和出料提升输送机，该装置可实现烟丝的长度调控和均质除杂，提升细支卷烟的卷接质量。红塔烟草（集团）有限责任公司[90]开发了一种降低细支卷烟烟丝中梗签含量的方法和设备，主要利用矩形筛网完成相互结团缠绕梗签和烟丝的松散处理及对短小梗签和碎梗签的剔除，有效降低了细支卷烟烟丝中的梗签含量。山东中烟工业有限责任公司[91]研发了一种适用于细支卷烟的烟丝结构确定方法和装置，采用混料均匀设计方法对不同长度烟丝进行混料组合，得到多个烟丝结构；通过检测上述烟丝结构制成的烟支物理指标和烟气指标，计算各指标的变异系数，最终确定最优的烟丝结构。

3. 卷接包加工装备

（1）卷接包整套加工装备　我国于2006年引进的第一套细支卷烟生产设备落户南京卷烟厂。近年来国内烟机公司加快了研发脚步。他们以常规规格卷烟设备为开发平台，创造出属于自己的产品，其中常德烟机公司细支卷烟卷接设备主要有 ZJ17D 和 ZJ112 两种型号，上海烟机公司的细支卷烟包装设备以 ZB45 型号为主，同时他们均可以为工业企业提供对现有机型的大修改造或规格改造，以满足细支卷烟生产需求。赵宸楠[92]分析了 2006~2017 年的细支卷烟卷接包加工装备的研发情况，发现细支卷烟加工装备主要为经现有细支化改造的常规卷烟卷接包设备，基本上可以满足细支卷烟卷接包的工艺要求。近年来，贵州中烟工业有限责任公司[93]研发了一种细支卷烟包顶升板和 ZB45 型细支卷烟包装机组，主要解决了细支卷烟品牌烟包易在顶升板位置与凸台发生碰撞形成翻角的技术问题。天海欧康科技信息（厦门）有限公司[94]研发了一种细支卷烟和常规卷烟混合的包装设备及包装方法，实现了细支卷烟和常规卷烟混合码垛后的裹膜塑封包装，可大大降低条烟包装机的物流配送成本。湖北中烟工业有限责任公司[95]研发了一种细支卷烟条烟平行改立行输送装置，该装置可自动将细支卷烟条由平行输送改为立行输送，且可同时适用于 84mm、90mm 等多种规格的细支卷烟和常规卷烟。昆明创迪科技开发有限公司[96]研发了一种细支卷烟条烟立式输送设备，有效提高了条烟传输效率，且成品条烟表面无刮损。河南中烟工业有限责任公司[97]研发了一种细支卷烟烟包输送平板带调整装置，该装置能有效减少设备停机和输送带的更换维修次数，同时还能提升备件的使用寿命。常德烟草机械有限公司[98]研发了一种细支卷烟回收装置，该装置能对直径在 5.4~7.0mm 范围内的细支卷烟进行回收利用。

（2）卷接包加工装备局部件　细支卷烟卷接包加工装备局部件的优化改造也有利于提升细支卷烟的卷接包质量。河南中烟工业有限责任公司[99]研发了一种细支卷烟卷接机组的平准器装置，有效避免了烟丝束紧头位置松散打滑，达到了减少空头的目的。红云红河烟草（集团）有限责任公司[100]研发了一种细支卷烟机搓接装置，对搓板和搓烟轮结构进行了优化设计，增加了搓接圈数，改善了温度稳定性，消除了水松纸翘边、泡皱、错牙等烟支质量问题，提升了产品的综合质量。湖北中烟工业有限责任公司[101]设计了一种改进的 GDX2 细支包装机五轮出口导板，能有效解决小盒烟包两侧边翻盖处漏缝和搭盖的问题，提升了产品的外观包装质量。贵州中烟工业有限责任公司[102]研发了一种用于细支卷烟机组中切割圆刀的冷却装置，通过吸油毛毡对切割圆刀进行润滑和冷却，避免了切割圆刀在切割过程中因温度过高而产生胶垢的问题。红云红河烟草（集团）有限责任公司[103]研发了一种细支卷烟机新型动态密封装置，改善了上胶系统动态密封不到位的情况，有效解决了水松纸上胶缺陷的质量问题。湖北中烟工业有限责任公司[104]研发了一种细支卷烟设备喇叭嘴支架找正装置，提升了对喇叭嘴支架调整的精确度，大大减少了调整次数和调整时间，使整个调整过程更准确和规范。红云红河烟草（集团）有限责任公司[105]研发了一种细支卷烟包装机烟支料库下烟通道稳定装置，通过在烟支料库下烟通道增加稳定挡块，增强了烟支下落输送过程中对烟支滤嘴端的支撑力，提升了烟支输送的稳定性。

李钊[106]在 PASSIM 机型上进行改造，使设备效率提高 20%，性能稳定，可靠性提高。殷树强[107]改造 PASSIM8K 机组生产 $\phi 5.4mm$ 超细支卷烟，参照 ZJ114 机组和 ZJ15 机组的改进，取得一定进步，但其它部位的改造技术也是有一定的难度，必须进行缜密的考虑，取得技术突破。孙吉华[108]首次开发了 3 箱/min 专用于细支卷烟的装封箱机，该设备技术先进，结构紧凑、检测手段齐全、占地面积小、调整方便，提高了细支卷烟的生产效率。乔维定[109]开发了 FY118 型激光式超细废烟支在线回收装置，实现了对卷接包机组产生的不合格烟支（以下简称废烟支）进行烟丝回收再利用。刘小苏[110]研发了一种新型 GDX2 细支卷烟异型包装机六号轮模盒，提高了烟包的外观质量，降低了烟包正面划痕缺陷造成的废品率，减少了因烟包正面划痕缺陷引起的设备停机次数，减轻了劳动强度，提高了生产效率，减少了原辅料的消耗。韦干付[111]研发了一种适用超细支卷烟的劈刀盘，使易碎烟丝类型烟支，烟丝外漏的烟支端质量明显提高，烟支空头造成的废品明显减少，烟支皱纹明显减少，烟支单支克重得到了有效控制，烟支圆度有了一定改善，因竹节烟引起的设备故障明显减少，减轻劳动强度，提高生产效率，减少原辅料的消耗。张爱武[112]研发了一种用于超细支卷烟的搓板机构，设计合理、结构简单、有效避免烟支泡皱及翘边等质量缺陷，充分提高生产效率，实用性强，市场潜力大，可广泛应用于超细支卷烟的批量生产中。

（3）卷接包加工质量检测装置　卷烟加工质量的评价主要依靠检测装置能否真实、准确和及时地检测在制品工艺质量指标的现实情况。因此，检测装置的优劣直接影响检测质量，对能否实现卷烟加工过程质量的有效控制意义重大。由于细支卷烟设计规格与常规卷烟不同，需要对细支卷烟卷接包加工质量的检测装置进行研究。玉溪市群力工贸有限公司[113]研发了一种细支卷烟长度与激光打孔检测仪，主要包括底板、发光器、检测板和电压显示数码屏等部件，可对激光打孔、有无爆珠、细支卷烟长度等方面进行清晰直观的检测。郑州嘉德机电科技有限公司[114]研发了一种细支卷烟燃烧锥落头检测装置，能在细支卷烟抽吸和阴燃两种状态下对其进行特定频率、特定力度、特定方向的敲击，以检测细支卷烟燃烧锥的落头情况。河南中烟工业有限责任公司[115]研发了一种烟支卷烟圆周和长度理化指标测量工具，在烟支圆周检测判别区内设置烟支测量孔，在烟支长度检测判别区内设置烟支测量槽，并在测量槽上设置刻度值，可实现不同规格烟支圆周和长度的测量。陈丞[116]通过改造综合测试台可检测 5.4mm 直径细支卷烟。改造后的综合测试台可满足测量 5.4mm 直径细支卷烟及滤棒的检测需求，有一定的推广应用价值。申钦鹏[117]研发了一种可用于细支卷烟的卷烟烟气捕集器的转接头。该装置保证了气流的平稳性，提高了烟气化学成分分析定量的准确性。刘彤[118]开创了一种单光子飞行时间质谱在线逐口分析细支卷烟主流烟气中 7 种挥发性有机化合物的方法。该方法可实时在线分析；直接进行定性定量分析，不需要建立分析目标物标准工作曲线；可得到每口抽吸主流烟气释放物递送规律，同时考察卷烟圆周对多种主流烟气挥发性有机化合物释放量的影响。

综上可知，目前国内细支卷烟加工装备的研究主要集中在对卷接包机组加工装备进行改造，注重平准器、搓板机构、输送装置等局部件的研发，以及对细支卷烟燃烧锥落头、细支卷烟圆周和长度等检测装置的研发，而在打叶复烤加工装备和制丝加工装备上仅局限于烟丝结构控制和降低梗签或烟梗含量装置的研究。因此，为稳定和提升细支卷烟加工质量，细支卷烟加工装备应结合加工工艺需求，进一步在打叶复烤和制丝工艺装备两方面开展深入和系统的研究。

五、细支卷烟创新性研究

2016 年起，细支卷烟升级创新重大专项开始实施[119-120]。通过产品基础研究、工艺研究、装备研究、烟梗及再造烟叶应用研究、丝束研究、爆珠及滤棒研究等相应领域技术研究工作，实现细支卷烟产品升级、技术升级和装备升级，提升细支卷烟产品设计水平、生产制造水平、降本增效水平以及控焦稳焦水平。经过 3 年多技术攻关，取得以下成果：①细支卷烟产量高速增长，产量由 2016 年的 150.56 万箱增加到 2019 年的 424.85 万箱；②加工技术实现升级，完成南京卷烟厂、襄阳卷烟厂细支卷烟生产基地和济南卷烟厂、延吉卷烟厂专用生产线建设；③专用材料基本实现国产，丝束规格覆盖各中烟公司加工细支滤棒的目标吸阻要求，2019年国产细支卷烟专用丝束占国内总使用量的75%，实现国产细支卷烟专用丝束逐步替代进口；细支爆珠卷烟研发和生产迅猛发展，细支爆珠卷烟规格由2015年的5个增加到2019年的30多个，销量达到102.84万箱；④专用装备取得突破，相继研发成功了400包/min、500包/min包装机组，10000支/min的卷接机组和400m/min的细支滤棒成型机组，10000支/min细支卷烟高速卷接机组不仅实现国产超高速双轨卷接机组细支规格卷烟的生产，而且具备生产细支与中支卷烟的生产能力；⑤细支卷烟产品质量提升，消耗下降，烟支质量标准偏差由20mg/支降至12.69mg/支，吸阻标准偏差由85Pa降至67.60Pa；批间焦油波动由1.3mg/支降至0.66mg/支，原料有效利用率加权平均值为91.77%，提高5.77%，卷烟单箱原料消耗加权平均20.70kg，降低2.65kg，卷烟纸损耗率加权平均值2.57%，降低了0.93%；滤棒损耗率加权平均1.67%，降低了1.33%。

2017年，由湖北中烟工业有限责任公司完成的"适应细支卷烟的打叶复烤片烟结构优化关键工艺与装备研究"项目[121]，通过了国家烟草专卖局鉴定。取得以下成果：①研究叶片结构与叶丝结构关系以及对细支卷烟卷制质量的影响，明确了适应细支卷烟的打叶工艺指标；②开展打叶复烤关键工艺设备改进与优化研究，形成了应不同类型烟叶片烟结构优化调控技术；③研发六边形打叶框栏及打刀装置，优化原烟多级分切、柔性风分等关键打叶工艺，可较好地满足了细支卷烟对片烟形状、结构、叶中含梗率的质量需求，且实现三级高效打叶，为行业打叶复烤工艺流程及设备配置优化提供了新思路；④成果应用后，提升了常规和细支卷烟产品质量稳定性，并有效改善了细支卷烟易产生燃烧锥掉落、竹节烟、梗签刺破卷烟纸等质量缺陷。

2018年，由江苏中烟工业有限责任公司等单位完成的"中式卷烟细支卷烟品类构建与创新"项目[122]，通过国家烟草专卖局鉴定。取得以下成果：①开展细支卷烟产品系统化设计、特色工艺技术研发、品控体系构建、专用原辅材料的开发与应用以及技术集成应用研究，构建了有感知、成体系、有支撑的中式卷烟细支卷烟品类；②确立细支卷烟"长径比值大、单支含丝量少"一个核心特征和"烟气浓度低、感知要求高；焦油量低、危害指数小；原料消耗低、增效能力强"3个关键特性的品类特征；③构建"六模型一平台"设计模型，实现了细支卷烟材料的系统化设计，研究细支滤棒、胶囊滤棒的丝束特性曲线和最佳成型区间，创新性地应用卷烟纸竖打孔、接装纸甜味剂施加等技术实现了细支卷烟舒适感、轻松感和满足感的协同提升；④突破梗丝、再造烟叶在细支卷烟中规模化应用的瓶颈，降低了卷烟危害性指数，构建多目标稳健优化设计及烟支单重设计模型，提高了细支卷烟加工质量，降本增效效果显著，应用"五双"特色工艺技术，提升了细支卷烟产品品质；⑤围绕产品风格特征，对重要香原料进行开发与复配，开展基于料液成分持留率辅助设计料液配方的加料技术研究，改进料液在烟丝中的持留率，提升了细支卷烟产品安全性和品质。

2018 年，由郑州烟草研究院等单位完成的"提高细支卷烟质量稳定牲的关键工艺技术研究"项目[123]，通过国家烟草专卖局鉴定。取得以下成果：①建立烟支动态吸阻、密度分布一致性和燃烧锥落头倾向 3 项新的卷烟质量检测与评价方法；②分析掌握国内外细支卷烟在烟支设计、物理指标、烟气指标、有害成分释放量、感官质量等方面的现状与差异，确定了影响细支卷烟质量及稳定性的关键因素；③建立完善的烟丝形态、烟丝物理指标、卷制过程控制技术，从"测""调""控" 3 个方面，确定了烟丝形态、烟丝物理指标、卷制过程的控制指标、控制参量、控制手段，明确了细支卷烟各项质量指标的稳定性可控范围；④研究成果应用后，细支卷烟物理指标、烟气指标等稳定性及感官质量得到提升，烟支单重标准偏差降幅 6.7%，烟支硬度标准偏差降幅 26.1%，烟支吸阻标准偏差降幅 18.2%，滤嘴通风率标准偏差降幅 13.3%，烟支落头倾向降幅 8.9%。

2019 年，由河南中烟工业有限责任公司等单位完成的"提高细支卷烟质量稳定牲的关键工艺技术研究"项目[124]，通过了国家烟草专卖局鉴定。取得以下成果：①应用颜色分量差值等数字图像分析技术，精准分割提取片烟形状轮廓，建立了片烟形状测定和表征方法；②运用等效换算原理，揭示片烟形态结构与烟丝结构的关系，构建了相关量化关系模型；③建立卷烟物理质量综合评价方法，实现对不同批次卷烟卷制综合质量的量化评价；④研究细支卷烟烟丝关键物理特性，确定了适宜的烟丝尺寸、片烟结构和分形维数等关键控制指标，烟丝宽度 $0.74 \sim 0.83$ mm、特征长度 $2.6 \sim 2.8$ mm、纯净度 > 95%；片烟面积上部 $200 \sim 800$ mm^2、中部 $100 \sim 700$ mm^2、下部 $300 \sim 900$ mm^2，片烟的分形维数上部 $1.3 \sim 1.4$、中部 $1.3 \sim 1.5$、下部 $1.2 \sim 1.3$；⑤研发具有自主知识产权的超大片烟辊轴筛分和差速柔打等在线片烟结构调控设备与技术，建立了一条 7000kg/h 大片筛分柔打生产线；⑥成果应用后，适用于细支卷烟的片烟比例提高了 20.6%，叶中含梗率控制在 1% 以下，全流程原料消耗降低 0.8kg/箱（50000 支）。

  整体来看，国内针对细支卷烟在产品开发、烟用材料、工艺技术及加工装备等方面进行了大量的研究。在产品开发方面，从烟支长度、爆珠风格及焦油含量等方面总结了国内主要牌号的产品设计特点；在烟用材料方面，总结了滤嘴、接装纸、卷烟纸及爆珠对细支卷烟质量的影响，但在多孔材料、纳米材料、低危害新型滤嘴等新技术方面仍需进一步研究；在工艺技术方面，集中研究了制丝过程中切丝、制梗丝、形态调控等局部工艺，缺乏对卷烟加工三大环节（打叶复烤、制丝和卷制工艺）进行深入和系统的研究，特别是缺乏对三大环节有机结合的整体加工工艺研究，难以支撑细支卷烟加工工艺体系；在加工装备方面，在控制烟丝结构、降低梗签含量等方面开展了一定的研究，在适应细支卷烟加工工艺优化设计与提升细支卷烟加工质量等方面需要开展深入研究。因此，今后应强化打叶复烤—制丝—卷接包工艺技术有机结合的"大工艺"理念，把细支卷烟加工的三大环节作为一个整体来考虑，重点从材料适应性、加工工艺关键技术、典型问题装备研发、质量管控关键技术等方面开展系统研究，建立细支卷烟加工工艺与装备关键技术和质量评价指标体系，全面提升细支卷烟加工工艺水平，推动细支卷烟的高质量发展。

第二章
细支卷烟质量控制技术研究方法

本部分对细支卷烟质量指标与烟丝特性检测方法、细支卷烟加工工艺参数设置及样品制备方法等细支卷烟质量控制技术研究方法进行了描述，详细介绍了细支卷烟质量指标与烟丝特性检测方法，细支卷烟卷制指标与烟丝特性检测方法包括：常规物理质量、卷烟或在制品烟丝物理特性、烟丝常规化学成分、卷烟烟气释放物、细支卷烟材料特性、卷烟轴向密度分布、卷烟动态吸阻、落头倾向等方面；明确了制丝工艺加工和卷制工艺加工工艺参数设置及样品的制备方法。

第一节 细支卷烟质量指标与烟丝特性检测方法

本部分详细介绍了细支卷烟质量指标与烟丝特性检测的方法，细支卷烟卷制指标与烟丝特性检测方法包括：常规物理质量、卷烟或在制品烟丝物理特性、烟丝常规化学成分、卷烟烟气释放物、细支卷烟材料特性、卷烟轴向密度分布、卷烟动态吸阻、落头倾向等方面。

一、卷烟常规物理质量指标的检测方法

卷烟常规物理质量指标包括烟支质量、吸阻（开放吸阻和封闭吸阻）、硬度、圆周、长度、滤嘴通风率与总通风率、端部落丝量、含末率等指标的测试。检测方法及装备如表2-1所示，在检测内容中烟支质量、吸阻（开放吸阻和封闭吸阻）、硬度、圆周、长度、滤嘴通风率与总通风率等指标的稳定性评价数据是通过计算测试样品的标准偏差获得的。端部落丝量、含末率等指标仅为质量约束性指标。

二、卷烟或在制品烟丝物理特性的检测方法

1. 烟丝特征尺寸的测定

（1）术语和定义

①烟丝特征尺寸：在一定筛分条件下。烟丝经筛分后，筛行累计质量为50%时所对应的筛网孔径尺寸。

表 2-1　　　　　　　卷烟物理性能指标测试方法及设备

测试指标	测试方法标准	测试设备
长度	GB/T 22838.2—2009《卷烟和滤棒物理性能的测定 第 2 部分：长度　光电法》	综合测试台
圆周	GB/T 22838.3—2009《卷烟和滤棒物理性能的测定 第 3 部分：圆周　激光法》	综合测试台
质量	GB/T 22838.4—2009《卷烟和滤棒物理性能的测定 第 4 部分：卷烟质量》	综合测试台
卷烟开放吸阻与封闭吸阻	GB/T 22838.5—2009《卷烟和滤棒物理性能的测定 第 5 部分：卷烟吸阻》	综合测试台
硬度	GB/T 22838.6—2009《卷烟和滤棒物理性能的测定 第 6 部分：硬度》	综合测试台
滤嘴通风率与总通风率	GB/T 22838.15—2009《卷烟和滤棒物理性能的测定 第 15 部分：卷烟　通风的测定　定义和测量原理》	综合测试台
含末率	GB/T 22838.7—2009《卷烟和滤棒物理性能的测定 第 7 部分：卷烟含末率》	综合测试台
燃烧速率	ISO 3612—1977《烟草和烟草制品—卷烟—自由燃烧速度的测定》	燃烧速率测定仪
端部落丝量	GB/T 22838.17—2009《卷烟和滤棒物理性能的测定 第 17 部分：卷烟　端部掉落烟丝的测定　振动法》	端部落丝测定仪

②烟丝尺寸分布：不同烟丝质量占烟丝总质量的百分数。

③烟丝筛上累计分布：大于某一规定的烟丝质量占烟丝总质量的百分数。

（2）测定原理

采用多层筛筛分方法，通过筛上累计质量百分数拟合烟丝尺寸分布特性方程，计算得到烟丝特征尺寸。

（3）仪器

①旋转检测筛。

②分析天平：感量 0.01g。

（4）样品制备

烟丝样品的制备：在测定位点接取完整截面，每次样品量 400g。按照 GB/T 16447—2004 的要求对取样样品进行平衡，并采用四分法将每个平衡后烟丝样品缩至（100.0±10.0）g 作为筛分测试样品。

（5）测定步骤

①测试环境需符合 GB/T 16447—2004 的要求。

②接通旋转检测筛电源，设定检测筛运行参数。

③按照筛网孔径从大到小顺序将 8.00mm、6.70mm、5.60mm、4.75mm、4.00mm 五层筛网和无孔底盘放置在检测筛底座上。

④将试样放置于检测筛顶层筛网中央位置。

⑤固定筛网，启动检测筛，开始测试。

⑥测试完毕后，取下筛网，称量每层筛网上烟丝的质量，精确至 0.01g，按筛网孔径尺寸由大到小依次记为 m_1、m_2、m_3、m_4、m_5，并清理筛网。

⑦按照筛网孔径从大到小顺序将 3.35mm，2.80mm，2.00mm，1.40mm，0.71mm 五层筛网和无孔底盘放置在检测筛底座上。

⑧将经过③~⑥后的无孔底盘中的试样放入检测筛顶层筛网中央位置。

⑨固定筛网，启动检测筛，开始测试。

⑩测试完毕后，取下筛网及无孔底盘，称量每层筛网及无孔底盘上烟丝的质量，精确至 0.01g，按照筛网孔径尺寸由大到小依次记为 m_6、m_7、m_8、m_9、m_{10}，和无孔底盘 m_{11}，并清理筛网。

⑪重复③~⑩，对卷烟机卷制前后烟丝样品或破碎仪破碎前后烟丝样品制成的其他烟丝样品分别进行测试。

⑫根据⑥和⑩测试的每层筛网上烟丝质量，计算各层筛网上的累积质量分数。

（6）结果表示

①根据筛上累计质量分数和对应筛网孔径，利用最小二乘法拟合烟丝尺寸分布式（2-1）得到方程中参数 a、p，将 a、p 代入式（2-2）计算特征尺寸，按式（2-3）计算得到破碎度。

②烟丝尺寸分布方程如式（2-1）所示。

$$F = 100\mathrm{e}^{(-aq^p)} \tag{2-1}$$

式中　F——烟丝筛上累计质量分数，%；

　　　a——方程参数；

　　　q——筛网孔径，mm；

　　　p——方程参数。

③烟丝特征尺寸的计算如式（2-2）所示。

$$d = \mathrm{e}^{\left[\frac{\ln(\ln 2)-\ln a}{p}\right]} \tag{2-2}$$

式中　d——烟丝特征尺寸，mm；

　　　a——方程参数；

　　　p——方程参数，a、p 可由式（2-1）得到。

2. 烟丝填充值的测定

按照 YC/T 152—2001《卷烟　烟丝填充值的测定》方法进行测定。

3. 卷烟机剔除梗签物中含丝量的测定

（1）定义　剔除梗签物：卷烟机梗签风选装置剔除的、以梗签为主包括并条烟丝及烟丝等组成的混合物。

（2）原理　根据卷烟机剔除梗签物中的梗签与烟丝在临界流化速度、终端吹出速度等物理性质方面的差异，调整卷烟机剔除梗签物检测仪中主床层流化区和中心管流化区风速，使梗签物中的烟丝在中心管流化区分离，分别收集梗签和烟丝，称量后计算卷烟机剔除梗签物中烟丝的含量。

（3）仪器设备

①卷烟机剔除梗签物中含烟丝量检测仪：

卷烟机剔除梗签物中含烟丝量检测仪应符合以下要求，

a. 中心管风速为 4.0~4.5m/s，风速计精度为 5%。

b. 流化室中风速为 0.7~0.8m/s，风速计精度为 5%。

c. 分布板开孔率为 1%~3%，开孔孔径为 1~3mm。

d. 仪器主体材料为透明材料制成。

②电子天平，感量为 0.1g。

（4）测定步骤

①取样：待卷烟机运行稳定后，使用 600mL 的取样容器在卷烟机机台剔除梗签物的收集口处随机取样，取满后密封，编号待测。

②检测步骤

a. 打开气源，设定流化室与中心管的风速，保持稳定。

b. 称量取样器中被测样品质量，精确至 0.1g，记为 m_0。

c. 将称取后的被测样品放入布料单元，开启布料单元；同时开启控制翻板状态单元，仪器处于运行状态。

d. 分离 30s 后，控制翻板状态单元置于载料状态，关闭两路流化风，完成梗签与烟丝的分离。

e. 打开中心管流化风气室下方的封料阀门，卸出梗签并称量，精确至

0.1g,记为 m_1。

f. 关闭封料阀门,打开载料翻板单元,烟丝经中心管落如中心管流化风气室,打开封料阀门,卸出烟丝称量,精确至 0.1g,记为 m_2。

g. 样品梗签与烟丝分离后损失率按式(2-3)计算

$$Y = \left(1 - \frac{m_1 + m_2}{m_0}\right) \times 100\% \qquad (2-3)$$

式中　Y——分离后被测样品损失率,%;

　　　m_0——样品测试前总质量,g;

　　　m_1——分离后梗签质量,g;

　　　m_2——分离后烟丝质量,g。

h. 分离后被测样品损失率≤0.5%时,检测有效,可进行卷烟机剔除梗签物中含丝量结果的计算;损失率 Y>0.5%时,应按 a~f 重新进行取样和检测。

(5) 结果的计算与表示

卷烟机剔除梗签物中含丝量按式(2-4)计算,结果精确至 0.1%

$$X = \frac{m_2}{m_1 + m_2} \times 100\% \qquad (2-4)$$

式中　X——卷烟机剔除梗签物中含丝量,%;

　　　m_1——分离后梗签质量,g;

　　　m_2——分离后烟丝质量,g。

三、烟丝常规化学成分的检测方法

为了剖析国内外细支卷烟在原料选择、加工工艺及过程质量控制水平的差异,重点关注调研样品的常规化学成分,其检测方法及仪器如表 2-2 所示。

表 2-2　　　　　卷烟烟丝常规化学成分检测及仪器

测试指标	测试方法标准	测试设备
总糖/还原糖	YC/T 159—2002 烟草及烟草制品　水溶性糖的测定　连续流动法	
总植物碱	YC/T 160—2002 烟草及烟草制品　总植物碱的测定　连续流动法	
氯	YC/T 162—2011 烟草及烟草制品　氯的测定　连续流动法	电子天平、AA3 型连续流动化学分析仪
钾	YC/T 217—2007 烟草及烟草制品　钾的测定　连续流动法	
硫酸盐	YC/T 269—2008 烟草及烟草制品　硫酸盐的测定　连续流动法	
总氮	YC/T 161—2002 烟草及烟草制品　总氮的测定　连续流动法	
pH	YC/T 222—2007 烟草及烟草制品　pH 的测定	

四、卷烟烟气释放物检测方法

细支卷烟烟气释放物测试方法及仪器如表 2-3 所示。

表 2-3　　　　　　　　卷烟烟气释放物测试方法及设备

测试指标	测试方法标准	主要测试设备
焦油	GB/T 19609—2004 卷烟　用常规分析用吸烟机测定总粒相物和焦油	
烟碱	GB/T 23355—2009 卷烟　总粒相物中烟碱的测定方法　气相色谱法	吸烟机、气相色谱仪
CO	GB/T 23356—2009 卷烟　烟气气相中一氧化碳的测定　非散射红外法	
氰化氢	YC/T 253—2008 卷烟主流烟气中氰化氢的测定　连续流动法	连续流动分析仪
B[a]P	GB/T 21130—2007 卷烟　烟气总粒相物中苯并[a]芘的测定	气质联用
苯酚	YC/T 255—2008 卷烟主流烟气中主要酚类化合物的测定　高效液相色谱法	液相色谱
TSNAs	GB/T 23228—2008 卷烟　主流烟气总粒相物中烟草特有 N-亚硝胺的测定　气相色谱-热能分析联用法	液质联用
羰基化合物	YC/T 254—2008 卷烟主流烟气中主要羰基化合物的测定　高效液相色谱法	液相色谱
氨	YC/T 245—2008 烟草及烟草制品氨的测定　连续流动法	离子色谱
VOCs	GB/T 27523—2011 卷烟主流烟气中挥发性有机化合物的测定	气质联用
pH	YC/T 222—2007 烟草及烟草制品　pH 的测定	pH 计

五、细支卷烟材料特性分析

细支卷烟的滤嘴（含丝束）、烟支、卷烟纸、成形纸、接装纸等的使用是影响质量的重要因素，项目针对相关样品开展了滤嘴类型、材质与特征、长度、质量、卷烟纸中规格、原料、透气度、定量、助燃剂等指标、成形纸的规格与透气度、接装纸规格与外观描述、透气度、打孔位置与排列方式、孔径及间距等指标的检测。测试方法及设备如表 2-4 所示。

表 2-4　　卷烟辅助材料特征测试方法及设备

项目	测试指标	测试方法及标准	测试设备
卷烟、滤嘴段、烟支段	标准吸阻、整支卷烟封闭后的卷烟吸阻、开放滤嘴吸阻、封闭滤嘴吸阻、开放烟支吸阻、封闭烟支吸阻	GB/T 22838.5—2009《卷烟和滤棒物理性能的测定　第5部分：卷烟吸阻和滤棒压降》	borgwaldt-kc 吸阻测定仪
滤嘴	类型、材质与特征、长度、质量	目测等	钢尺/游标尺、电子天平仪
卷烟纸	长度、定量、透气度		钢尺/游标尺、borgwaldt-kc A20 透气度测定仪
成形纸	长度、通风滤嘴、成形纸透气度	GB/T 23227—2008《卷烟纸、成型纸、接装纸及具有定向透气带的材料　透气度的测定》	钢尺/游标尺、borgwaldt-kc A20 透气度测定仪
接装纸	规格与外观描述、透气度、打孔位置与排列方式、孔径及间距		钢尺/游标尺、borgwaldt-kc A20 透气度测定仪、投影仪

六、卷烟轴向密度分布及其表征方法的建立

1. 原理与设备

烟支密度与水分分布的测量原理的基础是微波谐振法，其主要工作原理是通过烟支传送系统将待测烟支送往微波谐振腔，当烟支通过微波电磁场时，由于其密度及水分含量的不同，使微波电磁场能量参数发生变化，具体表现为微波谐振腔的谐振参数发生改变。因此可以通过微波电磁场能量参数的变化来推算烟支密度和水分。图 2-1 为烟支水分密度检测仪。

图 2-1　烟支水分密度检测仪

1—箱斗盖　2—箱斗
3—带有 7.2mm 和 10mm 槽的滚子
4—带测量单元的抽屉
5—收集被测烟支的抽屉　6—触摸显示器
7—电源 LED 灯　8—USB 接口

2. 数据结构

检测得到的数据是两个水分和密度数据矩阵，如图 2-2 所示，列项数据表示每支烟在烟丝轴向上每个点的密度（步长为 1mm），横向数据代表不同的烟支。

ensity	1	2	3	4	5	6	7	8	9	10
0	158.2	110.6	141.9	149.5	123.4	140	131.3	112.7	118.9	117
1	196.9	141.6	179.4	185.9	164.4	175.5	174.3	134	159.4	155
2	247.5	182.3	223.3	234.8	210.5	221.4	231.3	166.7	212.4	200.3
3	279	217.6	247.4	257.1	248.5	247.4	263.2	194.8	253.5	231.8
4	292.9	239.6	262.3	271	271.7	263.3	281.2	215.4	274.5	249.3
5	295.3	247.7	269.7	276.9	287	271.3	290	226.9	283.8	257.2
6	290.9	249.8	272.1	277.6	297.1	275.1	292.2	234.8	284.1	256.9
7	284.7	250.1	272.4	276.7	305.4	279	291.1	238.7	278.8	249.6
8	279.3	249.8	272.4	275.7	311.4	283.5	292.4	239.8	272.1	240.5
9	275.6	254.3	272.2	272.4	314	286.9	294.8	241.8	266.4	233.1
10	274.2	262.2	272	266.5	315	287.1	297.7	243.7	261.8	226.6
11	269.6	272.1	270.8	258	313.9	287	300.5	241.3	256.2	218.9
12	261.6	283.2	266	253.4	309.4	282.1	302.4	237.6	247.4	216.1
13	252.6	288.1	260	251.2	306.3	274.2	295.1	233.4	245	217.6
14	245.3	284.6	253.1	247.7	296.9	265.4	284.8	230.1	242.6	219.7
15	238.9	274.3	245.3	242.1	285.9	256.9	274.1	225.1	240.6	219.7
16	234.4	258.1	235.9	233.4	275.6	247	266.3	224.9	240.1	218.9
17	231.8	242.1	228.2	224.1	260.9	237.2	262.3	228.5	241.6	216.8
18	230.6	231.4	221.9	214.7	247.3	228.2	258.2	234.8	243.9	214.9
19	229.5	227.2	217.9	206.2	236.6	220.8	254.5	243.4	246.9	214.2
20	230.3	229	218.6	202.2	229.6	214.4	247.5	252.7	250.3	215.1
21	233	233.5	222	201.4	228.8	211.4	239.8	260.2	253	217.9
22	238	237.2	224.5	201.2	231.3	211.1	234	264.2	251.6	220.7
23	243.8	240.7	226.3	200.8	234.7	213.8	230.7	263.2	247.3	223.1
24	245	247.6	227.4	199.2	236.4	220.4	229.8	255.6	240.6	225.1
25	243.9	257	224	197.7	236	227.9	234.2	244.8	231.8	228.1
26	242	262.9	219.7	197.4	233.1	235.8	237.7	233.2	225.7	232.7
27	236.6	266.6	213.5	198.2	231	243	239.2	224.5	221.8	238.4
28	231.6	267	205.2	200	230.7	246.4	240.1	217.5	220.3	243.8
29	228.2	264.5	200.2	203.1	231.4	245.9	238.6	213	221.4	248
30	227	259.4	196.7	205.7	232.5	242.6	235	212.2	222.5	250.4
31	225.8	252	195.7	209.2	230.1	237.4	229.4	215.6	222.9	250.9
32	225.9	245.5	197.1	214.4	224.5	231.9	222	219.8	222.2	248.1

图 2-2 检测数据结构

3. 评价指标

烟支轴向密度及其均匀性评价：采用平均值和标准偏差两个指标。平均值由烟支轴向密度的算术平均值计算得到，标准偏差是烟支轴向密度数据的标准偏差，这两个指标反映了烟丝在轴向上的密度分布均匀性。

烟支密度分布一致性：指同一批样品中不同烟支之间密度分布的差异，用 η 来表示，计算方法如下。

烟支密度矩阵 A 有 $m \times n$ 个数组成，记为 $A_{m \times n}$。其中 n 为烟支数量，m 为烟支密度。a_{ij} 代表第 j 支卷烟在第 i 个单位处的密度，向量 a_j 为第 j 支卷烟的不同单位长度上的密度。向量 B 和 C 均为 $m\times 1$ 个数组成的列向量，记为 $B_{m\times 1}$ 和 $C_{m\times 1}$。

$$A = \begin{bmatrix} a_{11} & a_{12} & \cdots & a_{1n} \\ a_{21} & a_{22} & \cdots & a_{2n} \\ \vdots & \vdots & & \vdots \\ a_{m1} & a_{m2} & \cdots & a_{mn} \end{bmatrix}, \quad B = \begin{bmatrix} b_1 \\ b_2 \\ \vdots \\ b_m \end{bmatrix},$$

其中 $b_i = \dfrac{\sum_{j=1}^{n} a_{ij}}{n}$，$i = 1, 2, \cdots, m$

烟支密度分布均匀性的评价指标构建：令矩阵

$$D = \begin{bmatrix} d_{11} & d_{12} & \cdots & d_{1n} \\ d_{21} & d_{22} & \cdots & d_{2n} \\ \vdots & \vdots & & \vdots \\ d_{m1} & d_{m2} & \cdots & d_{mn} \end{bmatrix}$$

其中 $d_{ij} = \dfrac{a_{ij} - b_i}{b_i}$

向量 $\eta' = \begin{bmatrix} \eta_1 & \eta_2 & \cdots & \eta_n \end{bmatrix}$，$\eta_j = \sum_{i=1}^{m} d_{ij}^2$，$j = 1, 2, \cdots, n$，$\eta_j$ 越小表明第 j 支卷烟的烟支密度分布均匀性越好，均匀性越好则表示越接近于设计期望，且 d_{ij} 服从标准正态分布 N（0，1）。

针对不同种类烟支的评价指标 $\eta = \dfrac{\sum_{j=1}^{n} \eta_j}{m \times n}$，评价指标 η 越小，说明该种类烟支的密度均匀性越好。

4. 评价密度分布一致性样品量的确定

在评价卷烟密度分布一致性时，需要确定参与评价的每个样品烟支的最少数量。这里通过方差计算方法（F 检验与 T 检验）来确定参与评价的最少样品数。试验中选择一个样品，共检测了 100 支卷烟的密度分布，对其进行了方差计算，结果如表 2-5 所示。

表 2-5　　密度均值的 F 检验与 T 检验结果

	100	5	10	20	30	50
F 检验		0.9603	0.4129	0.8091	0.3975	0.3812
T 检验		0.9850	0.5354	0.4207	0.8314	0.8441

密度均值的 F-T 检验结果如表 2-5 所示，密度分布均匀性的 F 检验与 T 检验结果如表 2-6 所示。由表中可以看出，当样品量为 10 支时，其 F-T 检验值大于 0.05，说明此时其方差和均值与样品量为 100 支时没有差异。因此，可以采用 10 支烟作为烟支密度测试的样本量。

表 2-6　　密度分布均匀性的 F 检验与 T 检验结果

	100	5	10	20	30	50
F 检验		0.0595	0.3355	0.7984	0.5600	0.4167
T 检验		0.4178	0.7715	0.8723	0.2686	0.5553

七、卷烟动态吸阻分布及表征方法的建立

1. 原理与装置

烟支燃吸动态吸阻的检测是在吸烟机的抽吸部分接入压力检测装置，通过压力传感器检测吸烟机的抽吸过程中烟支的动态瞬时压力。将测试获得的压差信号实时上传至计算机中，通过记录时间和不断变化的差压数据值呈现烟支的吸阻变化。

烟支动态吸阻检测装置如图 2-3 所示。该装置包括单孔道吸烟机、气体压差测量单元、三通、计算机、数据线连接等组成。

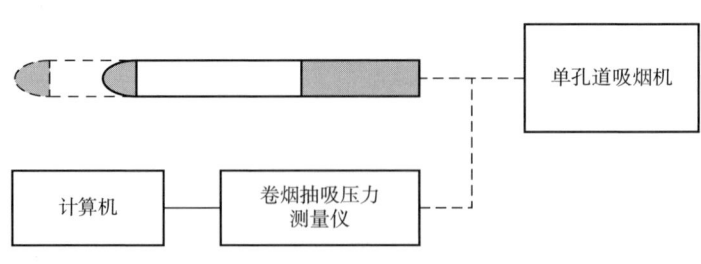

（1）烟支燃烧吸阻检测装置示意图

（2）实物图

图 2-3　烟支燃烧吸阻测量装置

2. 数据结构

在烟支抽吸过程中，压力检测仪的数据采集频率为 50 个/s，每支烟采集到的数据大约 2 万个（表 2-7）。

表 2-7　　　　　　　　压力检测仪检测结果

次数	压力值/Pa	次数	压力值/Pa
…	…	394	-354.8
387	-4.8	395	-378.4
388	-4.2	396	-545.5
389	24.3	397	-650.9
390	51.3	398	-660.7
391	-3.4	399	-805.9
392	-111	400	-813.1
393	-278.2	…	…

3. 烟支动态吸阻均匀性评价

采用平均值和标准偏差两个指标。取每支烟支实时吸阻最大峰值作为烟支逐口抽吸的吸阻，平均值指烟支轴向动态吸阻的平均值，由烟支的逐口吸阻的算术平均值计算得到，标准偏差是烟支轴向逐口吸阻的标准偏差，这两个指标反映了烟丝在轴向上的动态吸阻均匀性。

4. 烟支动态吸阻分布一致性

指同一批样品中不同烟支之间动态吸阻分布的差异，也用 η 值来表示，计算方法如下：烟支吸阻矩阵 A 有 $m \times n$ 个数组成，记为 $A_{m \times n}$。其中 n 为烟支数量，m 为烟支吸阻。a_{ij} 代表第 j 支卷烟在第 i 口的吸阻值，向量 a_j 为第 j 支卷烟的不同单位口数的吸阻值。向量 B 和 C 均为 $m \times 1$ 个数组成的列向量，记为 $B_{m \times 1}$ 和 $C_{m \times 1}$。

$$A = \begin{bmatrix} a_{11} & a_{12} & \cdots & a_{1n} \\ a_{21} & a_{22} & \cdots & a_{2n} \\ \vdots & \vdots & & \vdots \\ a_{m1} & a_{m2} & \cdots & a_{mn} \end{bmatrix}, \quad B = \begin{bmatrix} b_1 \\ b_2 \\ \vdots \\ b_m \end{bmatrix},$$

其中令 $b_i = \dfrac{\sum_{j=1}^{n} a_{ij}}{n}$，$i = 1, 2, \cdots, m$。

烟支吸阻分布均匀性的评价指标构建：令矩阵

$$D = \begin{bmatrix} d_{11} & d_{12} & \cdots & d_{1n} \\ d_{21} & d_{22} & \cdots & d_{2n} \\ \vdots & \vdots & & \vdots \\ d_{m1} & d_{m2} & \cdots & d_{mn} \end{bmatrix}$$

其中 $d_{ij} = \dfrac{a_{ij} - b_i}{b_i}$，且 d_{ij} 服从标准正态分布 N（0，1）。

向量 $\eta' = [\eta_1 \quad \eta_2 \quad \cdots \quad \eta_n]$，$\eta_j = \sum_{i=1}^{m} d_{ij}^{2}$，$j = 1, 2, \cdots, n$，$\eta_j$ 越小表明第 j 支卷烟的烟支密度分布均匀性越好，均匀性越好则表示越接近于设计期望。针对不同种类烟支的评价指标 $\eta = \dfrac{\sum_{j=1}^{n} \eta_j}{m \times n}$，评价指标 η 越小，说明该种类烟支的密度越接近于设计期望值。

八、落头倾向检测及表征方法的建立

1. 术语和定义

①燃烧锥：卷烟燃吸过程中在烟支末端形成的锥状热体。

②燃烧锥落头：卷烟在燃吸或弹烟灰过程中发生燃烧锥脱落或明显歪斜（导致抽吸中断）的现象。

③燃烧锥落头倾向：在一批卷烟试样中，发生燃烧锥落头的烟支数与被测烟支总数的比值。

④弹烟灰行为：为弹落烟灰对燃吸中的卷烟施加外力的动作，包括弹击方式弹烟灰，敲击方式弹烟灰等。

⑤施力力度：弹烟灰时，卷烟受到作用力的大小。

⑥施力作用时间：弹烟灰时，卷烟受到作用力的持续时间。

⑦施力位置：弹烟灰时，卷烟受力中心到烟蒂末端的距离。

⑧施力时机：卷烟燃吸过程中弹烟灰动作的起始时刻，以抽吸口数来表征。

⑨夹持力度：弹烟灰时，持烟夹作用于卷烟的力度。

⑩夹持位置：弹烟灰时，持烟夹中心到烟蒂末端的距离。

⑪施力频次：一个抽吸间歇期间，实施弹烟灰动作的次数。

⑫施力角度：弹烟灰时，弹击臂或敲击臂中心线与卷烟轴线形成的夹角。

2. 原理

在标准抽吸模式下的卷烟，通过机械装置模拟消费者弹击方式弹烟灰的行为，测试发生燃烧锥落头的烟支数量与被测烟支数量的百分比，用以表征卷烟的燃烧锥落头倾向。

3. 表征方法

（1）方法一：旋转法

①检测装置：所设计的卷烟燃烧锥落头倾向检测仪如图2-4所示。该装置结构主要包括驱动电机、支撑座、传动转轴、旋转臂、烟支夹持器、安全护罩。驱动电机通过传动转轴可驱动旋转臂转动，旋转臂两端各设置一个烟支夹持器，旋转臂、烟支夹持器均安装于透明材质的安全护罩中。该仪器操作过程中，烟支插入夹持器中并点燃后，电机驱动旋转臂旋转，转速可由电机频率来调节设定，旋转持续时间也可通过设置电机启停时间来调节。

②检测原理分析：烟支在特定外力作用下，燃烧锥的受力状态是影响卷烟落头的关键因素。在上述检测仪器中，固定于夹持器上的烟支沿固定的圆周做旋转运动，烟支燃烧锥的受力按电机的工作状态可分为两个阶段，即电机启动阶段和匀速转动阶段。

如图2-5所示，在电机启动阶段，燃烧锥由于随烟支一起从静止开始均匀加速，同时受到离心力作用和沿圆周的切向力作用。该阶段假定燃烧锥为

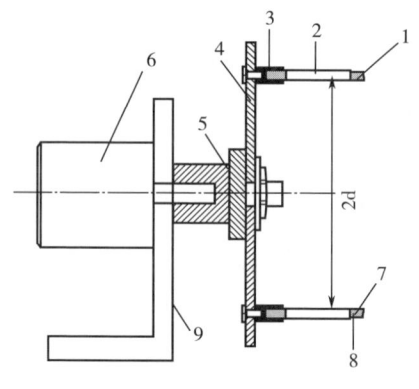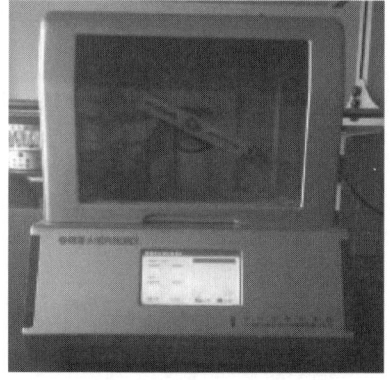

(1)检测装置示意图与受力分析　　　　(2)卷烟落头倾向检测仪

图 2-4　卷烟落头倾向检测装置及受力分析

1—燃烧锥头　2—燃烧中的卷烟　3—卷烟夹持器　4—条形槽及附件
5—电动机转轴及附件　6—电动机　7—切向力　8—法向力（离心力）　9—底座

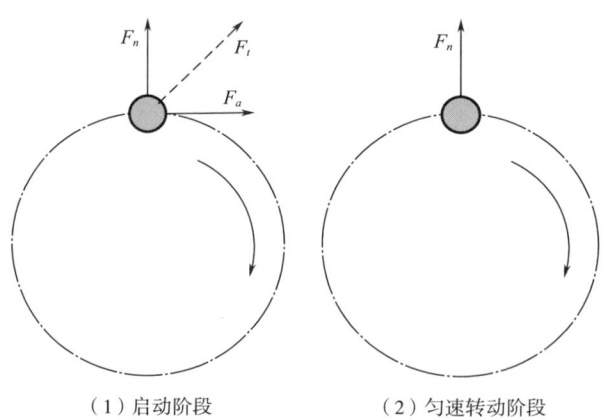

(1)启动阶段　　　　(2)匀速转动阶段

图 2-5　燃烧锥受力分析

均匀加速，燃烧锥角速度 ω 与加速终了阶段的角速度 ω_{end} 有如下关系：

$$\omega = \omega_{end} \cdot \frac{t}{t_1} = \frac{2\pi n}{60} \cdot \frac{t}{t_1} \tag{2-5}$$

式中，ω_{end} 为启动阶段末时刻角速度，t 为时间，t_1 为启动阶段经历的时长，n 为电机转速。

则启动阶段，燃烧锥受到的离心力为：

$$F_n = ma_n = \frac{m\omega^2 d}{2} = \frac{m\pi^2 n^2 t^2 d}{1800 t_1^2} \tag{2-6}$$

式中，F_n 为离心力，m 为燃烧锥质量，a_n 为向心加速度，ω 为某时刻 t 的燃烧锥角速度，d 为旋转臂长。

启动阶段燃烧锥的切向加速度为：

$$a_t = \frac{\omega_{end}}{t_1} = \frac{2\pi nd}{60 t_1} \qquad (2-7)$$

则该阶段燃烧锥受到的切向作用力为：

$$F_a = ma_t = \frac{2\pi nd}{60 t_1} \qquad (2-8)$$

由于电机从启动到稳定时间为 1s，1200~1800r/min，燃烧锥在启动阶段受到的合力为：

$$F_t = \sqrt{F_n^2 + F_a^2} = \sqrt{(\frac{m\pi^2 n^2 t^2 d}{1800\, t_1^2})^2 + (\frac{2\pi nd}{60 t_1})^2} \approx F_n \qquad (2-9)$$

装置匀速运动阶段，燃烧锥切向加速度为零，只受到法向的离心力，则燃烧锥受到的合力为：

$$F_t = F_n = ma_n = \frac{m\omega_{end}^2 d}{2} = \frac{m\pi^2 n^2 d}{1800} \qquad (2-10)$$

由上述分析可知，在装置启动和匀速转动阶段，促使燃烧锥产生掉落倾向的主要均为离心力，该力与燃烧锥质量、转速和两个旋转臂间距离成正比。烟支中烟丝与燃烧锥的结合力，以及卷烟纸对燃烧锥的包裹和固定作用力，用以平衡燃烧锥旋转产生的离心力。当上述平衡作用力不足以克服离心力时，燃烧锥即会产生掉落行为。

③结果表征：燃烧锥掉落行为可参考卷烟低引燃倾向的测试方法，采用燃烧锥落头倾向指标 HCFP（Hot Cone Fallout Propensity）来表征，计算方法如下：

$$\text{HCFP} = \frac{c}{c_0} \times 100\% \qquad (2-11)$$

式中　c_0——被测烟支总数；

　　　c——产生落头现象的烟支数量。

试验过程中可采用与卷烟低引燃倾向相同的检测次数，即检测烟支数为 40 支。

④测试参数的确定

a. 设备转速的确定。由式（2-8）燃烧锥受力分析可知，在 m 和 d 一定时，燃烧锥受到的离心力主要和转速相关。图 2-6 显示了燃烧锥落头倾向与转速间的关系。可以看出，随着转速增加，HCFP值逐渐增加，这与该方法的检测原理相符。根据图2-6中HCFP值变化趋势，在转速影响相对稳定的线性阶段取转速的中值，即1500r/min，作为HCFP检测的转速条件。

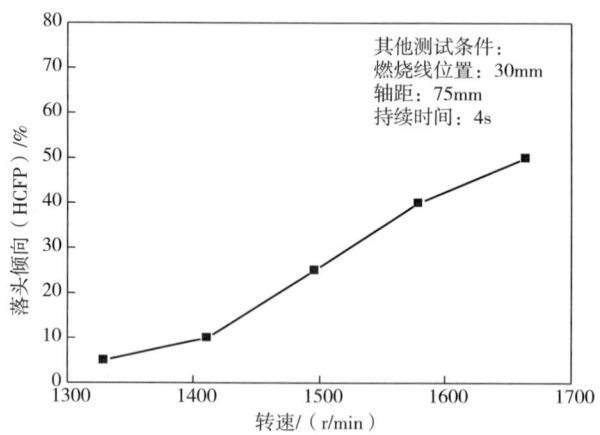

图2-6 卷烟燃烧锥落头倾向HCFP与转速间的关系

b. 燃烧线位置的确定。由于卷烟烟支的轴向密度不同，烟支燃烧到不同位置时，燃烧锥的质量以及燃烧锥与烟丝间的结合力均可能发生波动，影响烟支落头情况。因此，考察了HCFP值与烟支燃烧线位置的关系，如图2-7所示。可以看出，在燃烧线达到30mm以前，HCFP值随燃烧线位置增加有

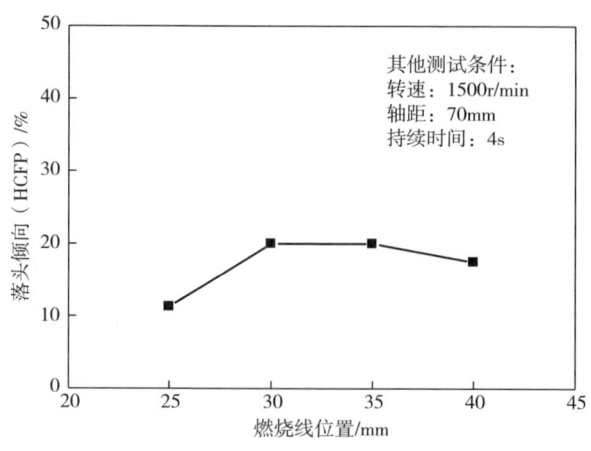

图2-7 卷烟燃烧锥落头倾向HCFP与卷烟燃烧线位置间的关系

增大趋势,这可能与燃烧锥尚未到达稳定状态有关。在燃烧线达到30mm以后,由于已形成相对稳定的燃烧锥头,HCFP介于17.5%~20%,测试结果相对稳定。但是在细支卷烟测试中,以30mm燃烧线作为测试条件时,存在着少量烟支折断的情况,因此,确定35mm的燃烧线位置作为细支卷烟HCFP测试条件。

c. 旋转时间的确定。燃烧锥的持续受力时间,即烟支旋转时间也会影响HCFP检测结果。图2-8显示了转速稳定后,持续旋转时间对HCFP检测结果的影响。可以看出,持续时间在4~5s之间时,HCFP较为稳定,而持续时间小于4s及大于5s范围内,HCFP均有增加趋势。因此,测试中可将旋转持续时间定为4s。

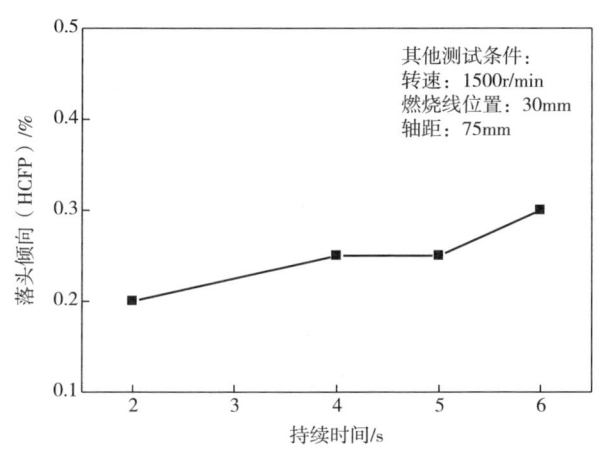

图2-8　卷烟燃烧锥落头倾向HCFP与转速稳定后持续时间的关系

d. 数据重复性及实验次数的确定。采用以上确定的实验参数对不同卷烟纸透气度的某牌号细支卷烟进行了测试,每个样品重复测试三次。结果如表2-8所示。表2-8中结果显示,每个样品3次检测结果的极差为0%~10%,三次测试结果数值平均后的数据显示随着卷烟纸透气度的增加,卷烟燃烧锥落头倾向呈现逐渐增加的趋势,说明该方法能够直观的表征卷烟燃烧锥的落头倾向,实验数据应取三次重复实验结果的平均值为宜。

综合以上试验结果,可将HCFP的检测条件确定为:电机转速1500r/min,转轴距离75mm,烟支燃烧线位置30mm,转速稳定后持续时间4s,实验结果取三次重复实验的平均值。

表 2-8　　　　卷烟纸透气度对细支卷烟落头倾向的影响

卷烟纸透气度/CU	HCFP/%			
	1	2	3	平均值
40	20.0	15.0	10.0	15.0
50	20.0	20.0	20.0	20.0
60	20.0	20.0	25.0	21.7
70	25.0	25.0	28.0	26.0

⑤测试步骤

a. 打开落头检测仪器电源，按要求设置好参数；

b. 用点火器将烟支点燃，将点燃的被测卷烟水平插入卷烟夹持器内，并盖上安全罩；

c. 当卷烟燃烧到设定位置时，启动电机旋转，达到额定转速并保持一定时间后关闭电机；

d. 观察卷烟的燃烧锥是否发生掉落现象，并记录；

e. 连续测试40支烟支样品，作为一组结果；一共做3组实验。

（2）方法二：弹击法

①原理：根据对消费者弹落卷烟烟灰行为的调查与分析，获得表征该行为特征的施力方式、施力参数与过程状态参数信息，确定落头倾向测试方法条件。根据确定的测试方法条件，建立基于弹击施力方式的模拟消费者弹落卷烟烟灰行为施力参数和过程状态参数的装置，并对该装置技术参数进行评价。

②消费者弹落卷烟烟灰行为特征调查

a. 调查方案

调查内容：调查内容包括消费者弹落卷烟烟灰行为中的施力方式、施力参数和过程状态参数等多种特征，在特定的施力方式下，对施力参数和过程状态参数进行测量。

调研仪器设备：项目组自主研发的卷烟受力测试装置如图2-9所示。该装置将弹落烟灰过程中该处受力信息转换为电信号，对弹落烟灰时烟支的受力状况进行实时高时间分辨数据采集，可以实现对不同施力方式下施力参数（施力力度、施力作用时间）、过程状态参数（夹持力度）等参数的获取。

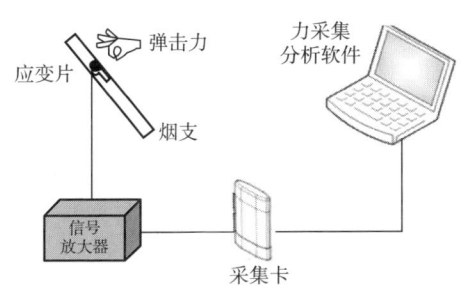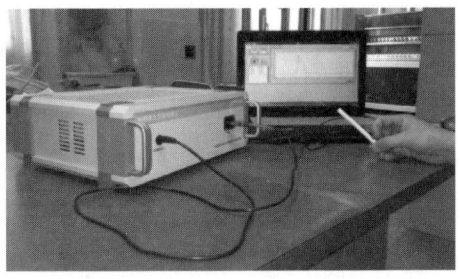

图 2-9　卷烟受力测试装置

调查样本：受访人群涵盖了不同年龄、烟龄、吸烟量和吸烟价位等人群，且各烟龄阶段的样本量较为均匀，具有较好代表性。

b. 消费者弹落卷烟烟灰行为特征分析

施力方式：采用弹击方式占被调查样本的 57.3%，比例高于敲击方式。

烟支运动速度分析：弹击时和敲击时烟支端部的最大运动速度分别约为 1500mm/s 和 800mm/s，弹击方式下燃烧锥瞬时受力更大。

施力力度：弹击方式细支卷烟施力力度均值为 32mN，约为敲击方式的 2 倍。

施力作用时间：弹击方式施力作用时间平均值为 0.03s，远小于敲击方式。

施力位置：在弹击方式下细支卷烟施力位置平均值为 32mm，大于弹击方式。

夹持力度：在弹击方式下，细支卷烟调查人群夹持力度平均值为 16mN，在敲击方式下，细支卷烟调查人群夹持力度平均值为 16mN。

施力频次：在弹击方式下，细支卷烟调查人群施力频次为每轮一次的样本比例最高（46%）；敲击方式下，细支卷烟调查人群的施力频次为每轮敲击两次的样本比例最高（32%）。

施力时机：相比常规卷烟，细支卷烟各次施力发生的燃烧线位置略长，抽吸间隔口数与常规烟支基本一致（表 2-9）。

表 2-9　　　　常规烟支与细支烟施力时机结果统计表

序号	常规烟支		细支卷烟	
	燃烧线位置/mm	抽吸口数/口	燃烧线位置/mm	抽吸口数/口
第一次	10.0	2.5	11.5	2.5
第二次	16.4	1.6	19.6	1.7

续表

序号	常规烟支		细支卷烟	
	燃烧线位置/mm	抽吸口数/口	燃烧线位置/mm	抽吸口数/口
第三次	21.7	1.5	26.5	1.5
第四次	25.7	1.4	31.5	1.4
第五次	28.1	1.1	34.6	1.2

③测试条件的确定：综合调研分析结果，在弹击与敲击方式下，常规烟支和细支卷烟确定的具体测试条件如表2-10所示。

表2-10　弹击与敲击方式下常规烟支和细支卷烟确定的测定条件

施力方式	弹击		敲击	
烟支类型	常规	细支	常规	细支
施力力度/mN	38±2	32±2	16±2	14±2
施力作用时间/s	0.030±0.005	0.030±0.005	0.120±0.005	0.100±0.005
施力位置/mm	30.0±0.5	32.0±0.5	34.0±0.5	37.0±0.5
夹持力度/mN	18±2	16±2	17±2	16±2
夹持位置/mm	18.0±0.5	19.0±0.5	19.0±0.5	22.0±0.5
施力频次	2	1	4	2
施力时机	第二口起每口抽吸结束后实施弹灰动作			
夹持宽度/mm	10.0±0.5			
击锤宽度/mm	10.0±0.5			
终止时机/mm	40.0±0.5	42.0±0.5	44.0±0.5	47.0±0.5
施力角度/(°)	45	45	90	90
烟支方向	水平	水平	水平	水平
抽吸模式	ISO 3308—91《卷烟—常规分析用吸烟机—定义和标准条件》			

④卷烟燃烧锥落头倾向装置研制：根据消费者弹落卷烟烟灰行为的调查与分析，获得了表征该行为特征的施力方式、施力参数与过程状态参数信息，确定了落头倾向测试方法条件，搭建了基于弹击施力方式的模拟消费者弹落卷烟烟灰行为施力参数和过程状态参数的装置，并对该装置技术参数进行

评价。

该装置的设计是通过机械装置实现模拟消费者弹落卷烟烟灰行为，使该装置能够对卷烟落头倾向做出客观、合理和准确的评价。

基本的设计思路：使用标准抽吸模式模拟抽吸卷烟过程，并通过机械装置模拟抽吸时人弹落卷烟烟灰的施力动作，控制施力参数和过程状态参数作用于燃吸中的卷烟，在抽吸全程观察卷烟燃烧锥落头的情况并做记录。装置主要包括卷烟抽吸单元、弹击单元、夹持单元和控制单元，如图 2-10 所示。

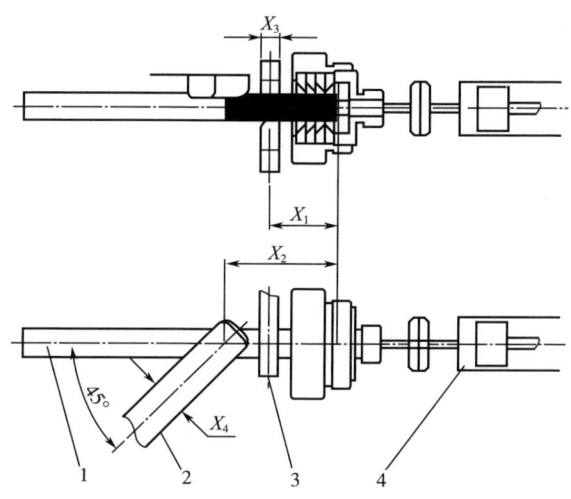

图 2-10 弹击方式下测试装置原理图

1—烟支 2—弹击单元 3—夹持单元 4—抽吸单元

X_1——夹持位置 X_2——施力位置（表示弹击单元中心轴线与烟支轴线交点到烟蒂末端的距离）

X_3——夹持宽度 X_4——击锤宽度

⑤测试步骤

a. 试大气环境应符合 GB/T 16447—2004 的规定。

b. 根据卷烟试样的烟支类型，按照推荐的测试条件调整弹击方式卷烟燃烧锥落头倾向测试仪，预设卷烟烟蒂长度。

c. 将调节好的卷烟试样插入卷烟夹持器，在测试条件下进行抽吸和弹烟灰。

d. 抽吸中卷烟出现燃烧锥落头现象或者抽吸至烟蒂长度位置时，结束测试，记录卷烟燃烧锥"落"与"不落"的状态信息及落头发生的抽吸口数。

e. 重复测试 40 支卷烟，计算卷烟燃烧锥落头倾向，作为一组测试结果。

f. 每个样品测试两组。

⑥结果表达：测试结果表达同旋转法结果表达方法相同。

⑦测试样品数量的确定：从同批卷烟样品中随机抽取 3 条，共 600 支卷烟，按上述弹击方式的测试条件，使用弹击法卷烟燃烧锥落头倾向测试装置进行连续测试。从测试结果中随机抽取不同烟支数量的测试结果，分别计算不同数量测试烟支数（n_0）的落头倾向值。测试四个常规烟支样品和两个细支卷烟样品。

六个样品 600 支的落头倾向水平分别为 2.5%、5.3%、7.7%、10.3%、14.3%、17.8%。从测试结果中随机抽取 10 支、20 支、30 支……100 支的测试结果各 6 次，分别计算落头倾向标准偏差（图 2-11），结果显示在测试样品数量 40 支时落头倾向测试结果标准偏差趋向稳定。综上，确定落头倾向测试方法测试样品数量为 40 支。

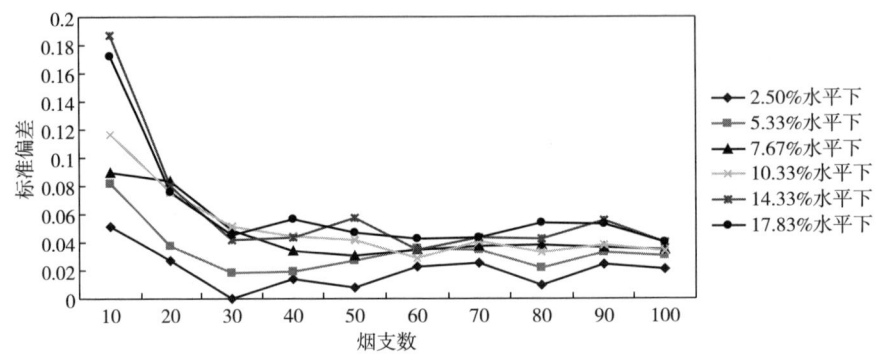

图 2-11　不同卷烟样品数量测试结果的标准偏差

⑧方法重复性与再现性：采用项目建立的测试方法（弹击法），对四个常规烟支样品和三个细支卷烟样品进行 6 组重复测试，结果显示（表 2-11）：测试样品重复性标准偏差在 1.37%~7.19% 之间；低落头倾向水平烟支样品测试结果相对标准偏差较大。

表 2-11　　　　　　　弹击法重复性试验结果　　　　　　　单位：%

样品编号	1	2	3	4	5	6	平均值	标准偏差
C1	2.5	7.5	0.0	7.5	10.0	5.0	5.42	3.68
C2	12.5	17.5	20.0	20.0	15.0	15.0	16.67	3.03

续表

样品编号	1	2	3	4	5	6	平均值	标准偏差
C3	12.5	10.0	12.5	15.0	12.5	15.0	12.92	1.88
C4	22.5	22.5	30.0	40.0	35.0	25.0	29.17	7.19
X1	2.5	2.5	2.5	0.0	0.0	0.0	1.50	1.37
X2	7.5	5.0	5.0	7.5	2.5	5.0	6.00	1.72
X3	7.5	5.0	5.0	5.0	10.0	7.5	6.67	2.04

⑨不同参数下试验结果分析：弹击法落头倾向检测方法的检测过程更接近于人的实际行为，结果的重复性也比较高，但是由于它在低落头倾向水平烟支样品测试结果相对标准偏差较大，因此在试验研究中，要想精确区分不同因素对结果的影响，需要对检测结果进行一定程度地放大，以增加检测结果的可靠性和区分度。这里选取了国内和国外的10个卷烟品牌，用弹击法采用分别敲击一次和两次进行试验，结果如表2-12所示。由表中可见，在敲击一次时，6个样品的落头倾向都比较接近，数值均小于5%，而在敲击两次的时候，几个样品的落头倾向看出了明显差别。因此，在项目研究中，使用敲击两次的数据能够增加样品的区分度。

表2-12　　　　　弹击法不同敲击次数下烟支落头倾向

样品号	落头倾向/%	
	敲击一次	敲击两次
23	0	2.5
28	0	5.1
30	0	10.9
32	5.00	10.0
12	1.27	13.0
24	1.25	15.0

⑩旋转法与弹击法结果比较：分别用两种方法检测了国内外10种细支卷烟的落头倾向，结果如表2-13所示。由表中可以看出，弹击法的检测结果要比旋转法的低一些，但是两种检测方法的检测结果趋势基本一致。

表 2-13　弹击法和旋转法落头倾向比较（国内外细支卷烟）

样品号	落头倾向/%	
	旋转法	弹击法
1	2.5	0.0
2	2.5	2.3
3	3.7	2.6
4	5.0	0.0
5	7.5	5.0
6	8.7	5.1
7	11.2	5.0
8	10.0	10.9
9	15.0	7.5
10	17.5	10.3

试验研究中的系列样品品质差异比较小，同时需要更精确的数据来显示其影响规律，因此，在本项目的研究中，为了更清晰地找出工艺条件对卷烟落头倾向的影响，采用旋转法作为主要方法来检测卷烟的落头倾向。

第二节　工艺参数设置及样品制备方法

本部分对细支卷烟加工工艺参数设置及样品制备方法进行了描述，明确了制丝工艺加工和卷制工艺加工工艺参数设置及样品的制备方法，制丝工艺加工主要针对烟丝宽度、烟丝结构、含水率、填充值、纯净度等工艺参数进行梯度设置及样品制备；卷制工艺加工主要针对卷烟机平准器规格、卷烟机大风机负压、卷烟机回丝比例、卷烟机梗签剔除比例等工艺参数进行梯度设置及样品制备；并明确了样品制备时通用制丝工艺技术与卷制工艺的要求。

一、制丝工艺加工试验设置及样品制备

1. 不同烟丝宽度的样品制备试验

试验分别在三个企业中开展，采用牌号 A、牌号 B 和牌号 C 所使用的配方烟丝（全叶丝）进行切丝宽度试验，烟丝宽度水平的设置如表 2-14 所示，通过调整切丝机切丝宽度的设置实现烟丝宽度改变。不同烟丝宽度设置时，对应其他工序的加工条件保持一致，在加香工序后，取足够样品量转移至相

同卷烟机机台前按相同的卷制工艺条件进行卷制（每种样品不少于50kg）。

表 2-14　　　　　　　三种样品烟丝宽度水平的设定

样品编号	烟丝宽度水平/mm								切丝机型号
	0.6	0.7	0.8	0.9	1.0	1.1	1.2	1.3	
A（AS）	√	√	√	√	√	—	—	—	TOSPIN
B（XHM）	—	—	√	√	√	—	—	—	SD512
C（AN）	√	√	√	√	√	√	√	√	—

2. 不同烟丝结构的样品制备试验

试验分别在三个企业中开展，采用牌号 A、牌号 B 和牌号 C 所使用的配方烟丝（全叶丝）进行烟丝结构的样品制备试验。制作不同烟丝结构的样品时，制丝工序参数设置按正常加工过程进行，在加香机后取出烟丝样品，按照掺配和主动造碎两种方式制成不同烟丝结构的烟丝样品。试验过程采用如下两种方式：方法一是筛后长丝跑条法，采用 3.35mm 筛网，将 A 烟丝和 C 烟丝进行筛分，留取筛上烟丝若干，原始样品 A 烟丝和 C 烟丝留样备用，两种烟丝筛后收率分别为 55% 和 52%，筛取获得足够样品量转移至相同卷烟机机台前，对样品进行跑条，进行跑条操作的次数分别为 1 次、2 次、3 次，从而实现烟丝结构的改变，制备筛后的长丝、留取的原样和不同跑条次数的样品若干备用。方法二是针对 B 烟丝，采用 3.35mm、2.0mm、1.0mm 孔径的筛网筛分后获得 3 类，在 3.35mm 之上的定义为长丝，在 2.0mm 和 3.35mm 两者之间的定义为中丝，在 1.0mm 之下的定义为短丝。对所获得的长丝、中丝、短丝进行不同比例掺配，实现不同烟丝结构的改变，留取原样和掺配后样品（4 个项目）备用。两种方法制备烟丝结构结果（以烟丝特征尺寸表征）如表 2-15 所示。

表 2-15　　　　　　三种样品不同烟丝结构制备结果表

样品编号	JG1	JG2	JG3	JG4	JG5	选择方法
A（AS）	2.1	—	1.71	1.44	1.24	Ⅰ
B（XHM）	2.08	1.97	1.82	1.76	1.74	Ⅱ
C（AN）	2.02	1.86	1.68	1.64	1.79	Ⅰ

注：JG1-5 为不同烟丝结构水平（以"烟丝特征尺寸"表征，mm）

3. 不同含水率的样品制备试验

在一个企业选择一个样品进行不同含水率烟丝制备试验，分析研究细支卷烟卷制适宜的烟丝含水率。制备方法可以描述为：采用正常生产松散回潮工艺条件加工，在加料工序，调整片烟加水流量，加水流量的控制是根据物料衡算，分别向上和向下调整加水流量，形成三个水平的烟叶出料含水率（正常含水率-0.5%、正常含水率、正常含水率+0.5%），对三个烟叶含水率的样品分别进行切丝，在干燥工序中，三个试验样品出口含水率的控制分别按（正常含水率-0.5%、正常含水率、正常含水率+0.5%）设置，过程加工参数筒壁温度、热风温度、筒体转速、排潮开度等保持一致，即保证烘丝机对三个含水率物料脱水能力一致，在烘丝机出口形成三个梯度的含水率烟丝样品，加香工序按正常工艺条件进行加工，取加香后烟丝样品进行不同烟丝含水率样品的卷制。烟丝含水率设置如表2-16所示。

表2-16　　　　　　　　　烟丝含水率水平设定

控制指标	含水率水平		
加料出口物料含水率/%	18.5	19.0	19.5
样品点含水率/%	12.0	12.5	13.0

4. 不同填充值的样品制备试验

制备不同填充值的烟丝样品，考察细支卷烟卷制适宜的烟丝填充值。制备方法可以描述为：通过调整制叶片段加水比例调制获得不同含水率叶片，对不同含水率叶片分别进行切丝+叶丝干燥，叶丝干燥出口含水率保持一致，通过调整叶丝干燥强度［通过HT（隧道式增温增湿机）蒸汽压力、筒壁温度、热风温度组合实现］来实现干燥过程不同脱水量，制备获得干燥后含水率一致而填充值不同的烟丝样品，加香工序按正常操作参数进行加工，取加香后烟丝样品备用。不同填充值的样品制备时加工参数设置如表2-17所示。

5. 不同纯净度的样品制备试验

不同纯净度的样品制备方法可以描述为：采用正常生产参数松散回潮、加料、叶丝干燥工序加工，在干燥后的风选工序，通过风门开度调整，实现风选剔除梗签量的差异，从而改变烟丝纯净度，加香工序按正常操作参数进行加工，取加香后烟丝样品备用。不同纯净度烟丝风选设置及烟丝纯净度测定如表2-18所示。

表 2-17　　　　　　　　　不同填充值烟丝加工参数设置

牌号	试验编号	叶丝干燥入口含水率/%	HT 蒸汽流量/(kg/h)（压力/MPa）	烘丝机		气流干燥工艺气体温度/℃
				筒壁温度/℃	热风温度/℃	
A（AS）	WT1	19.0	150	130	115	—
	WT2		200	133		
	WT3	19.5	200	135		
	WT4		250	137		
	WT5	20.0	300	139.5		
	WT6		350	140.5		
D（XY）	WT7	19.0	0.2	129	105	—
	WT8		0.3	130	110	
	WT9	19.5	0.3	135	105	
	WT10		0.35	134	110	
	WT11	20.0	0.3	139	110	
	WT12		0.4	138	115	
	WT13	21.0	0.45	144	120	
	WT14			—		263

表 2-18　　　　　　　　　不同纯净度烟丝风选参数设置

参数指标	风选参数设置及烟丝纯净度		
风选风门开度/%	43.5	43.0	42.0

二、卷制工艺加工试验设置及样品制备

1. 卷烟机平准器规格试验

卷制过程卷烟机平准器是影响烟支卷制加工质量的关键部件，平准器具有多种规格，不同平准器规格会对细支卷烟加工质量的稳定性产生影响，为了分析不同规格平准器对细支卷烟加工质量及其稳定性的影响规律，分析不同平准器规格卷制过程对细支卷烟烟支密度分布的影响规律，采用相同烟丝样品，分别进行不同规格平准器卷制试验，分别分析相同槽深不同槽宽平准器规格对细支卷烟质量极其稳定性的影响规律以及相同槽宽不同槽深平准器

规格对细支卷烟质量极其稳定性的影响规律,针对原料配方从烟支物理质量、烟气指标及其稳定性分析,寻找适合细支卷烟加工的平准器规格。试验平准器规格如表2-19所示。

表2-19　　　　　　　　　不同平准器规格设置

规格		水平设置					
平准器	槽深/mm	2.5	2.0	2.0	2.0	2.0	1.8
	槽宽/mm	23	23	21	20	19	23

2. 卷烟机大风机负压试验

卷制过程大风机负压是影响烟支卷制加工质量的关键参数,不同大风机负压会对细支卷烟烟丝分布状态及加工质量的稳定性产生影响,为了分析不同大风机负压对细支卷烟加工质量及其稳定性的影响规律,分析不同大风机负压卷制过程对细支卷烟烟支烟丝分布的影响规律,采用相同烟丝样品,分别进行不同大风机负压卷制试验,分析不同大风机负压对细支卷烟质量极其稳定性的影响规律,针对原料配方从烟支物理质量、烟气指标及其稳定性分析,寻找适宜的大风机负压。试验大风机负压参数设置如表2-20所示。

表2-20　　　　　　　　　不同大风机负压参数设置

参数	机台参数设置				
大风机负压/kPa	-10.4	-9.8	-9.0	-8.4	-7.6

3. 卷烟机回丝比例试验

卷制过程卷烟机回丝比例是影响烟支卷制加工质量的关键参数,不同卷烟机回丝比例会对细支卷烟烟丝结构,及加工质量的稳定性产生影响,为了分析不同卷烟机回丝比例对细支卷烟加工质量及其稳定性的影响规律,分析不同卷烟机回丝比例卷制过程对细支卷烟烟支烟丝结构及分布状态的影响规律,采用相同烟丝样品,分别进行不同卷烟机回丝比例卷制试验,分析不同卷烟机回丝比例对细支卷烟质量极其稳定性的影响规律,卷烟机回丝比例通过调整卷烟机针辊电压来实现对卷烟机回丝比例的调整;针对原料配方从烟支物理质量、烟气指标及其稳定性分析,寻找适宜的卷烟机回丝比例。试验参数设置及回丝比例如表 2-21 所示。

表 2-21　　　　　　　　　　　回丝比例参数设置

参数	机台参数设置及回丝量比例水平					
针辊电压/mV	37.5	35.4	35.0	33.0	30.0	27.0

4. 卷烟机梗签剔除比例试验

卷制过程中卷烟机梗签剔除比例是影响烟支卷制加工质量的关键参数，不同卷烟机梗签剔除比例会对细支卷烟烟丝纯净度产生影响，为了分析不同卷烟机梗签剔除比例对细支卷烟加工质量及其稳定性和消耗的影响规律，分析不同卷烟机梗签剔除比例卷制过程对细支卷烟烟支烟丝纯净度的影响规律，采用相同烟丝样品，分别进行不同卷烟机梗签剔除比例卷制试验，分析不同卷烟机梗签剔除比例对细支卷烟质量及其稳定性的影响规律，卷烟机梗签剔除比例通过对卷烟机挡板高度、小风机压力和二分侧风开度组合调整来实现对卷烟机梗签剔除比例的调整；针对原料配方从烟支物理质量、烟气指标及其稳定性分析，寻找适宜的卷烟机梗签剔除比例。试验参数设置及梗签剔除比例如表 2-22 所示。

表 2-22　　　　　　　　　　　梗签剔除参数设置

参数	机台参数设置				
挡板高度/mm	68	65	62	59	56
小风机压力/kPa	0.8	0.7	0.6	0.5	0.4
二分侧风开度/排	0	1	2	3	4

三、通用制丝工艺技术与卷制工艺要求

1. 烟丝形态及烟丝物理指标试验样品的卷制要求

进行制丝加工过程烟丝宽度、烟丝结构、填充值、纯净度、含水率试验时，进行烟支样品卷制过程，同一牌号配方烟丝所采用的卷制材料一致，且同一组试验的样品卷制时，由同一机台、同一操作工、采用相同操作参数进行卷制，卷制过程控制烟支支重。不同牌号进行卷制时，卷烟材料指标及技术条件如表 2-23 所示。

表 2-23　　　　　　　　　　不同牌号卷制卷烟材料

参数指标		A（AS）	B（XHM）	C（AN）	D（XY）
卷烟纸	透气度/U	50	50	50	60
	宽/mm	19	19	19	19
	接装纸/mm	74	76	64	70
滤棒	成型纸/(g/m²)	40	20	28	30
	单旦	8	6	60	6
	总旦	15000	17000	17000	17000
总通风率设计/%		44±5	32±10	20	57±10
滤嘴通风率设计/%		54±10	20（+3-2）	—	45±10

2. 卷制参数（或关键部件）试验来料烟丝的制备及卷制过程要求

卷制参数（或关键部件）试验来料烟丝要求按牌号正常工艺加工条件（牌号制丝工艺标准）进行加工，即同一牌号、进行卷烟机平准器规格、卷烟机大风机负压、卷烟机回丝比例、卷烟机梗签剔除比例试验时，使得来料烟丝的制丝加工过程参数一致，同一参数（或关键部件）试验采用的烟丝样品为同批次烟丝样品。卷制试验过程，进行某一参数（或关键部件）试验，其他卷制参数保持正常生产加工条件不变，卷制过程控制卷烟支重。不同牌号进行卷制时，卷烟材料指标及技术条件如表 2-23 所示。

第三章
国内外细支卷烟质量品质分析

本章对国内外细支卷烟产品在物理指标、烟丝常规化学成分、烟气特征、配方特点、烟丝结构、感官质量等方面的差异性进行了分析（具体测试项目见附表），对比了解国内外各牌号细支卷烟在产品质量及辅助材料设计上的主要特点和差异，剖析国内外细支卷烟在设计技术及设计水平上的特点；了解国内不同牌号细支卷烟在卷烟产品质量特性、设计及过程控制水平等方面的特点和差异，分析评价国内不同牌号细支卷烟存在的共性和个性问题以及与国外细支卷烟的差别。

本次分析选取细支卷烟样品共48个，包含国内细支卷烟37个，国外细支卷烟11个，圆周全部符合国家烟草专卖局规定的细支卷烟的规格标准。常规卷烟方面，物理指标部分使用的样品数据为2017年上半年卷烟产品监督抽查的样品检测结果数据，烟丝质量和卷烟材料特征部分使用的样品数据为2015年卷烟产品有害成分普查分析的样品检测结果数据。烟气释放物分析的国产常规卷烟选取原则为各工业公司的主要规格产品（以产量为主）。

第一节 细支卷烟物理性能指标及其稳定性分析

本节分别对国内外细支卷烟的质量、长度、开放吸阻与封闭吸阻、燃吸过程中动态吸阻、圆周、硬度、滤嘴通风率、总通风率、含末率、自由燃烧速率、烟支密度分布、燃烧锥落头倾向等指标进行比较，分析了国内外各牌号细支卷烟物理指标范围及稳定性水平，对国内外细支卷烟在物理指标及其稳定性方面的差异进行了分析，并与常规卷烟进行了比较。

一、质量及稳定性

国外细支卷烟的质量平均值0.535g，最大值0.564g，最小值0.513g；国内细支卷烟的质量平均值0.535g，最大值0.603g，最小值0.459g；国内常规卷烟的质量平均值0.878g，最大值1.065g，最小值0.719g。国内外细支卷烟的质量平均值相同，国内细支卷烟的质量分布范围略大于国外细支卷烟。分布情况如图 3-1 所示。

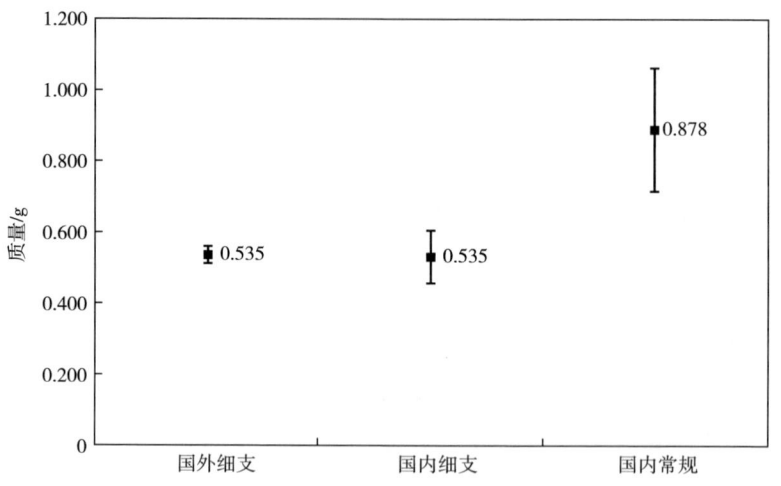

图 3-1　国内外卷烟质量分布情况

国外细支卷烟的质量变异系数平均值 2.09%，最大值 2.97%，最小值 1.81%；国内细支卷烟的质量变异系数平均值 2.51%，最大值 3.69%，最小值 1.67%；国内常规卷烟的质量变异系数平均值 1.31%。国外细支卷烟的质量变异系数略小于国内细支卷烟，细支卷烟的质量变异系数大于常规卷烟，表明细支卷烟的质量稳定性比常规卷烟差。分布情况如图 3-2 所示。

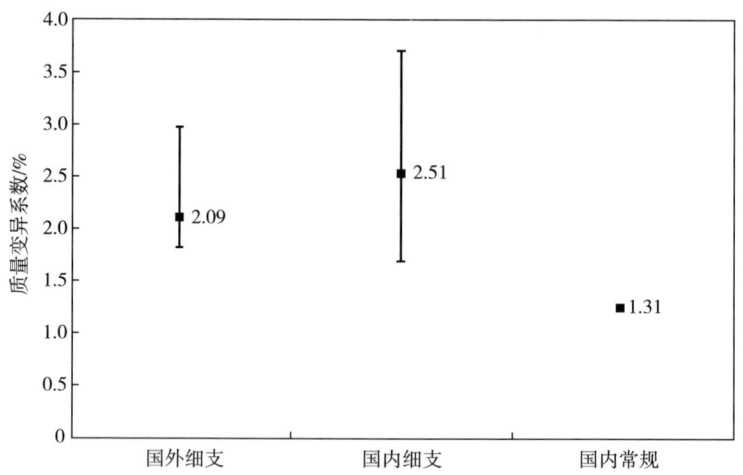

图 3-2　国内外卷烟质量稳定性情况

二、圆周及稳定性

国外细支卷烟的圆周平均值 17.10mm，最大值 17.17mm，最小值 17.06mm；国内细支卷烟的圆周平均值 17.04mm，最大值 17.24mm，最小值 16.70mm；国内常规卷烟的圆周平均值 24.32mm，最大值 25.20mm，最小值 21.90mm。国内外细支卷烟的圆周平均值接近，国内细支卷烟的圆周分布范围略大于国外细支卷烟。分布情况如图 3-3 所示。

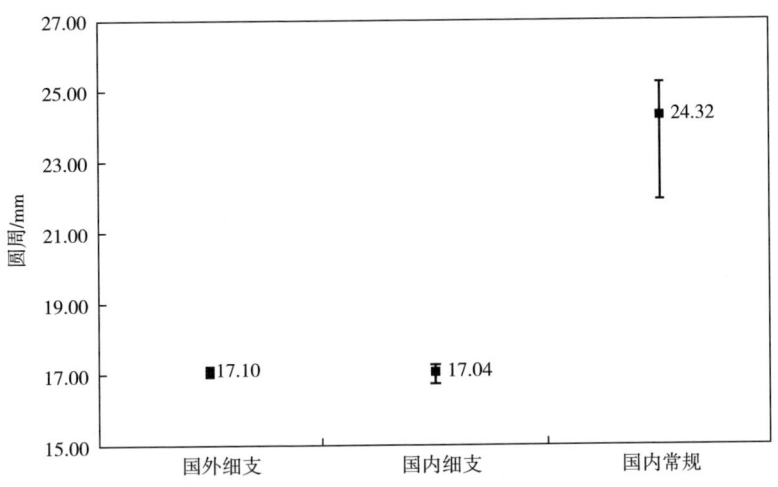

图 3-3　国内外卷烟圆周分布情况

国外细支卷烟的圆周变异系数平均值 0.32%，最大值 0.42%，最小值 0.22%；国内细支卷烟的圆周变异系数平均值 0.35%，最大值 0.96%，最小值 0.23%；国内常规卷烟的圆周变异系数平均值 0.11%。国外细支卷烟的圆周变异系数略小于国内细支卷烟，细支卷烟的圆周变异系数大于常规卷烟，表明细支卷烟的圆周稳定性比常规卷烟差。分布情况如图 3-4 所示。

三、长度及稳定性

国外细支卷烟的长度平均值 96.8mm，最大值 100.2mm，最小值 83.0mm；国内细支卷烟的长度平均值 95.5mm，最大值 100.1mm，最小值 84.0mm；国内常规卷烟的长度平均值 84.0mm，最大值 94.4mm，最小值 73.7mm。国内外细支卷烟的长度平均值接近，主流设计值均为 97.0mm，长度分布范围也都是在 84.0~100.0mm，国内常规卷烟的长度仍然是传统的 84.0mm 规格为主。分布情况如图 3-5 所示。

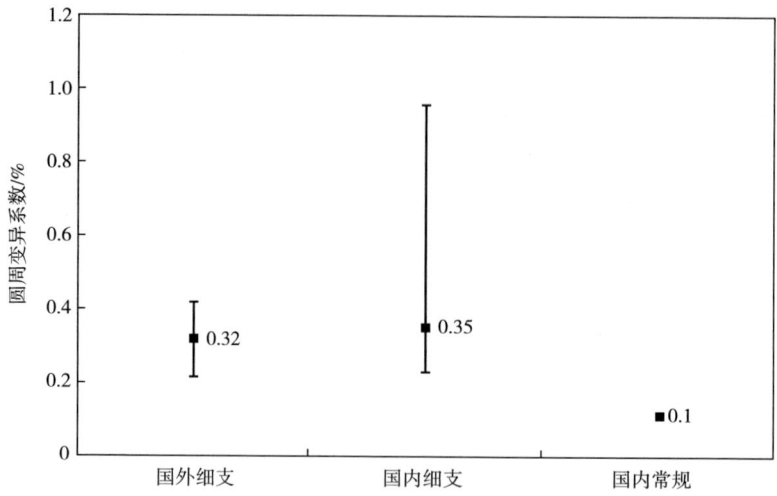

图 3-4 国内外卷烟圆周稳定性情况

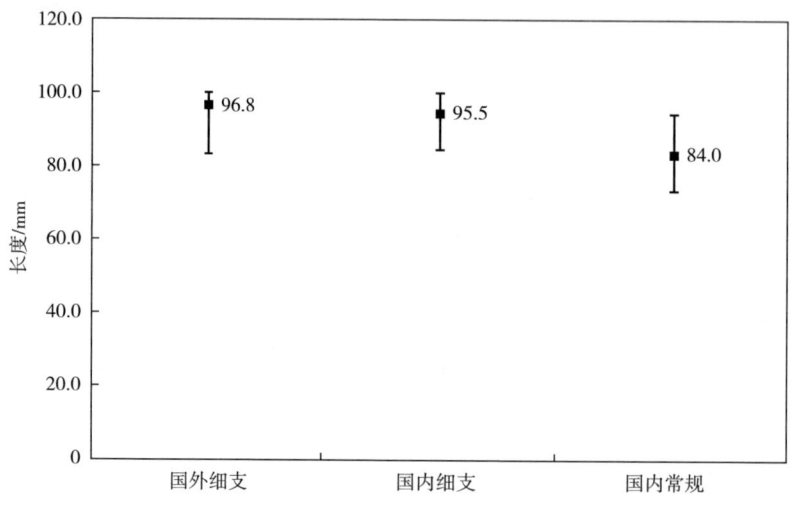

图 3-5 国内外卷烟长度分布情况

国外细支卷烟的长度变异系数平均值 0.11%，最大值 0.14%，最小值 0.08%；国内细支卷烟的长度变异系数平均值 0.18%，最大值 0.91%，最小值 0.06%；国内常规卷烟的长度变异系数平均值 0.06%。国外细支卷烟的长度变异系数小于国内细支卷烟，分布范围也小于国内细支卷烟，表明国外细支卷烟的长度稳定性比国内细支卷烟好，国外细支卷烟的长度变异系数与常规卷烟相当。分布情况如图 3-6 所示。

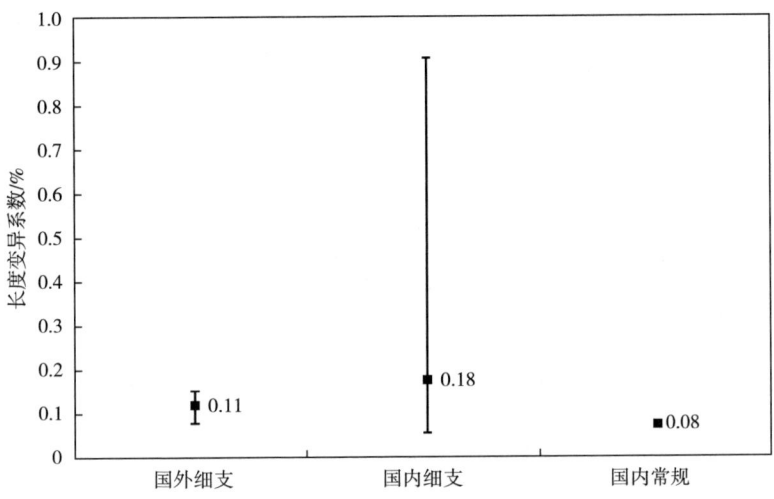

图 3-6　国内外卷烟长度稳定性情况

四、卷烟开放吸阻及稳定性

国外细支卷烟的开放吸阻平均值 1195Pa，最大值 1936Pa，最小值 823Pa；国内细支卷烟的开放吸阻平均值 1460Pa，最大值 2121Pa，最小值 1025Pa；国内常规卷烟的开放吸阻平均值 1079Pa，最大值 1586Pa，最小值 740Pa。国外细支卷烟的开放吸阻平均值低于国内细支卷烟，分布范围大体相同，国内常规卷烟的开放吸阻低于国内细支卷烟。分布情况如图 3-7 所示。

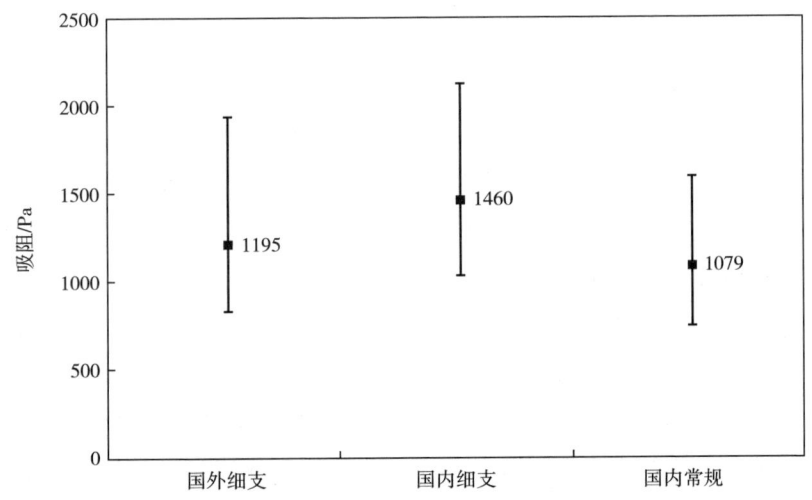

图 3-7　国内外卷烟开放吸阻分布情况

国外细支卷烟的卷烟开放吸阻变异系数平均值 4.85%，最大值 6.17%，最小值 3.44%；国内细支卷烟的卷烟开放吸阻变异系数平均值 5.04%，最大值 11.16%，最小值 3.45%；国内常规卷烟的卷烟开放吸阻变异系数平均值 2.31%。国外细支卷烟的卷烟开放吸阻变异系数略小于国内细支卷烟，分布范围明显小于国内细支卷烟，表明国外细支卷烟的卷烟开放吸阻稳定性比国内细支卷烟好，细支卷烟的卷烟开放吸阻变异系数明显大于常规卷烟。分布情况如图 3-8 所示。

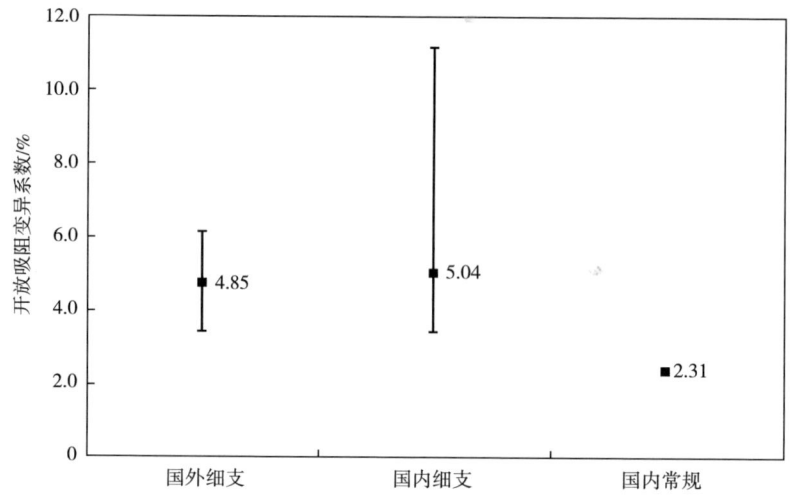

图 3-8　国内外卷烟开放吸阻稳定性情况

五、卷烟封闭吸阻及稳定性

国外细支卷烟的封闭吸阻平均值 2900Pa，最大值 3142Pa，最小值 2629Pa；国内细支卷烟的封闭吸阻平均值 2043Pa，最大值 2462Pa，最小值 1757Pa。国外细支卷烟的封闭吸阻平均值高于国内细支卷烟，分布范围大体相同。分布情况如图 3-9 所示。

国外细支卷烟的卷烟封闭吸阻变异系数平均值 5.50%，最大值 6.67%，最小值 3.95%；国内细支卷烟的卷烟封闭吸阻变异系数平均值 5.38%，最大值 7.52%，最小值 4.17%。国外细支卷烟的卷烟封闭吸阻变异系数的平均值与国内细支卷烟相差不大，分布范围大体相同，表明国内外细支卷烟的卷烟封闭吸阻稳定性没有明显差异。分布情况如图 3-10 所示。

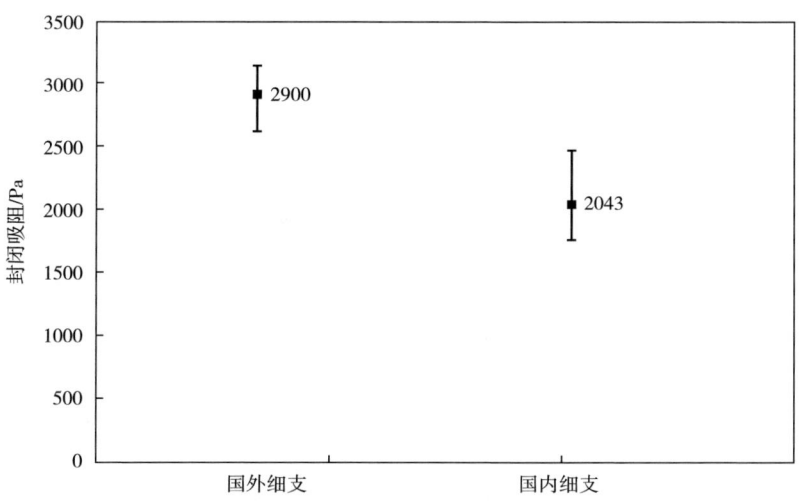

图 3-9 国内外卷烟封闭吸阻分布情况

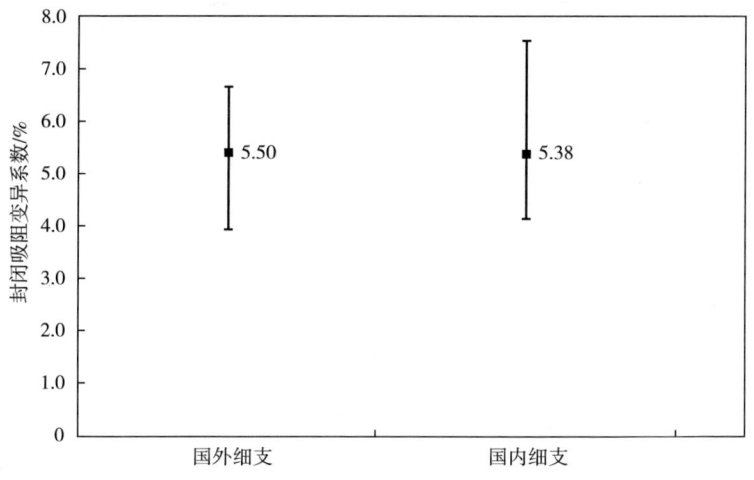

图 3-10 国内外卷烟封闭吸阻稳定性情况

六、总通风率及稳定性

国外细支卷烟的总通风率平均值 75%，最大值 91%，最小值 53%；国内细支卷烟的总通风率平均值 45%，最大值 68%，最小值 12%；国内常规卷烟的总通风率平均值 26%，最大值 58%，最小值 10%。国外细支卷烟的总通风率明显高于国内细支卷烟，常规卷烟的总通风率低于细支卷烟。分布情况如图 3-11 所示。

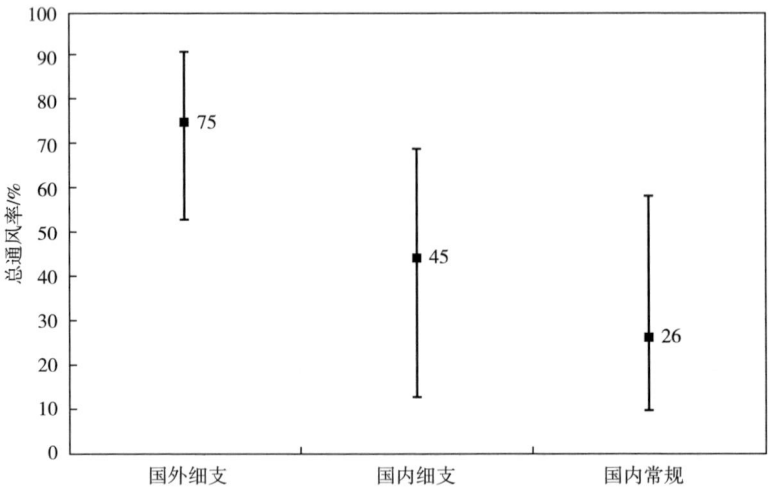

图 3-11　国内外卷烟总通风率分布情况

国外细支卷烟的总通风率变异系数平均值 2.52%，最大值 3.96%，最小值 0.91%；国内细支卷烟的总通风率变异系数平均值 5.70%，最大值 12.29%，最小值 2.57%；国内常规卷烟的总通风率变异系数平均值 4.02%。国外细支卷烟的总通风率变异系数明显小于国内细支卷烟，分布范围也小于国内细支卷烟，表明国外细支卷烟的总通风率稳定性比国内细支卷烟好，国内细支卷烟的总通风率变异系数大于常规卷烟。分布情况如图 3-12 所示。

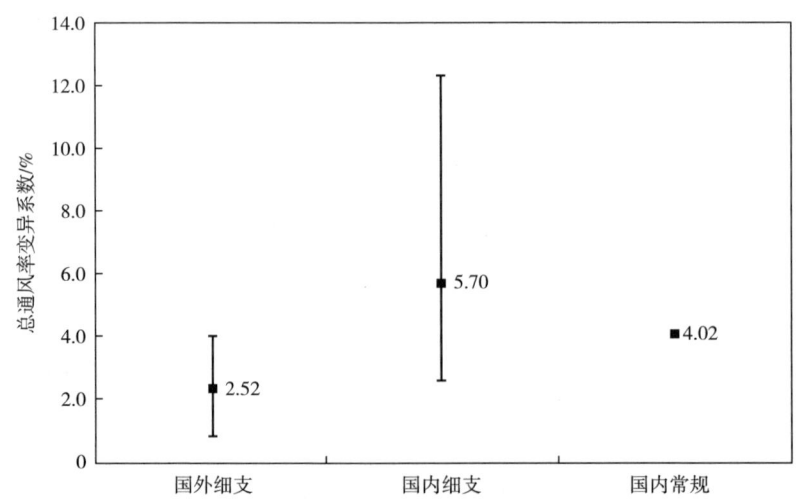

图 3-12　国内外卷烟总通风率稳定性情况

七、滤嘴通风率及稳定性

国外细支卷烟的滤嘴通风率平均值70%，最大值88%，最小值41%；国内细支卷烟的滤嘴通风率平均值36%，最大值61%，最小值8%。国外细支卷烟的滤嘴通风率明显高于国内细支卷烟。分布情况如图3-13所示。

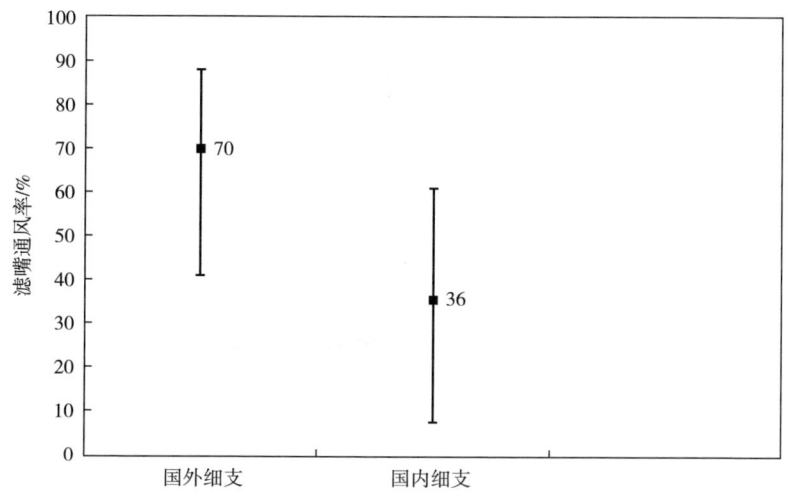

图3-13 国内外卷烟滤嘴通风率分布情况

国外细支卷烟的滤嘴通风率变异系数平均值2.66%，最大值4.35%，最小值0.92%；国内细支卷烟的滤嘴通风率变异系数平均值7.24%，最大值18.89%，最小值3.00%。国外细支卷烟的滤嘴通风率变异系数明显小于国内细支卷烟，分布范围也小于国内细支卷烟，表明国外细支卷烟的滤嘴通风率稳定性比国内细支卷烟好。分布情况如图3-14所示。

八、硬度及稳定性

国外细支卷烟的硬度平均值68.6%，最大值71.6%，最小值63.9%；国内细支卷烟的硬度平均值58.4%，最大值66.5%，最小值49.5%；国内常规卷烟的硬度平均值68.1%mm，最大值88.0%，最小值55.5%。国外细支卷烟的硬度高于国内细支卷烟，国内常规卷烟的硬度与国外细支卷烟相差不多，但高于国内细支卷烟。分布情况如图3-15所示。

国外细支卷烟的硬度变异系数平均值3.57%，最大值4.74%，最小值2.81%；国内细支卷烟的硬度变异系数平均值4.87%，最大值8.13%，最小值2.99%；国内常规卷烟的硬度变异系数平均值2.60%。国外细支卷烟的硬

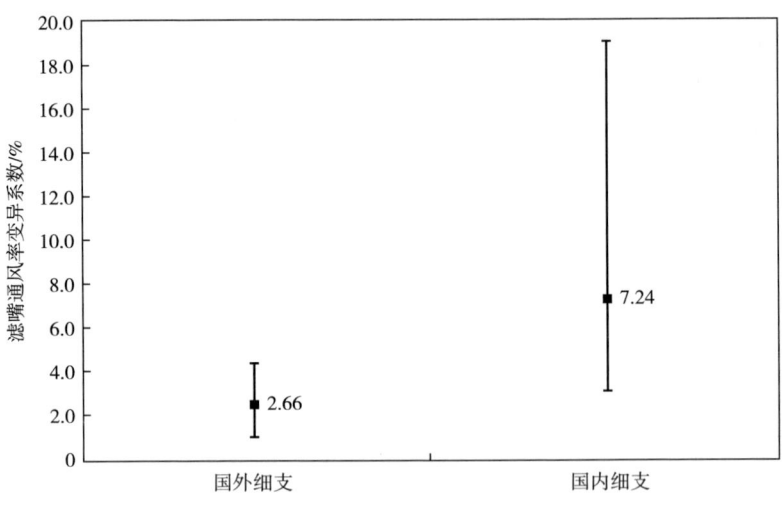

图 3-14 国内外卷烟滤嘴通风率稳定性情况

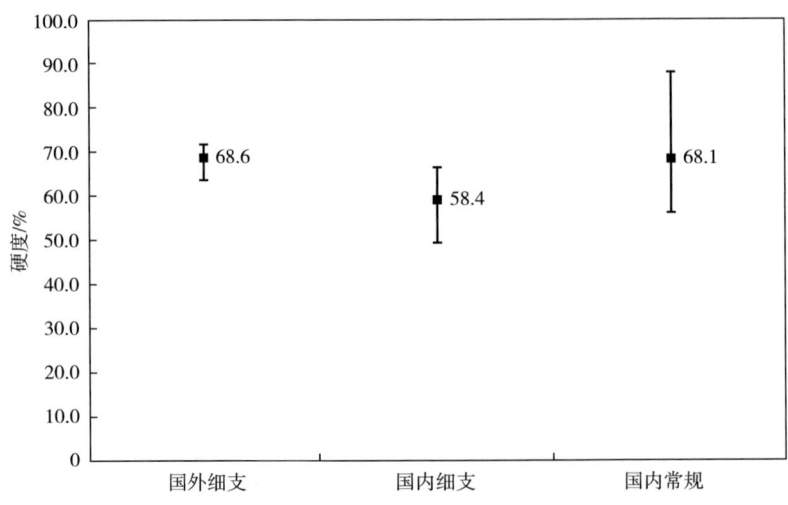

图 3-15 国内外卷烟硬度分布情况

度变异系数小于国内细支卷烟，分布范围也小于国内细支卷烟，表明国外细支卷烟的硬度稳定性比国内细支卷烟好，国内细支卷烟的硬度变异系数大于常规卷烟。分布情况如图 3-16 所示。

九、含末率

国外细支卷烟的含末率平均值 7.01%，最大值 9.05%，最小值 4.94%；

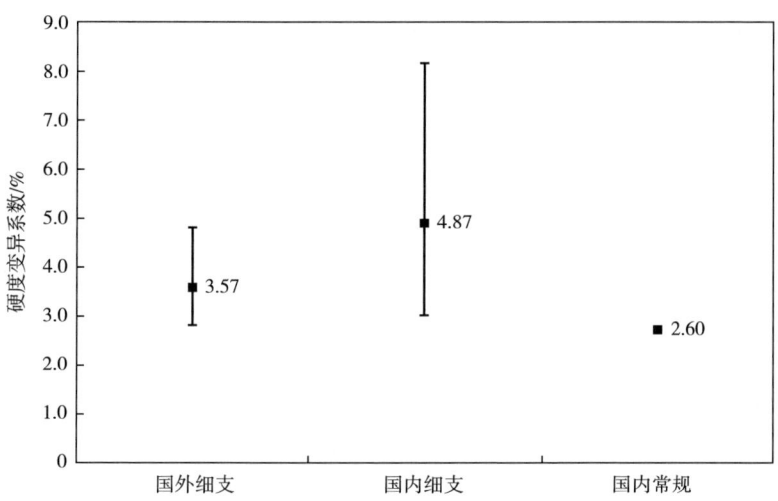

图 3-16　国内外卷烟硬度稳定性情况

国内细支卷烟的含末率平均值 3.76%，最大值 6.50%，最小值 2.17%。国外细支卷烟的含末率明显高于国内细支卷烟，表明国外细支卷烟对于含末率的控制要求不高。分布情况如图 3-17 所示。

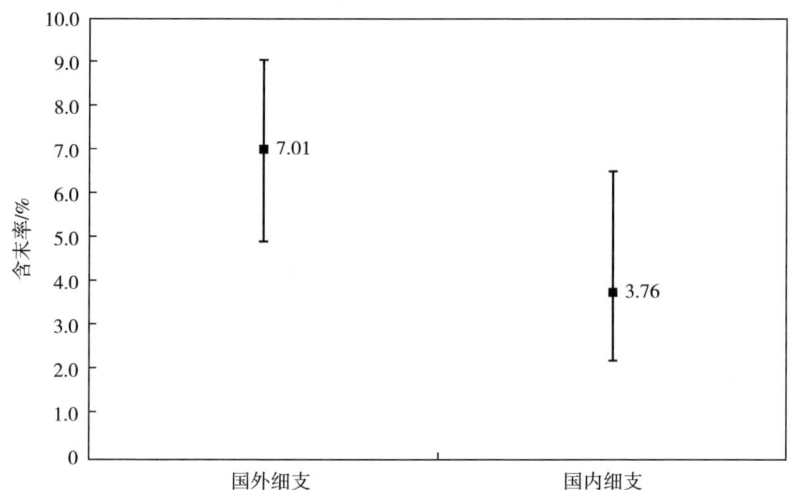

图 3-17　国内外卷烟含末率分布情况

十、自由燃烧速率

国外细支卷烟的自由燃烧速率平均值 7.61s/40mm，最大值 8.62s/40mm，最小值 6.90s/40mm；国内细支卷烟的自由燃烧速率平均值 7.69s/40mm，最大值 9.18s/40mm，最小值 6.35s/40mm。国外细支卷烟的自由燃烧速率与国内细支卷烟基本相同。分布情况如图 3-18 所示。

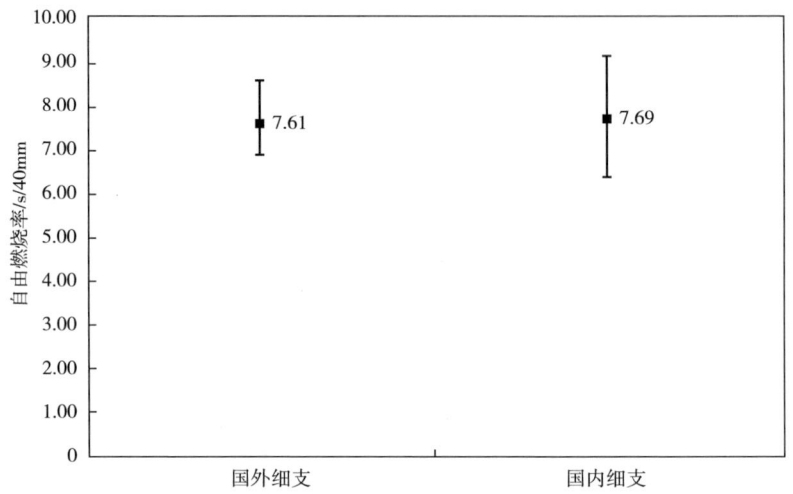

图 3-18　国内外卷烟自由燃烧速率分布情况

第二节　细支卷烟烟丝质量特征分析

本部分分别对国内外细支卷烟所使用的再造烟叶、膨胀梗丝、叶丝及膨胀叶丝的比例、烟丝长度分布、烟丝宽度等物理指标进行测试，对国内外细支卷烟在烟丝结构、配方结构等烟丝质量的特征差异进行了分析，并与常规卷烟进行了比较。

一、叶丝比例

国外细支卷烟的叶丝比例平均值71.2%，最大值84.8%，最小值47.9%；国内细支卷烟的叶丝比例平均值94.4%，最大值100.0%，最小值70.9%；国内常规卷烟的叶丝比例平均值76.5%，最大值100.0%，最小值48.0%。国外细支卷烟的叶丝比例明显低于国内细支卷烟，国内常规卷烟的叶丝比例低于细支卷烟。分布情况如图 3-19 所示。国内细支卷烟由于基本是一类卷烟，因此，全叶丝比例较高，图 3-20 是国内外细支卷烟的叶丝比例图，其中 1-37 为国内 37 个规格卷烟叶丝比例，38-48 为国外 11 个规格卷烟叶丝比例，由图可知，国内卷烟整体叶丝比例较高。

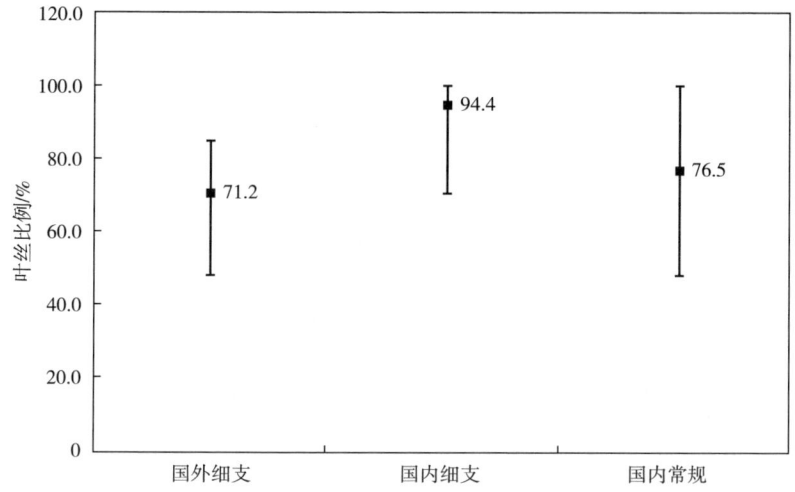

图 3-19　国内外卷烟叶丝比例分布情况

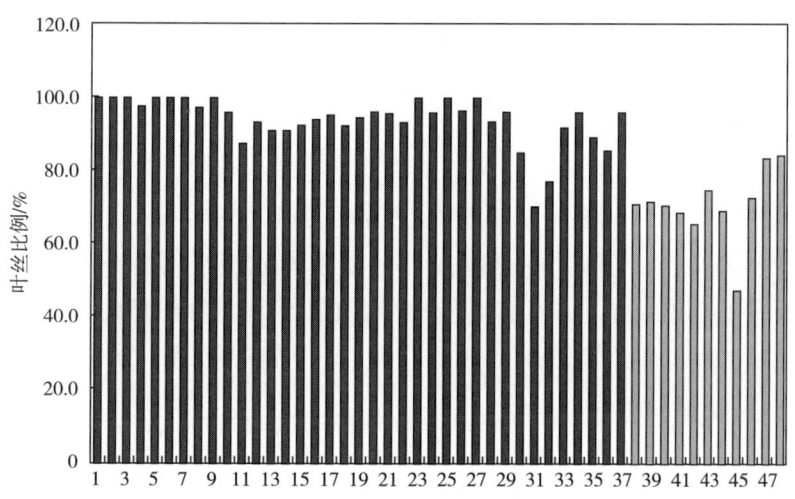

图 3-20　国内外卷烟叶丝比例

二、膨胀叶丝比例

国外细支卷烟的膨胀叶丝比例平均值 12.3%，最大值 16.2%，最小值

7.5%；国内细支卷烟（除全叶丝外）的膨胀叶丝比例平均值6.8%，最大值29.1%，最小值3.1%；国内常规卷烟（除全叶丝外）的膨胀叶丝比例平均值11.2%，最大值35.0%，最小值3.0%。国外细支卷烟的膨胀叶丝比例明显高于国内细支卷烟，国内常规卷烟的膨胀叶丝比例高于细支卷烟。分布情况如图3-21所示。

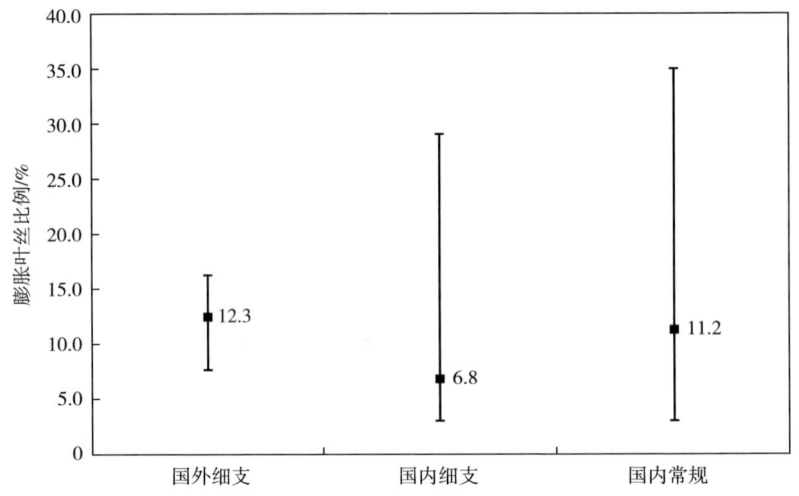

图3-21　国内外卷烟膨胀叶丝比例分布情况

三、梗丝比例

国外细支卷烟的梗丝比例平均值7.9%，最大值17.0%，最小值2.1%；国内细支卷烟（除全叶丝外）的梗丝比例平均值3.9%，最大值4.3%，最小值3.4%；国内常规卷烟（除全叶丝外）的梗丝比例平均值13.7%，最大值36.5%，最小值2.9%。国外细支卷烟的梗丝比例明显高于国内细支卷烟，国内常规卷烟的梗丝比例明显高于细支卷烟。分布情况如图3-22所示。

四、再造烟叶比例

国外细支卷烟的再造烟叶比例平均值12.3%，最大值23.9%，最小值7.2%；国内细支卷烟（除全叶丝外）的再造烟叶比例平均值5.3%，最大值22.7%，最小值1.9%；国内常规卷烟（除全叶丝外）的再造烟叶比例平均值7.3%，最大值24.0%，最小值1.7%。国外细支卷烟的再造烟叶比例明显高于国内细支卷烟，国内常规卷烟的再造烟叶比例略高于国内细支卷烟，但低于国外细支卷烟。分布情况如图3-23所示。

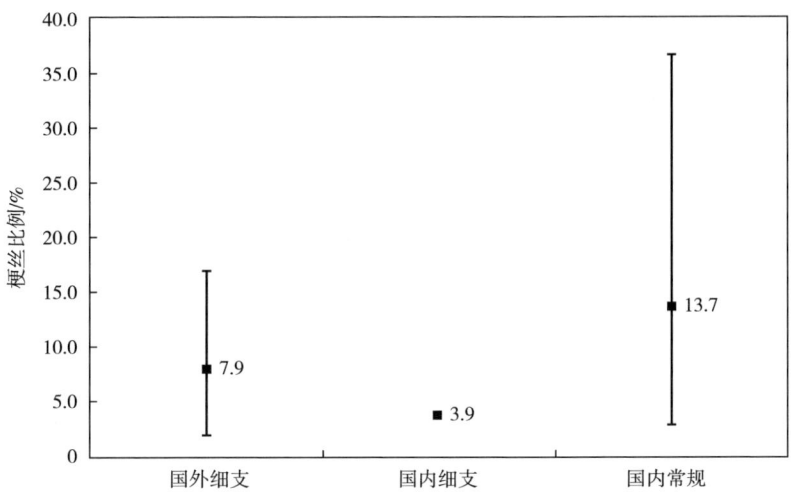

图 3-22　国内外卷烟梗丝比例分布情况

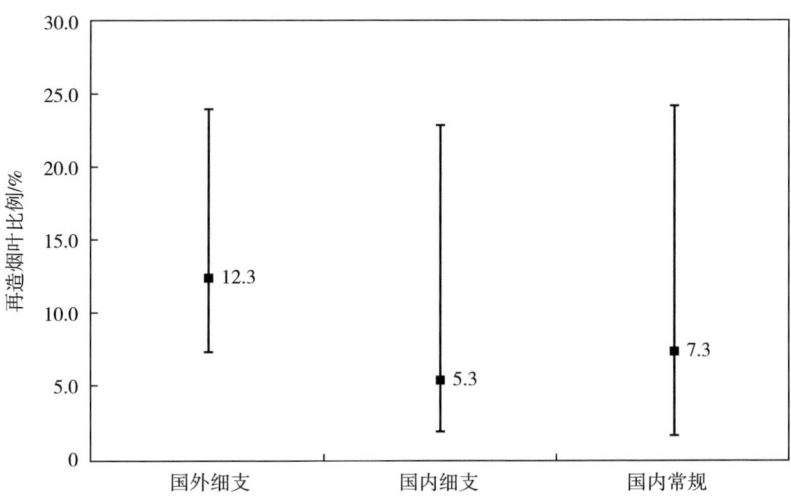

图 3-23　国内外卷烟再造烟叶比例分布情况

五、烟丝宽度

国外细支卷烟的烟丝宽度平均值 0.68mm，最大值 0.80mm，最小值 0.49mm；国内细支卷烟的烟丝宽度平均值 0.78mm，最大值 1.01mm，最小值 0.64mm。国外细支卷烟的烟丝宽度小于国内细支卷烟。分布情况如图 3-24 所示。

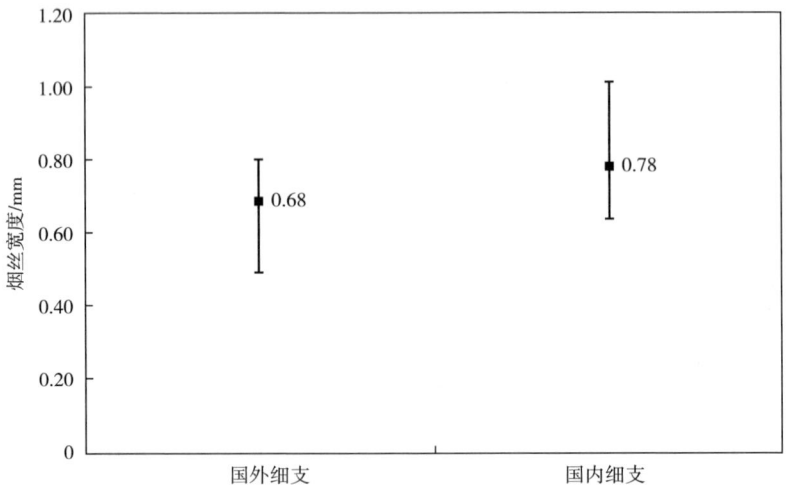

图 3-24 国内外卷烟烟丝宽度分布情况

六、烟丝特征长度分布

国内外卷烟的烟丝特征长度均值为 1.79mm，最大值为 2.07mm，最小值为 1.42mm，国外细支卷烟特征长度均值为 1.43mm，最大值为 1.67mm，最小值为 1.20mm，均匀性系数国内卷烟均值为 1.75，分布于 1.55~1.96，国外为 1.48，分布于 0.94~1.79。国内卷烟的烟丝长度比国外卷烟的长，且烟丝长度比较集中。分布情况如图 3-25 所示。

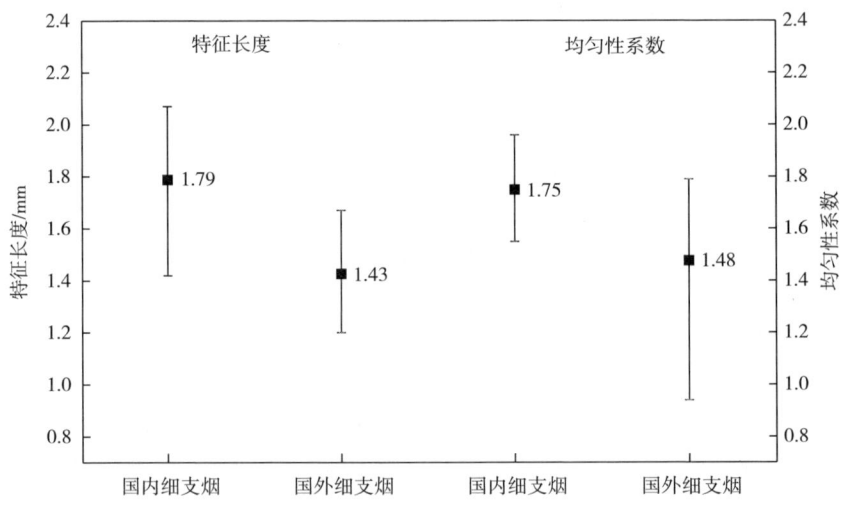

图 3-25 国内外卷烟烟丝特征长度分布情况

七、烟丝长度分布

国内外卷烟的烟丝长度占比较大的均为 1.00~2.00mm 的烟丝,其次是 2.00~3.15mm 和 0.50~1.00mm 长度的烟丝,国外细支卷烟的短丝比例高于国内细支卷烟,具体分布情况如图 3-26 所示。

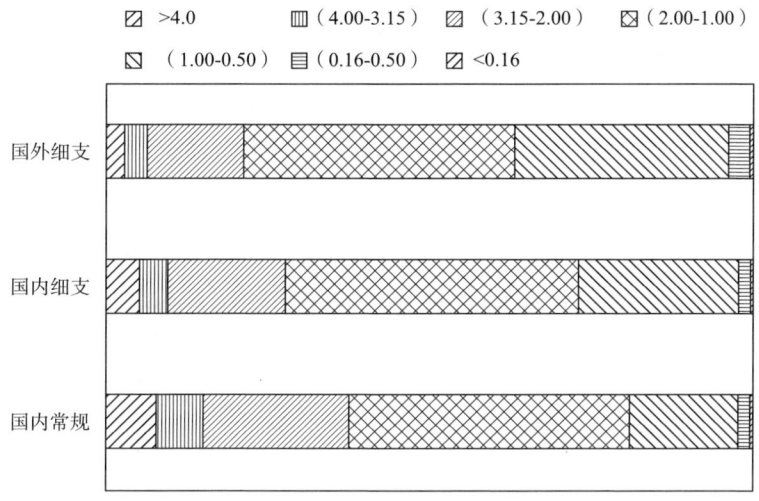

图 3-26　国内外卷烟烟丝长度分布情况

1. 烟丝长度分布（>4.00mm）

国外细支卷烟的烟丝长度比例（>4.00mm）平均值 2.84%,最大值 5.08%,最小值 1.69%;国内细支卷烟的烟丝长度比例（>4.00mm）平均值 5.18%,最大值 9.05%,最小值 1.77%;国内常规卷烟的烟丝长度比例（>4.00mm）平均值 7.80%,最大值 12.61%,最小值 5.01%。国外细支卷烟大于 4.00mm 长度的烟丝比例小于国内细支卷烟,细支卷烟中该长度的烟丝比例小于常规卷烟。分布情况如图 3-27 所示。

2. 烟丝长度分布（3.15~4.00mm）

国外细支卷烟的烟丝长度比例（3.15~4.00mm）平均值 3.49%,最大值 5.15%,最小值 2.70%;国内细支卷烟的烟丝长度比例（3.15~4.00mm）平均值 4.34%,最大值 5.90%,最小值 2.56%;国内常规卷烟的烟丝长度比例（3.15~4.00mm）平均值 7.20%,最大值 9.73%,最小值 4.79%。国外细支卷烟长度 3.15~4.00mm 的烟丝比例小于国内细支卷烟,细支卷烟中该长度的烟丝比例小于常规卷烟。分布情况如图 3-28 所示。

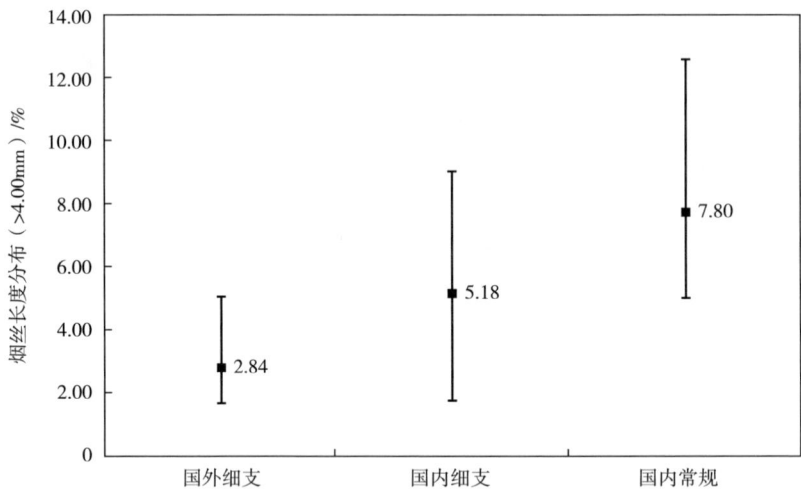

图 3-27 国内外卷烟烟丝长度分布情况（>4.00mm）

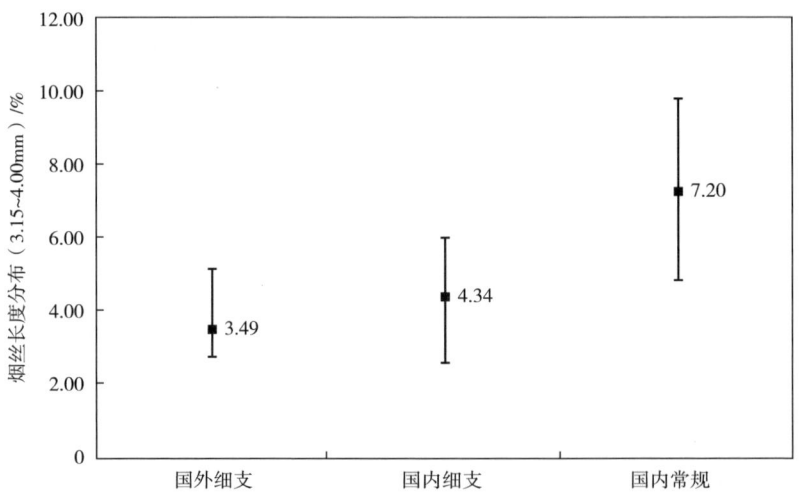

图 3-28 国内外卷烟烟丝长度分布情况（3.15~4.00mm）

3. 烟丝长度分布（2.00~3.15mm）

国外细支卷烟的烟丝长度比例（2.00~3.15mm）平均值 14.92%，最大值 21.91%，最小值 11.34%；国内细支卷烟的烟丝长度比例（2.00~3.15mm）平均值 18.22%，最大值 23.60%，最小值 12.64%；国内常规卷烟的烟丝长度比例（2.00~3.15mm）平均值 22.68%，最大值 25.44%，最小值 17.58%。国外细支卷烟长度 2.00~3.15mm 的烟丝比例小于国内细支卷烟，细支卷烟中该长度的烟丝比例小于常规卷烟。分布情况如图3-29所示。

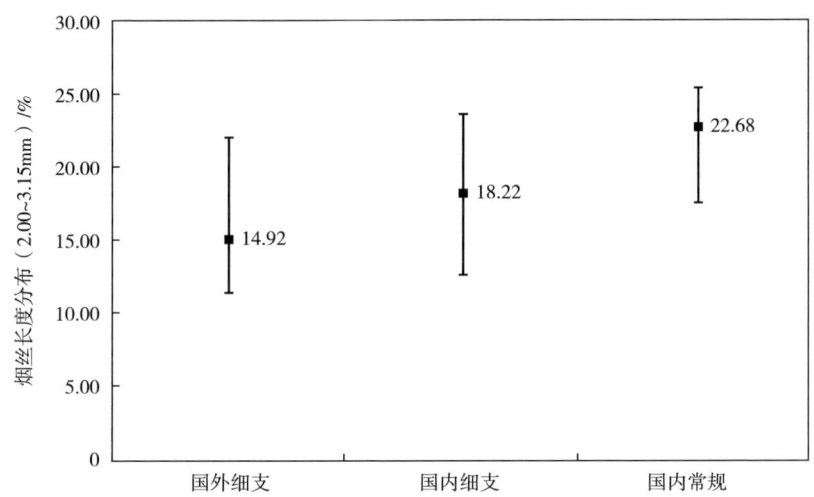

图3-29　国内外卷烟烟丝长度分布情况（2.00~3.15mm）

4. 烟丝长度分布（1.00~2.00mm）

国外细支卷烟的烟丝长度比例（1.00~2.00mm）平均值41.95%，最大值44.32%，最小值39.65%；国内细支卷烟的烟丝长度比例（1.00~2.00mm）平均值45.32%，最大值52.94%，最小值40.23%；国内常规卷烟的烟丝长度比例（1.00~2.00mm）平均值43.25%，最大值46.62%，最小值37.68%。国外细支卷烟长度1.00~2.00mm的烟丝比例与国内细支卷烟和常规卷烟大体相当，这一长度区间的烟丝也是整个配方中占比最高的。分布情况如图3-30所示。

5. 烟丝长度分布（0.50~1.00mm）

国外细支卷烟的烟丝长度比例（0.50~1.00mm）平均值33.21%，最大值39.11%，最小值21.68%；国内细支卷烟的烟丝长度比例（0.50~1.00mm）平均值24.96%，最大值34.56%，最小值17.07%；国内常规卷烟的烟丝长度比例（0.50~1.00mm）平均值17.03%，最大值22.49%，最小值13.77%。国外细支卷烟长度0.50~1.00mm的烟丝比例高于国内细支卷烟，细支卷烟该长度区间的烟丝比例高于常规卷烟。分布情况如图3-31所示。

6. 烟丝长度分布（0.16~0.50mm）

国外细支卷烟的烟丝长度比例（0.16~0.50mm）平均值3.33%，最大值

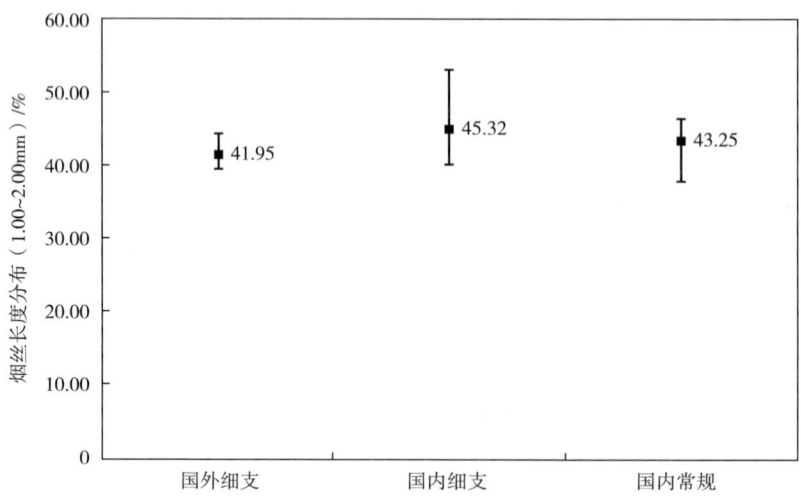

图 3-30 国内外卷烟烟丝长度分布情况（1.00~2.00mm）

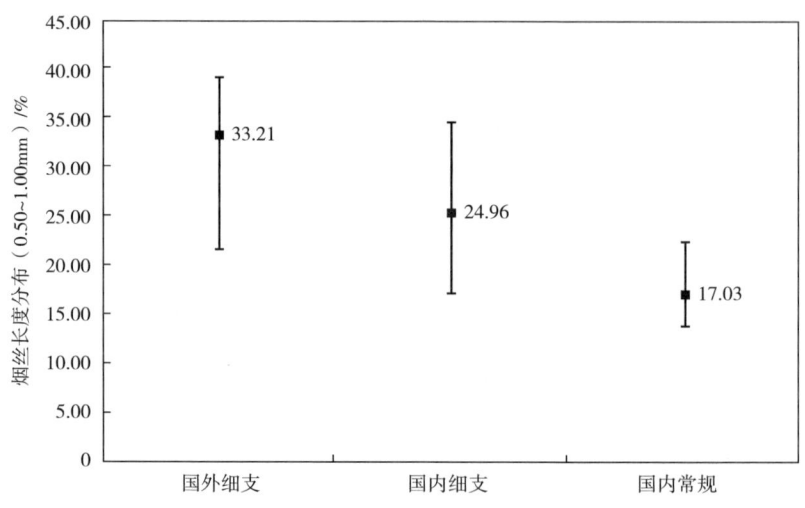

图 3-31 国内外卷烟烟丝长度分布情况（0.50~1.00mm）

4.30%，最小值 2.14%；国内细支卷烟的烟丝长度比例（0.16~0.50mm）平均值 1.87%，最大值 3.27%，最小值 1.16%；国内常规卷烟的烟丝长度比例（0.16~0.50mm）平均值 1.85%，最大值 3.38%，最小值 1.25%。国外细支卷烟长度 0.16~0.50mm 的烟丝比例高于国内细支卷烟，国内细支卷烟该长度区间的烟丝比例与常规卷烟相当。分布情况如图 3-32 所示。

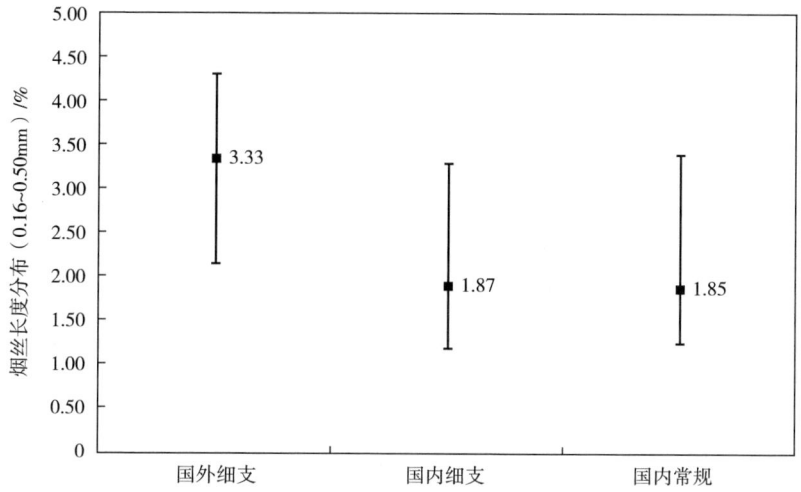

图 3-32 国内外卷烟烟丝长度分布情况（0.16~0.50mm）

7. 烟丝长度分布（<0.16mm）

国外细支卷烟的烟丝长度比例（<0.16mm）平均值0.26%，最大值0.37%，最小值0.20%；国内细支卷烟的烟丝长度比例（<0.16mm）平均值0.10%，最大值0.24%，最小值0.04%；国内常规卷烟的烟丝长度比例（<0.16mm）平均值0.18%，最大值0.24%，最小值0.13%。国外细支卷烟长度小于0.16mm的烟丝比例高于国内细支卷烟，国内细支卷烟该长度区间的烟丝比例低于常规卷烟，但整体都较低。分布情况如图3-33所示。

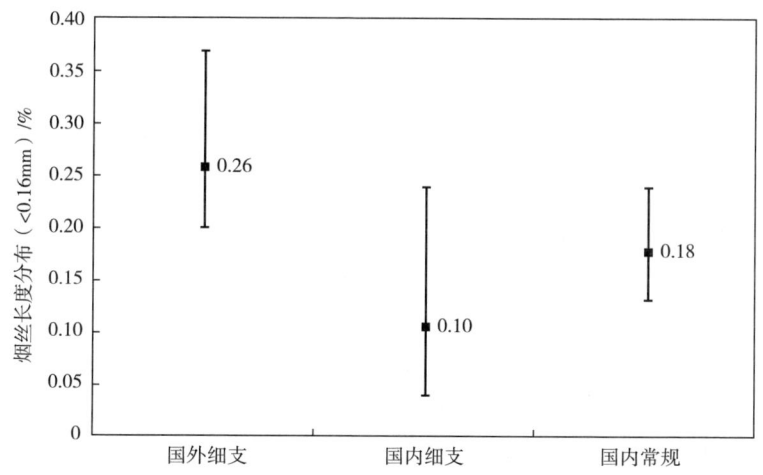

图 3-33 国内外卷烟烟丝长度分布情况（<0.16mm）

第三节 细支卷烟烟用材料特征分析

本节分别对国内外细支卷烟的滤嘴（含丝束）、卷烟纸、成形纸、接装纸等卷烟材料进行测试，剖析了两者在滤嘴类型、材质与特征、长度、质量、开放/封闭吸阻、烟支开放/封闭吸阻、卷烟纸中规格、原料、透气度、定量、助燃剂等指标；成形纸的规格与透气度、接装纸规格与外观描述、透气度、打孔位置与排列方式、孔径及间距等方面的差异性，并与常规卷烟进行了比较。

一、烟用接装纸透气度

国外细支卷烟的烟用接装纸透气度平均值1382.3CU，最大值2983.0CU，最小值450.0CU；国内细支卷烟的烟用接装纸透气度平均值490.6CU，最大值1366.0CU，最小值84.0CU；国内常规卷烟的烟用接装纸透气度平均值300.7CU，最大值1260.0CU，最小值96.4CU。国外细支卷烟的烟用接装纸透气度平均值远高于国内细支卷烟，分布范围也远大于国内细支卷烟，国内常规卷烟的烟用接装纸透气度平均值低于细支卷烟。分布情况如图3-34所示。

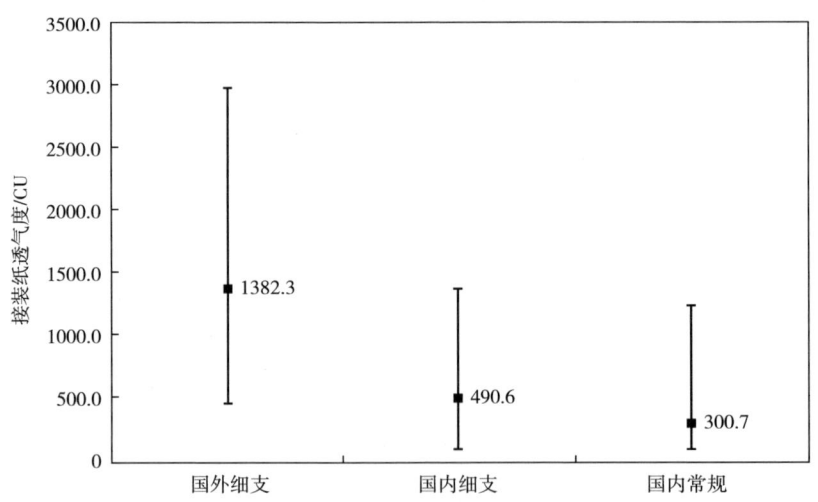

图3-34 国内外卷烟烟用接装纸透气度分布情况

二、滤棒成形纸透气度

国外细支卷烟的滤棒成形纸透气度平均值11491.2CU，最大值24745.0CU，最小值262.8CU；国内细支卷烟的滤棒成形纸透气度平均值3424.8CU，最大值11529.2CU，最小值168.8CU；国内常规卷烟的滤棒成形纸透气度平均值6078.9CU，最大值24538.0CU，最小值56.2CU。国外细支卷烟的滤棒成形纸透气度平均值远高于国内细支卷烟，分布范围也远大于国内细支卷烟，国内常规卷烟的滤棒成形纸透气度平均值高于细支卷烟。分布情况如图3-35所示。

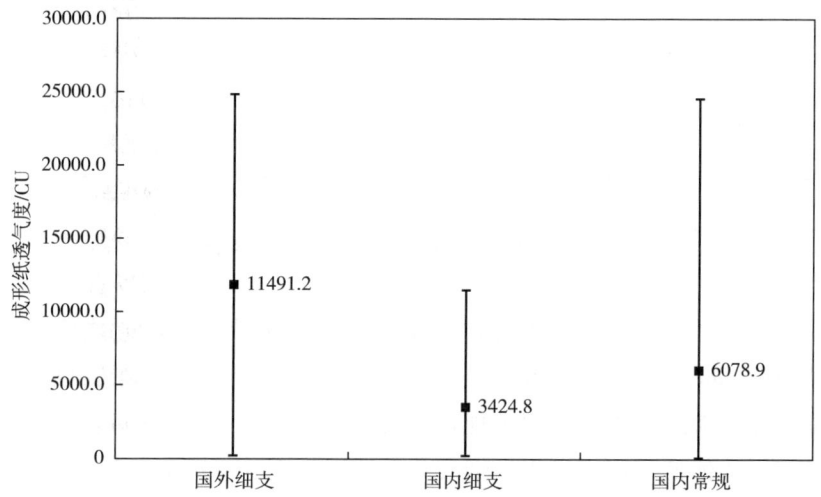

图3-35 国内外卷烟滤棒成形纸透气度分布情况

三、卷烟纸透气度

国外细支卷烟的卷烟纸透气度平均值33.5CU，最大值60.4CU，最小值18.8CU；国内细支卷烟的卷烟纸透气度平均值58.9CU，最大值68.5CU，最小值44.3CU；国内常规卷烟的卷烟纸透气度平均值60.4CU，最大值80.4CU，最小值29.1CU。国外细支卷烟的卷烟纸透气度平均值远低于国内细支卷烟，分布范围大于国内细支卷烟，国内常规卷烟的卷烟纸透气度平均值与国内细支卷烟大致相同。从接装纸、成形纸和卷烟纸的透气度情况看，国外细支卷烟的通风形式主要是滤嘴通风，国内卷烟的通风形式主要是卷烟纸通风。分布情况如图3-36所示。

四、烟用接装纸长度

国外细支卷烟的烟用接装纸长度平均值34.4mm，最大值35.0mm，最小值32.0mm；国内细支卷烟的烟用接装纸长度平均值35.5mm，最大值

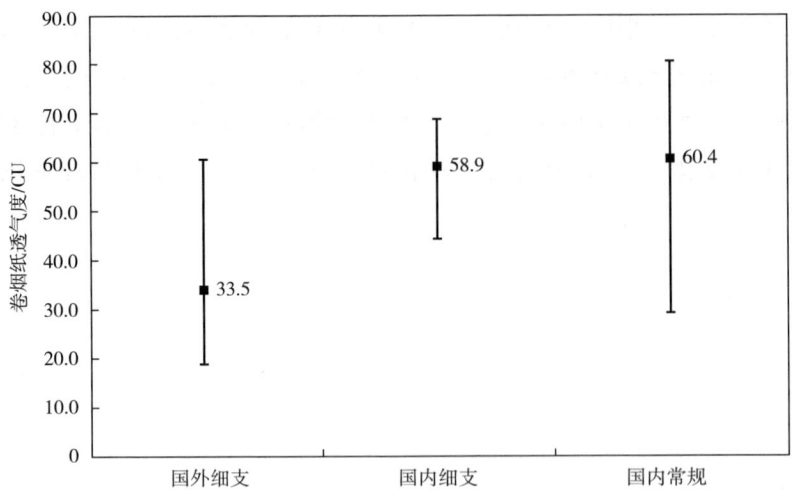

图 3-36　国内外卷烟卷烟纸透气度分布情况

40.2mm，最小值 27.0mm；国内常规卷烟的烟用接装纸长度平均值 32.0mm，最大值 40.0mm，最小值 23.9mm。国外细支卷烟的烟用接装纸长度平均值与国内细支卷烟大致相同，国内常规卷烟由于规格主要是 84.0mm，所以烟用接装纸长度平均值低于国内细支卷烟。分布情况如图 3-37 所示。

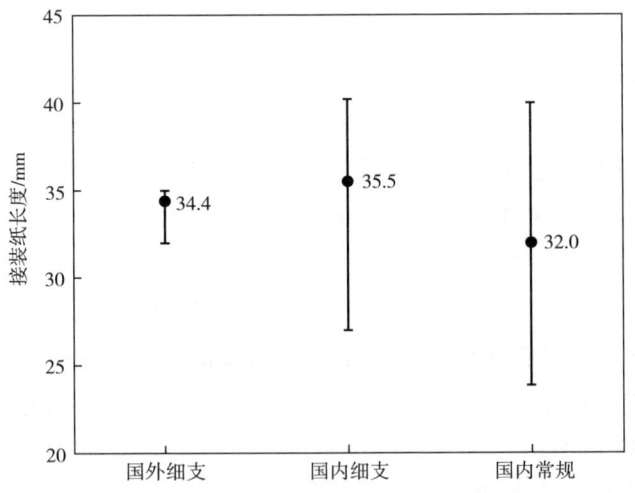

图 3-37　国内外卷烟烟用接装纸长度分布情况

五、卷烟纸长度

国外细支卷烟的卷烟纸长度平均值 67.2mm，最大值 70.0mm，最小值 55.9mm；国内细支卷烟的卷烟纸长度平均值 67.0mm，最大值 73.0mm，最小值 54.0mm；国内常规卷烟的卷烟纸长度平均值 58.6mm，最大值 66.0mm，最小值 35.8mm。国外细支卷烟的卷烟纸长度平均值与国内细支卷烟大致相同，国内常规卷烟由于规格主要是 84.0mm，所以卷烟纸长度平均值低于国内细支卷烟。分布情况如图 3-38 所示。

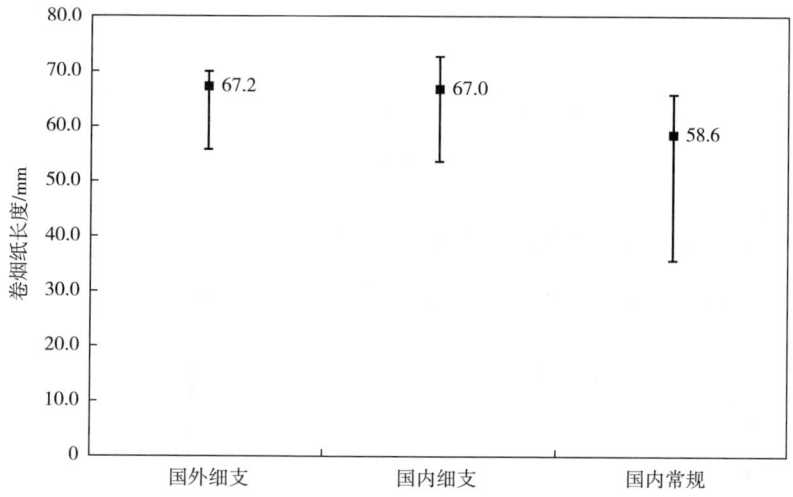

图 3-38　国内外卷烟卷烟纸长度分布情况

六、滤棒成形纸长度

国外细支卷烟的滤棒成形纸长度平均值 29.4mm，最大值 30.0mm，最小值 26.9mm；国内细支卷烟的滤棒成形纸长度平均值 28.2mm，最大值 30.2mm，最小值 19.8mm；国内常规卷烟的滤棒成形纸长度平均值 25.3mm，最大值 34.0mm，最小值 16.5mm。国外细支卷烟的滤棒成形纸长度平均值与国内细支卷烟大致相同，国内常规卷烟由于规格主要是 84.0mm，所以滤棒成形纸长度平均值低于国内细支卷烟。分布情况如图 3-39 所示。

七、滤嘴长度

国外细支卷烟的滤嘴长度平均值 29.4mm，最大值 30.0mm，最小值 26.9mm；国内细支卷烟的滤嘴长度平均值 28.2mm，最大值 30.2mm，最小值 19.8mm。国外细支卷烟的滤嘴长度平均值与国内细支卷烟大致相同，滤嘴长

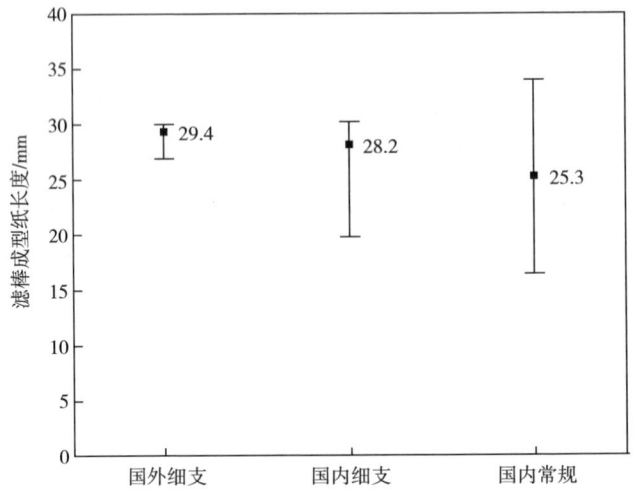

图3-39 国内外卷烟滤棒成形纸长度分布情况

度与成形纸长度一致。分布情况如图3-40所示。

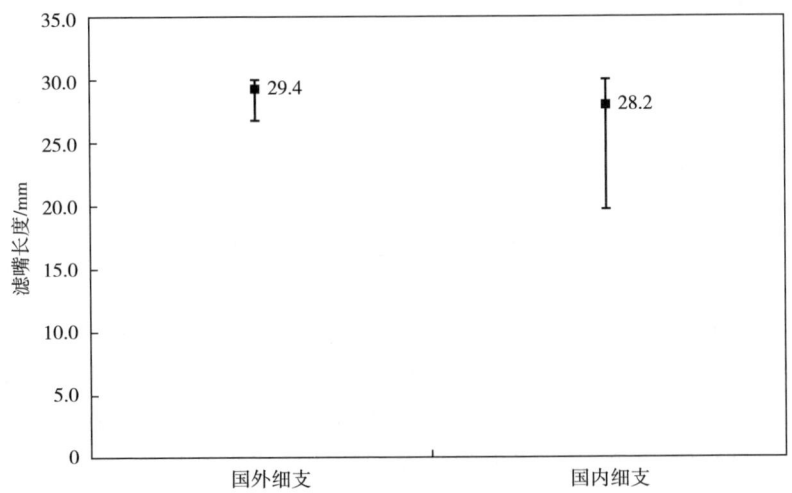

图3-40 国内外卷烟滤嘴长度分布情况

八、滤嘴开放吸阻

国外细支卷烟的滤嘴开放吸阻平均值955Pa，最大值1881Pa，最小值713Pa；国内细支卷烟的滤嘴开放吸阻平均值851Pa，最大值1160Pa，最小值661Pa。国外细支卷烟的滤嘴开放吸阻平均值高于国内细支卷烟。分布情况如图3-41所示。

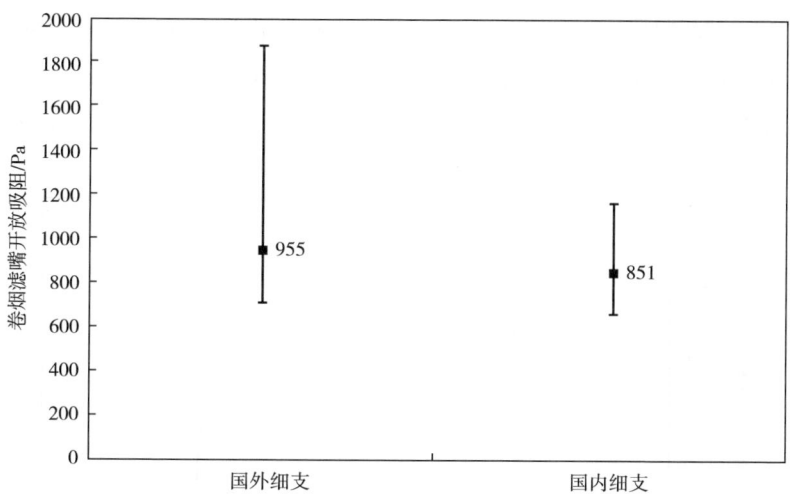

图 3-41 国内外卷烟滤嘴开放吸阻分布情况

九、滤嘴封闭吸阻

国外细支卷烟的滤嘴封闭吸阻平均值 1329Pa，最大值 2258Pa，最小值 994Pa；国内细支卷烟的滤嘴封闭吸阻平均值 958Pa，最大值 1289Pa，最小值 745Pa。国外细支卷烟的滤嘴封闭吸阻平均值高于国内细支卷烟。分布情况如图 3-42 所示。

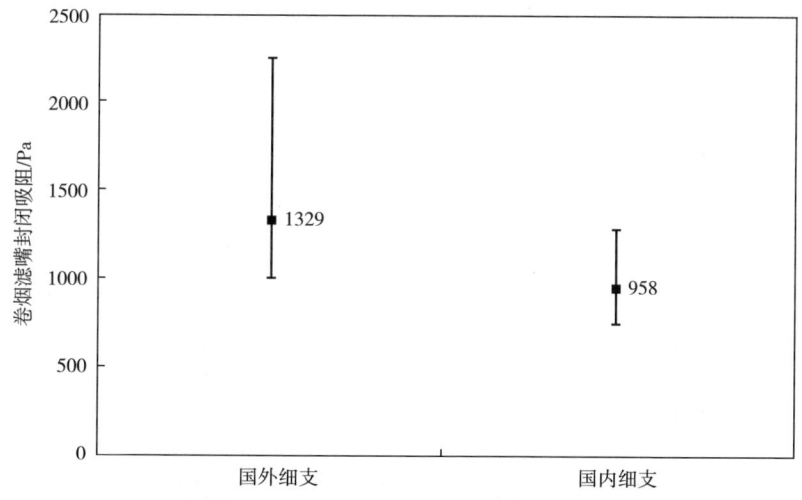

图 3-42 国内外卷烟滤嘴封闭吸阻分布情况

十、烟支开放吸阻

国外细支卷烟的烟支开放吸阻平均值167Pa，最大值193Pa，最小值145Pa；国内细支卷烟的烟支开放吸阻平均值104Pa，最大值145Pa，最小值72Pa。国外细支卷烟的烟支开放吸阻平均值高于国内细支卷烟。分布情况如图3-43所示。

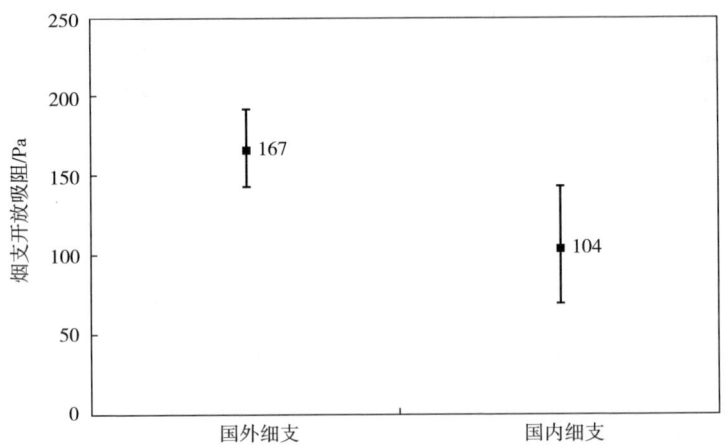

图3-43　国内外卷烟烟支开放吸阻分布情况

十一、烟支封闭吸阻

国外细支卷烟的烟支封闭吸阻平均值199Pa，最大值241Pa，最小值159Pa；国内细支卷烟的烟支封闭吸阻平均值120Pa，最大值186Pa，最小值81Pa。国外细支卷烟的烟支封闭吸阻平均值高于国内细支卷烟。分布情况如图3-44所示。

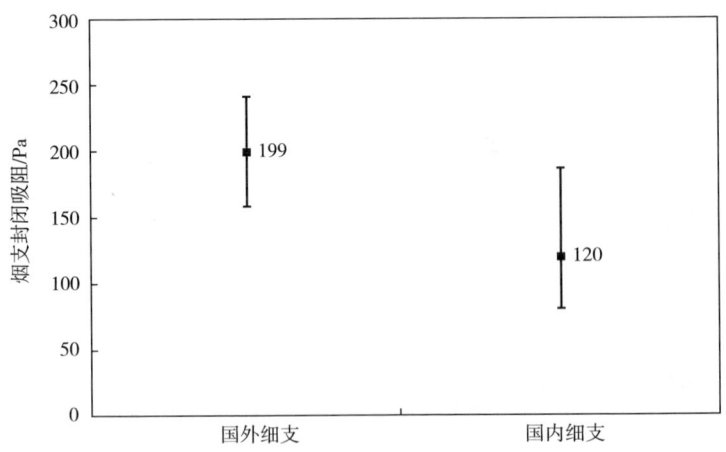

图3-44　国内外卷烟烟支封闭吸阻分布情况

十二、烟筒质量

国外细支卷烟的烟筒质量平均值0.083g,最大值0.089g,最小值0.078g;国内细支卷烟的烟筒质量平均值0.091g,最大值0.147g,最小值0.074g。国外细支卷烟的烟筒质量平均值低于国内细支卷烟。分布情况如图3-45所示。

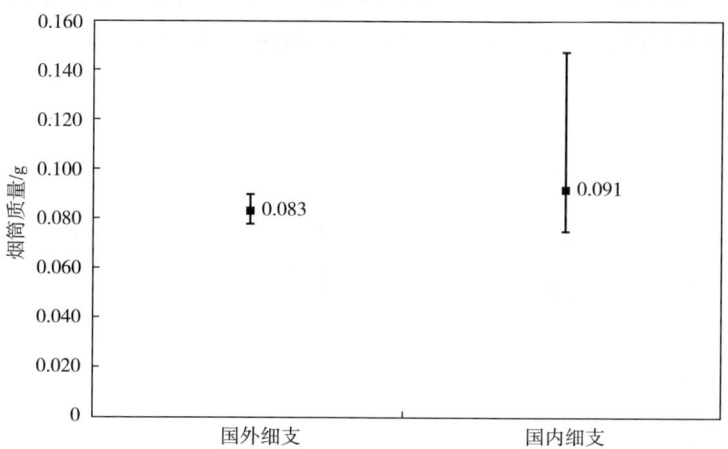

图3-45　国内外卷烟烟筒质量分布情况

十三、滤嘴质量

国外细支卷烟的滤嘴质量平均值0.083g,最大值0.096g,最小值0.079g;国内细支卷烟的滤嘴质量平均值0.075g,最大值0.096g,最小值0.052g。国外细支卷烟的滤嘴质量平均值高于国内细支卷烟。分布情况如图3-46所示。

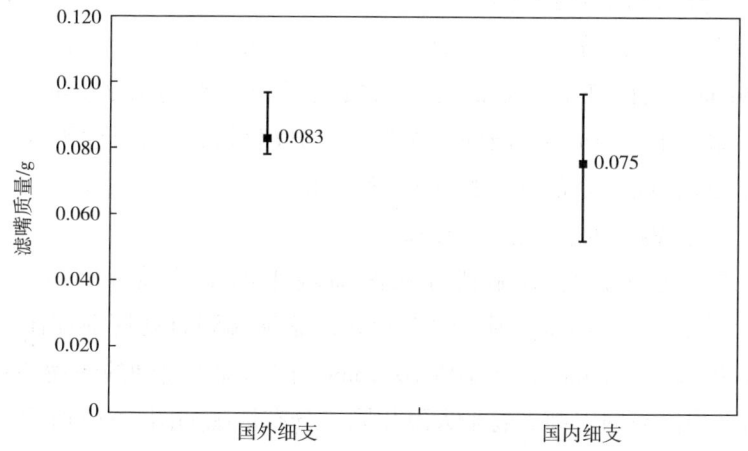

图3-46　国内外卷烟滤嘴质量分布情况

十四、卷烟纸定量

国外细支卷烟的卷烟纸定量平均值28.1g，最大值29.7g，最小值25.7g；国内细支卷烟的卷烟纸定量平均值30.5g，最大值34.7g，最小值27.9g；国内常规卷烟的卷烟纸定量平均值30.1g，最大值39.4g，最小值25.3g。国外细支卷烟的卷烟纸定量平均值略低于国内细支卷烟，国内细支卷烟的卷烟纸定量平均值与国内常规卷烟相当。分布情况如图3-47所示。

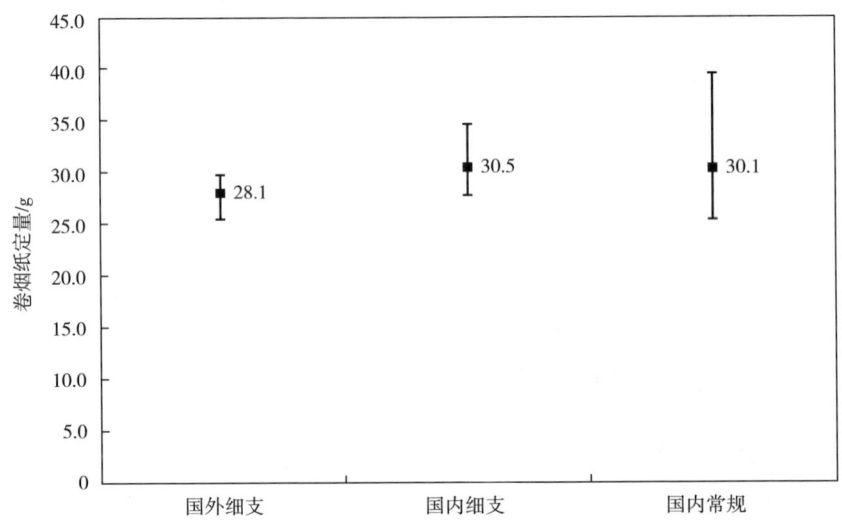

图3-47 国内外卷烟卷烟纸定量分布情况

十五、分离后接装纸长度

国外细支卷烟的分离后接装纸长度平均值34.6mm，最大值35.9mm，最小值31.9mm；国内细支卷烟的分离后接装纸长度平均值35.4mm，最大值38.0mm，最小值27.0mm。国外细支卷烟的分离后接装纸长度平均值与国内细支卷烟大致相同。分布情况如图3-48所示。

十六、滤嘴端到打孔区前端距离

国外细支卷烟的滤嘴端到打孔区前端距离平均值12.7mm，最大值16.3mm，最小值10.7mm；国内细支卷烟的滤嘴端到打孔区前端距离平均值12.9mm，最大值15.3mm，最小值10.2mm。国外细支卷烟的滤嘴端到打孔区前端距离平均值与国内细支卷烟大致相同。分布情况如图3-49所示。

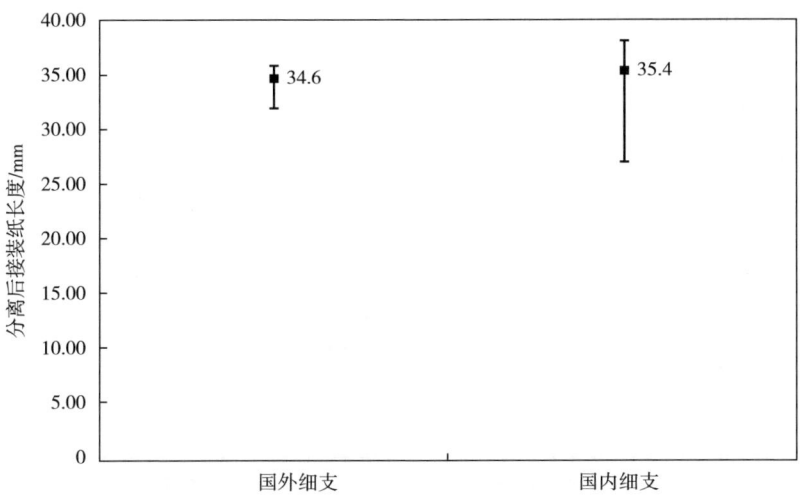

图 3-48 国内外卷烟分离后接装纸长度分布情况

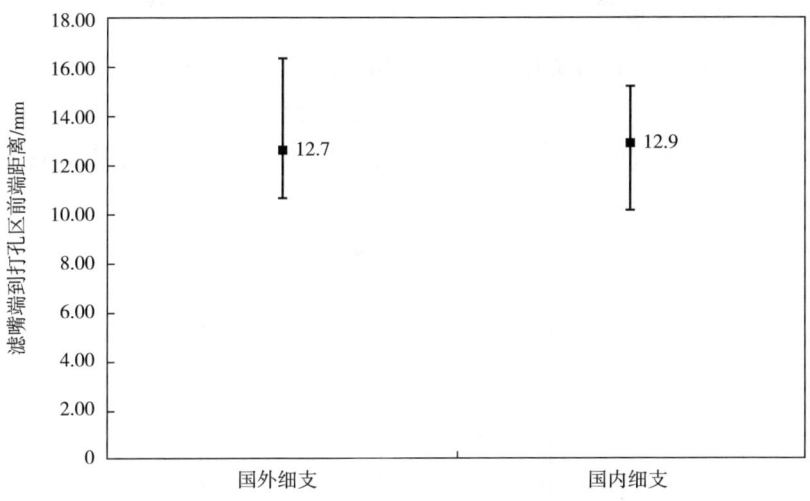

图 3-49 国内外卷烟滤嘴端到打孔区前端距离分布情况

十七、滤嘴端到外孔带距离

国外细支卷烟的滤嘴端到外孔带距离平均值 14.9mm，最大值 19.4mm，最小值 10.9mm；国内细支卷烟的滤嘴端到外孔带距离平均值 14.5mm，最大值 17.8mm，最小值 11.7mm。国外细支卷烟的滤嘴端到外孔带距离平均值与国内细支卷烟大致相同。分布情况如图 3-50 所示。

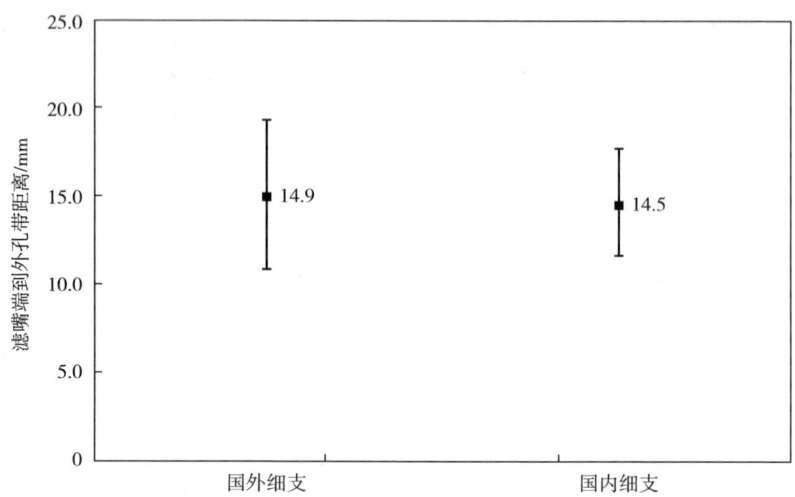

图 3-50　国内外卷烟滤嘴端到外孔带距离分布情况

十八、孔带宽度

国外细支卷烟的孔带宽度平均值 2.4mm，最大值 3.3mm，最小值 1.4mm；国内细支卷烟的孔带宽度平均值 1.8mm，最大值 3.2mm，最小值 1.1mm。国外细支卷烟的孔带宽度平均值大于国内细支卷烟。分布情况如图 3-51 所示。

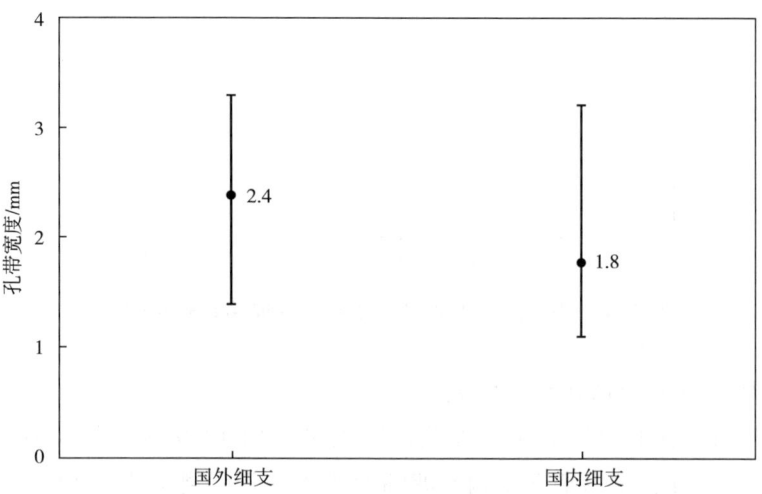

图 3-51　国内外卷烟孔带宽度分布情况

十九、孔直径

国外细支卷烟的孔直径平均值 0.217mm，最大值 0.649mm，最小值 0.084mm；国内细支卷烟的孔直径平均值 0.164mm，最大值 0.348mm，最小值 0.069mm。国外细支卷烟的孔直径平均值大于国内细支卷烟。分布情况如图 3-52 所示。

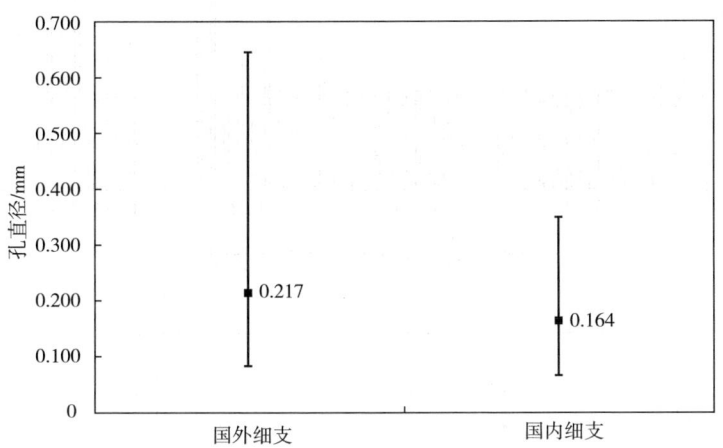

图 3-52　国内外卷烟孔直径分布情况

二十、打孔方式

国外细支卷烟全部为激光打孔接装纸，打孔排数 4 排为主，最多 8 排；国内细支卷烟中，有两个未采用打孔通风方式，有一个采用的是自然透气接装纸，其余全部是激光打孔接装纸，打孔排数多数为 2 排，最多 4 排。分布情况如图 3-53 所示，左侧为国内 37 个规格细支卷烟打孔排数情况，右侧为国外 11 个规格细支卷烟打孔排数情况（无柱子表示没有打孔）。

二十一、卷烟纸搭口宽度

国外细支卷烟的卷烟纸搭口宽度平均值 2.0mm，最大值 2.2mm，最小值 1.5mm；国内细支卷烟的卷烟纸搭口宽度平均值 2.1mm，最大值 2.3mm，最小值 1.6mm。国外细支卷烟的卷烟纸搭口宽度平均值与国内细支卷烟相当。分布情况如图 3-54 所示。

二十二、卷烟纸助燃剂含量

卷烟纸中助燃剂含量及类型的差别主要表现为品牌之间的差异。国产卷烟所用卷烟纸的钾盐含量高于国外样品。

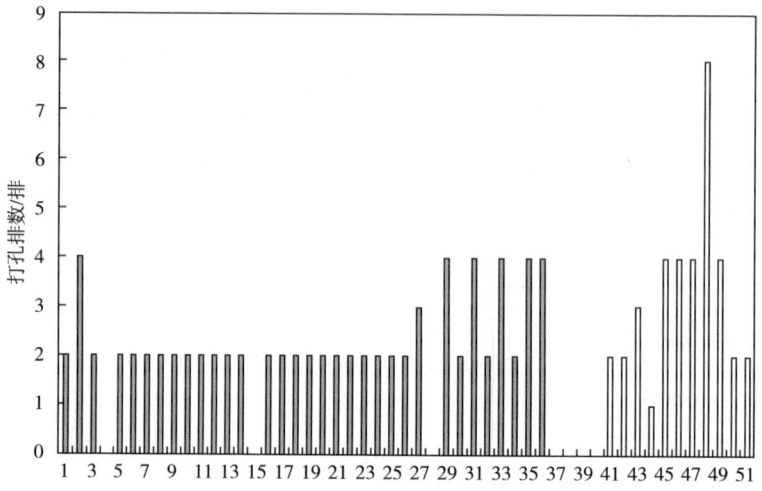

图 3-53 国内外卷烟打孔方式

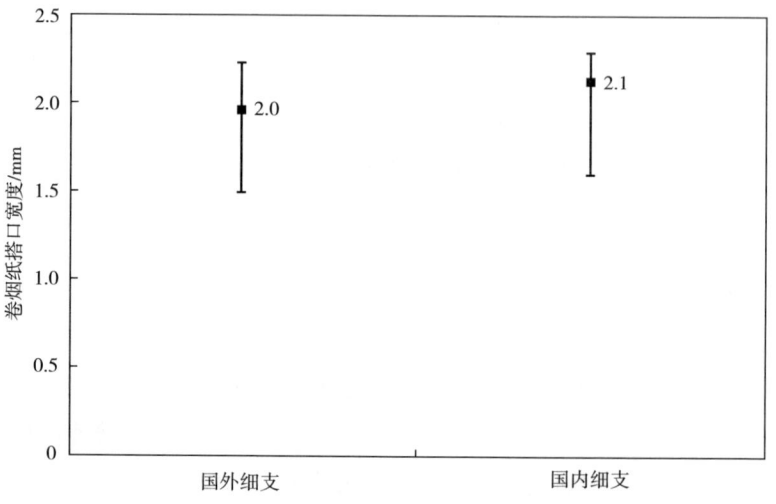

图 3-54 国内外卷烟卷烟纸搭口宽度分布情况

1. 钠离子

国内细支卷烟的卷烟纸钠离子含量平均值 1.0mg/g，最大值 2.30mg/g，最小值 0.14mg/g；国外细支卷烟的卷烟纸钠离子含量平均值 0.85mg/g，最大值 1.60mg/g，最小值 0.20mg/g。国外细支卷烟的卷烟纸钠离子含量水平与国内细支卷烟相当。分布情况如图 3-55 所示，分别为国内 37 个规格和国外 11 个规格细支卷烟钠离子含量分布情况。

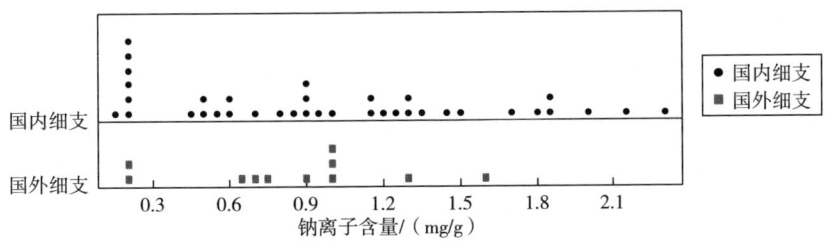

图 3-55　国内外卷烟卷烟纸钠含量分布情况

2. 镁离子

国内细支卷烟的卷烟纸镁离子含量平均值 0.43mg/g，最大值 0.74mg/g，最小值 0.25mg/g；国外细支卷烟的卷烟纸镁离子含量平均值 0.52mg/g，最大值 0.64mg/g，最小值 0.33mg/g。国外细支卷烟的卷烟纸镁离子含量水平与国内细支卷烟相当。分布情况如图 3-56 所示，分别为国内 37 个规格和国外 11 个规格细支卷烟镁离子含量分布情况。

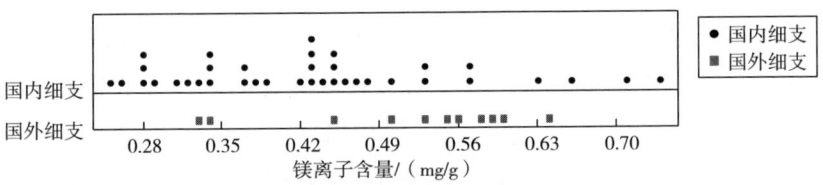

图 3-56　国内外卷烟卷烟纸镁含量分布情况

3. 钾离子

国内细支卷烟的卷烟纸钾离子含量平均值 7.46mg/g，最大值 15.79mg/g，最小值 2.03mg/g；国外细支卷烟的卷烟纸钾离子含量平均值 4.85mg/g，最大值 11.95mg/g，最小值 2.59mg/g。国外细支卷烟的卷烟纸钾离子含量水平整体低于国内细支卷烟。分布情况如图 3-57 所示，分别为国内 37 个规格和国外 11 个规格细支卷烟钾离子含量分布情况。

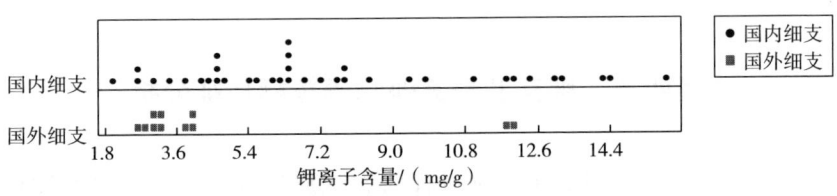

图 3-57　国内外卷烟卷烟纸钾含量分布情况

4. 醋酸根离子

国内细支卷烟的卷烟纸醋酸根离子含量平均值 1.37mg/g，最大值 2.48mg/g，最小值 0.06mg/g；国外细支卷烟的卷烟纸醋酸根离子含量平均值 1.96mg/g，最大值 3.50mg/g，最小值 1.39mg/g。国外细支卷烟的卷烟纸醋酸根离子含量水平整体高于国内细支卷烟。分布情况如图 3-58 所示，分别为国内 37 个规格和国外 11 个规格细支卷烟醋酸根离子含量分布情况。

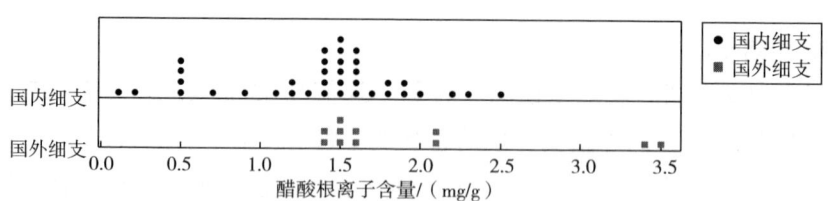

图 3-58　国内外卷烟卷烟纸醋酸根离子含量分布情况

5. 柠檬酸根离子

国内细支卷烟的卷烟纸柠檬酸根离子含量平均值 12.96mg/g，最大值 17.39mg/g，最小值 6.66mg/g；国外细支卷烟的卷烟纸柠檬酸根离子含量平均值 13.20mg/g，最大值 15.26mg/g，最小值 4.32mg/g。国外细支卷烟的卷烟纸柠檬酸根离子含量水平整体与国内细支卷烟相当。分布情况如图 3-59 所示，分别为国内 37 个规格和国外 11 个规格细支卷烟柠檬酸根离子含量分布情况。

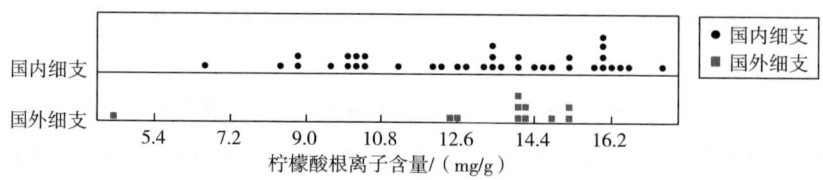

图 3-59　国内外卷烟卷烟纸柠檬根含量分布情况

第四节　细支卷烟其他物理指标特征分析

烟支卷制适应度指烟支在卷制过程对卷烟质量的影响，这里通过烟支轴向密度分布，以及烟支分布的一致性来评价。

一、卷烟轴向密度分布

国内细支卷烟的卷烟烟丝密度平均值 236g/cm³,最大值 257g/cm³,最小值 206g/cm³;国外细支卷烟的卷烟烟丝密度平均值 233g/cm³,最大值 247g/cm³,最小值 215g/cm³,国内常规卷烟的卷烟烟丝密度平均值 236g/cm³,最大值 259g/cm³,最小值 219g/cm³。国外细支卷烟的卷烟烟丝密度比国内卷烟略低。分布情况如图 3-60 所示。

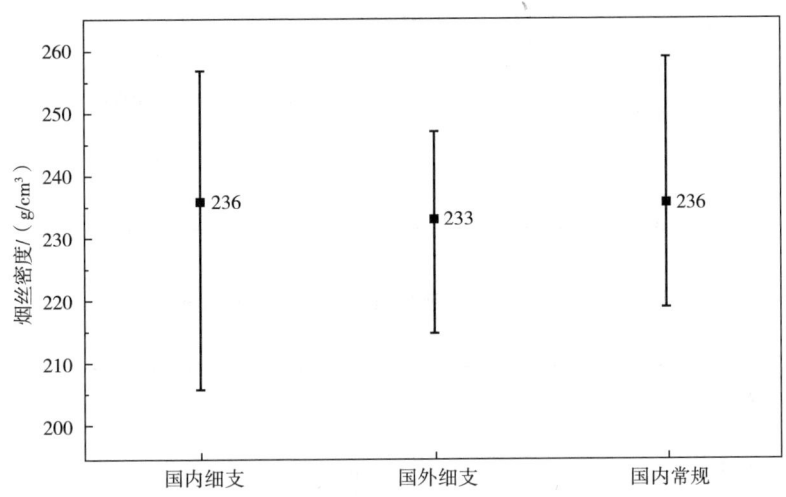

图 3-60 国内外卷烟烟丝密度分布情况

二、密度分布一致性

国内细支卷烟的烟丝密度分布一致性的 η 平均值 0.0058,最大值 0.0116,最小值 0.0025;国外细支卷烟的卷烟密度分布一致性 η 平均值 0.0044,最大值 0.0065,最小值 0.0033,国内常规卷烟的卷烟烟丝密度平均值 0.0044,最大值 0.0063,最小值 0.0024。国内细支卷烟的卷烟烟丝密度分布一致性比国外细支卷烟和常规卷烟的差,国外细支卷烟的烟丝密度分布一致性和国内常规卷烟的相当。分布情况如图 3-61 所示。

三、燃吸动态吸阻

国内细支卷烟的动态吸阻平均值 2514Pa,最大值 2989Pa,最小值 2127Pa;国外细支卷烟的动态吸阻平均值 3459Pa,最大值 3955Pa,最小值 2944Pa,国内常规卷烟的动态吸阻平均值 1981Pa,最大值 2427Pa,最小值 1546Pa。国内细支卷烟的动态吸阻比国外细支卷烟低,比国内常规卷烟的高。

分布情况如图 3-62 所示。

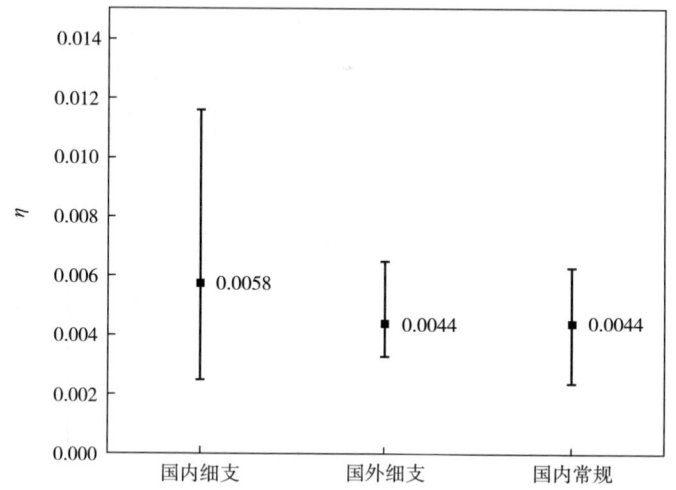

图 3-61 国内外卷烟密度分布一致性数据分布情况

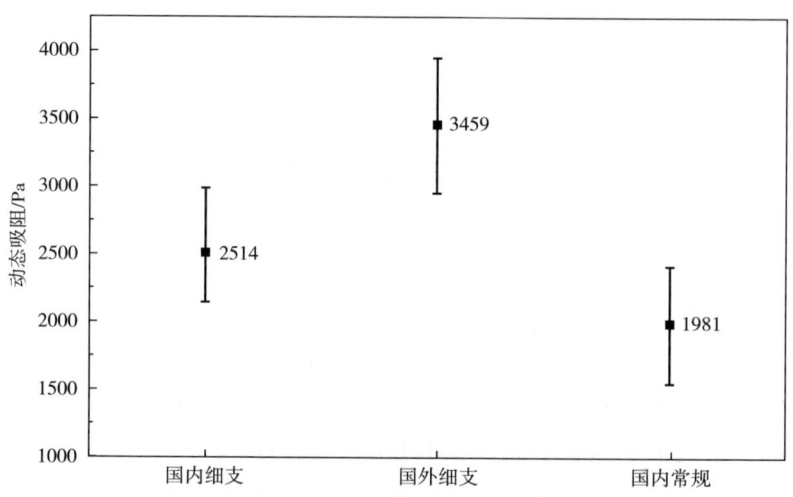

图 3-62 国内外卷烟燃烧吸阻分布情况

四、燃吸动态吸阻标准偏差

国内细支卷烟的动态吸阻轴向标准偏差平均值 163Pa，最大值 281Pa，最小值 65Pa；国外细支卷烟的动态吸阻平均值 181Pa，最大值 333P，最小值 62Pa，国内常规卷烟的动态吸阻轴向标准偏差平均值 154Pa，最大值 287Pa，最小值 67Pa。国内细支卷烟的动态吸阻轴向标准偏差比国外细支卷烟略低，和国内常规卷烟相当。分布情况如图 3-63 所示。

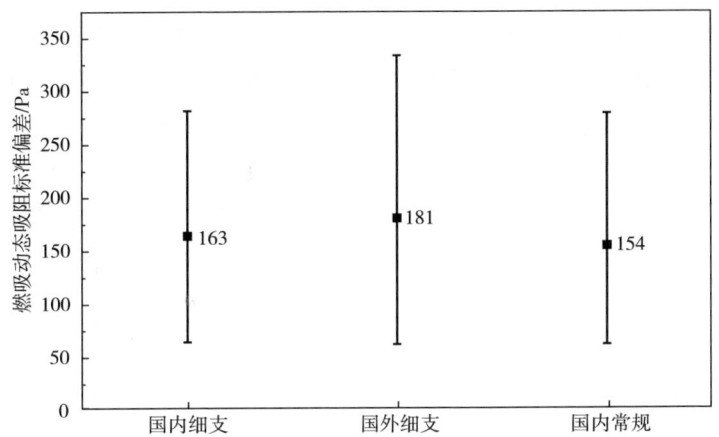

图 3-63　国内外卷烟燃吸动态吸阻轴向标准偏差分布情况

五、燃吸动态吸阻分布一致性

国内细支卷烟的动态吸阻分布一致性 η 平均值 0.0730，最大值 0.1148，最小值 0.0447；国外细支卷烟的动态吸阻分布一致性 η 平均值 0.0641，最大值 0.0827，最小值 0.0378，国内常规卷烟的动态吸阻分布一致性 η 平均值 0.0669，最大值 0.0893，最小值 0.0447。国内细支卷烟的动态吸阻分布一致性比国外细支卷烟和国内常规卷烟的差，国外细支卷烟的烟丝密度分布一致性最好。分布情况如图 3-64 所示。

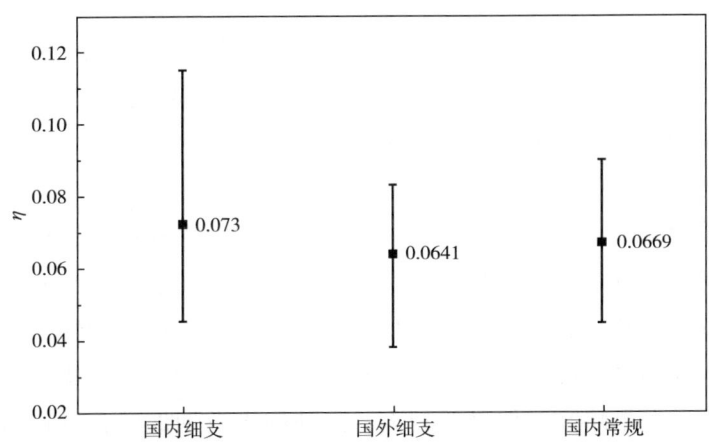

图 3-64　国内外卷烟燃吸动态吸阻分布一致性情况

六、落头倾向

国内细支卷烟的落头倾向平均值9.9%，最大值20%，最小值0；国外细支卷烟的落头倾向平均值9.6%，最大值20%，最小值2.5%，国内常规卷烟的落头倾向平均值25.4%，最大值42.5%，最小值12.5%。国内细支卷烟的落头倾向和国外细支卷烟接近，低于国内常规卷烟。分布情况如图3-65所示。

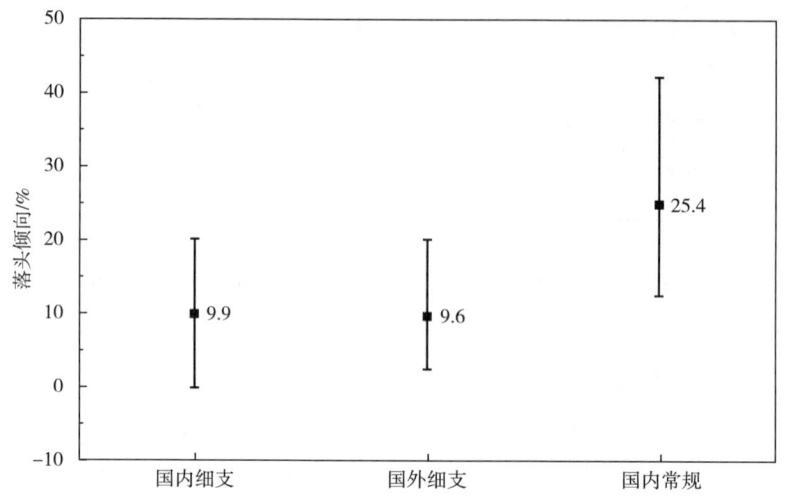

图 3-65　国内外卷烟落头倾向分布情况

第五节　细支卷烟烟丝化学成分特征分析

本节对比了国内外细支卷烟的烟丝常规化学成分（烟碱、还原糖、总糖、糖碱比、总氮、氮碱比、钾氯比、有机钾、总植物碱、pH等方面）的差异性，并与常规卷烟进行了比较。分析结果如下。

一、烟碱含量

烟草生物碱中，以烟碱最重要，它约占烟草生物碱总量的95%以上。内在质量好的烟叶及烟草制品含有适量的烟碱，会给吸烟者适当的满足和令人愉悦的香气与吃味。若烟碱含量过低则劲头小，吸食淡而无味。若烟碱含量高则劲头大，刺激性增强，产生辛辣味。由图3-66可知，细支卷烟较国内常规烟支的烟碱含量略高，但极差较大；国外细支卷烟烟碱含量较国内细支卷烟含量整体偏低。

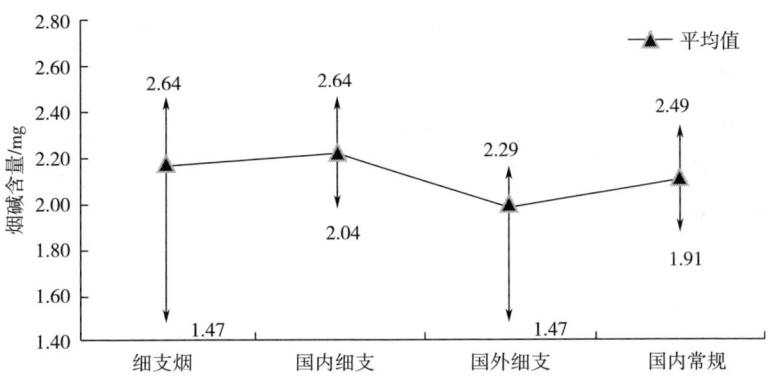

图 3-66　不同卷烟烟丝中烟碱含量差异

二、还原糖含量

还原糖含量是决定烟气醇和程度的主要因素，含糖低易引起刺呛的吃味，含糖高易引起酸的吃味。不同卷烟烟丝中还原糖含量如图 3-67 所示，由此可见，国外细支卷烟还原糖含量均稳定在 7%～11%，远低于国内细支（最高为 23.77%）。总体比较来看，细支卷烟还原糖含量略高于常规卷烟。

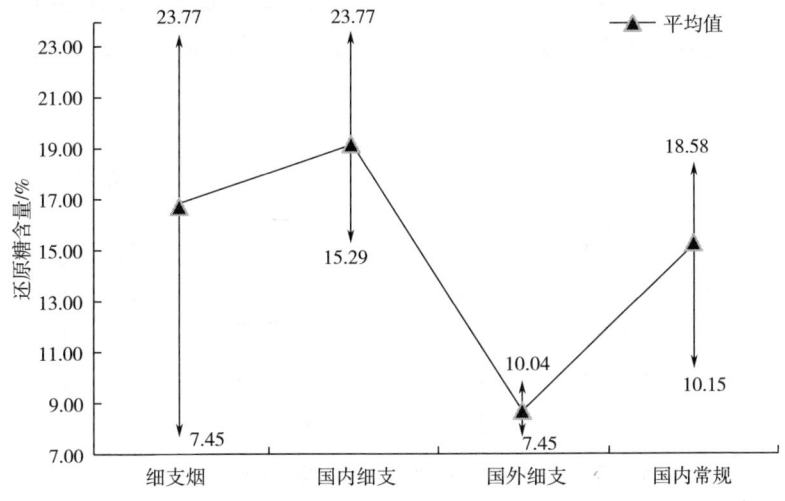

图 3-67　不同卷烟烟丝中还原糖含量差异

三、总糖含量

不同卷烟烟丝中总糖含量差异与还原糖类似，详见图 3-68。

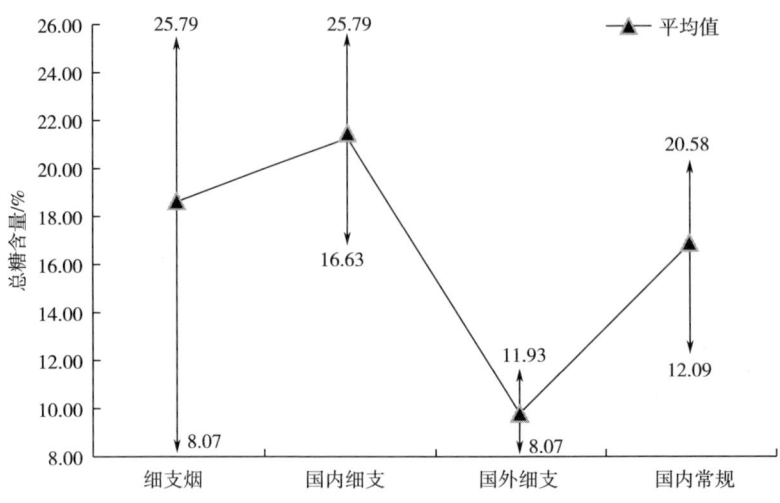

图 3-68　不同卷烟烟丝中总糖含量差异

四、糖碱比

糖碱比是指烟丝的还原糖含量与烟碱含量之比，通常将这种比值作为判断烟叶吃味优劣、劲头大小、是否顺口的一种品质指数。若比值过大，劲头小，香气平淡；比值过小，吃味粗糙、劲头和刺激性都大。由图 3-69 可以看出，国内细支卷烟糖碱比偏高，国外细支卷烟偏低；细支卷烟整体略高于常规卷烟，但是差异不大，且两者均在协调比值范围之内（6~8）。

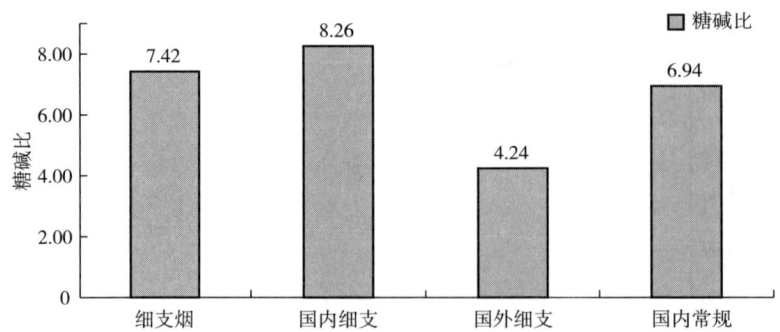

图 3-69　不同卷烟烟丝中糖碱比差异

五、总氮含量

总氮的含量与卷烟烟气的辛辣刺激性有关。总氮含量高，一般劲头大，刺激性也大，含氮量过低则吃味差，有杂气。如图3-70所示，国内细支较国外细支偏低，细支卷烟整体较常规卷烟低。

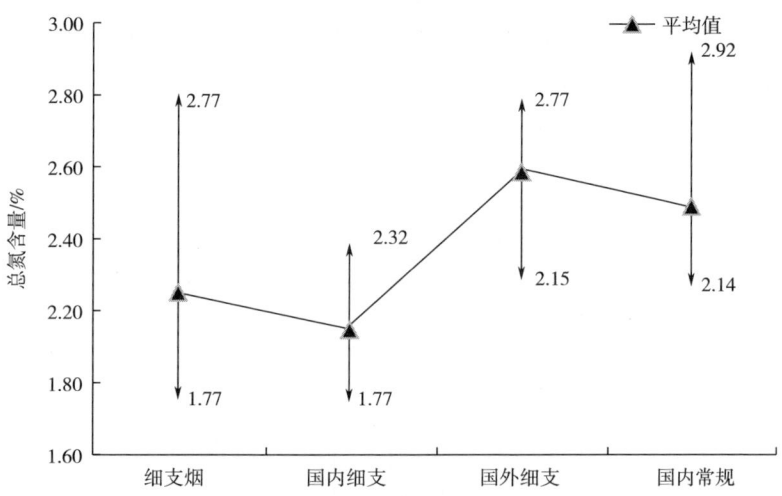

图 3-70　不同卷烟烟丝中总氮含量差异

六、氮碱比

氮碱比是指烟丝的总氮含量与烟碱含量之比，这个比值说明总氮含量与烟碱含量存在一定的比例关系，一般为1∶1。图3-71可见，细支卷烟较常规烟支氮碱比低，且低于1（0.94），但两者均接近于1；国内细支卷烟较国外细支卷烟低，相较于常规烟支，细支卷烟氮碱比还有上升的空间。

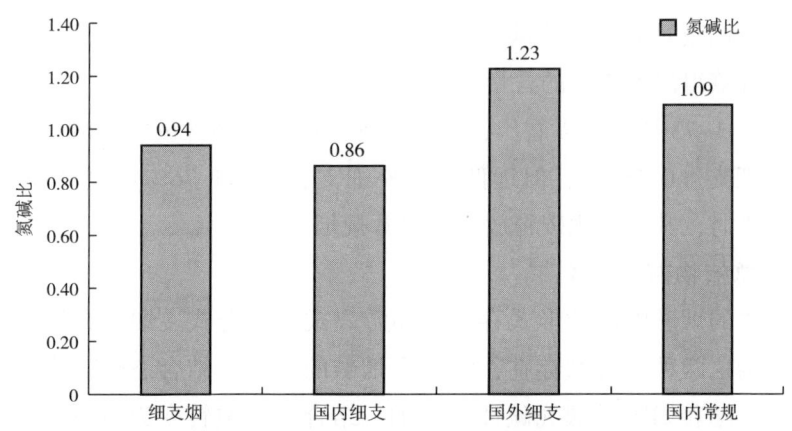

图 3-71　不同卷烟烟丝中氮碱比差异

七、钾氯比

钾氯比是指烟丝的钾含量与氯含量之比,是用来判断燃烧性好坏的指标之一。而卷烟的燃烧是烟气形成的关键因素之一,可以直接影响烟气量及烟气的组分。从图 3-72 看出,细支卷烟钾氯比略高于常规卷烟,国内外细支卷烟差异不大。说明细支卷烟均有较好的燃烧性。

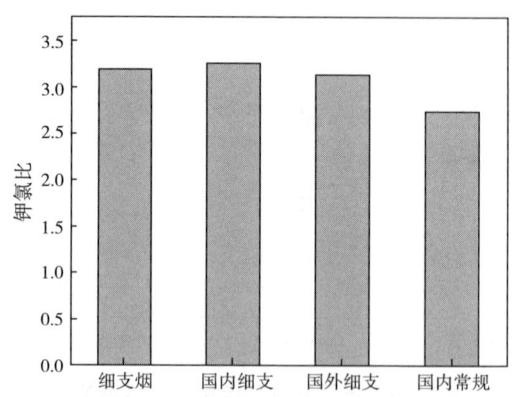

图 3-72　不同卷烟烟丝中钾氯比

八、有机钾

有机钾是反映卷烟烟丝在燃吸时燃烧是否完全的指标之一,其计算公式如下:

$$K_2O\% = 1.2 \times K^+\% - 0.98 \times SO_4^{2-}\% - 1.32 \times Cl^-\%$$

有机钾含量高时,卷烟燃吸时的一氧化碳释放量相对较低;有机钾含量低时,卷烟燃吸时的一氧化碳释放量相对较高。通过测定氯、钾及硫酸盐的含量,可计算得出有机钾的含量。

通过图 3-73 比较可以看出,国内细支卷烟有机钾含量(0.69%)略高于国内常规烟支(0.55%),但远低于国外细支卷烟(1.76%),总体而言,细支卷烟燃吸时,其一氧化碳释放量相对常规烟支低。

九、总植物碱与 pH

烟草中的烟碱以两种形式存在,即游离式和结合式。烟草燃烧后的烟气中,烟碱的这两种形式都存在,游离态烟碱的碱性比结合态烟碱强,因此刺激性较强。随着烟叶或烟气碱性的增加,结合态烟碱转变为游离态。因此控制烟气的碱度,对于减少刺激性是有利的。另一方面,游离态烟碱对味觉感

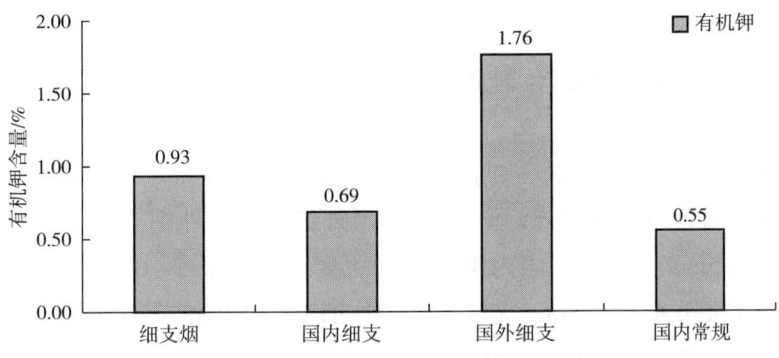

图 3-73 不同卷烟烟丝中有机钾差异

官有明显的满足效果,所以在一定范围内,当烟碱含量高,烟气的 pH 大或游离态烟碱比例高,吸烟者会得到更大满足。研究已经发现,烟草的 pH 与烟气的 pH 成显著性的线性正相关关系。从图 3-74 可以看出,国内细支卷烟 pH 略低于国外细支卷烟,但两者均低于国内常规烟支。

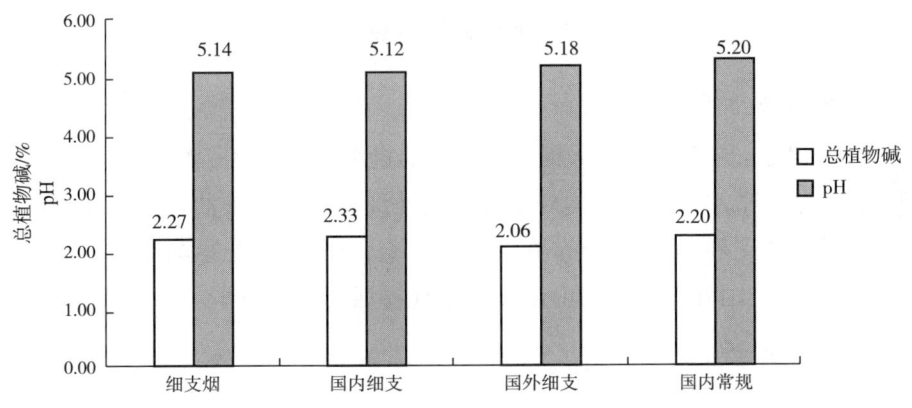

图 3-74 不同卷烟烟丝中总植物碱与 pH 差异

第六节 细支卷烟烟气释放特征分析

本节卷烟烟气对比分析共涉及国内细支卷烟 37 个(盒标焦油平均值为 6.9mg,分布于 4~10mg),国外细支卷烟 11 个(盒标焦油平均值为 3.6mg,分布于 1~6mg),国产常规卷烟 20 个(盒标焦油平均值为 9.9mg,分布于 5~

11mg）。国内细支卷烟产品覆盖除重庆中烟外的 18 家工业公司（含中烟实业），国产常规卷烟的选取原则为各工业公司的主要规格产品（以产量为主）。

一、烟气常规指标对比分析

1. 烟气烟碱量

国外细支、国内细支及常规卷烟的烟气烟碱释放量水平（图 3-75）显示：烟气烟碱量水平为常规>国内细支>国外细支；国外细支卷烟的烟碱释放量主要在 0.5mg/支以下，国内细支卷烟主要分布在 0.5~0.8mg/支，国产常规卷烟则主要分布在 0.8mg/支以上；国外细支、国内细支及常规卷烟的烟气烟碱平均值分别为：0.36、0.69 和 0.87mg/支。

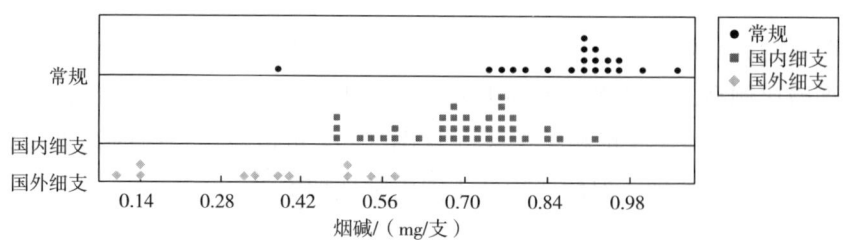

图 3-75　烟气烟碱释放量分布情况

2. 焦油量

国外细支、国内细支及常规卷烟的焦油量水平（图 3-76）显示：卷烟焦油量水平为常规>国内细支>国外细支；国外细支卷烟的焦油量主要在 6mg/支以下，国内细支卷烟主要分布在 4~9mg/支，国产常规卷烟则主要分布在 10mg/支左右；国外细支、国内细支及常规卷烟的焦油量平均值分别为：3.6、7.1 和 10.2mg/支。

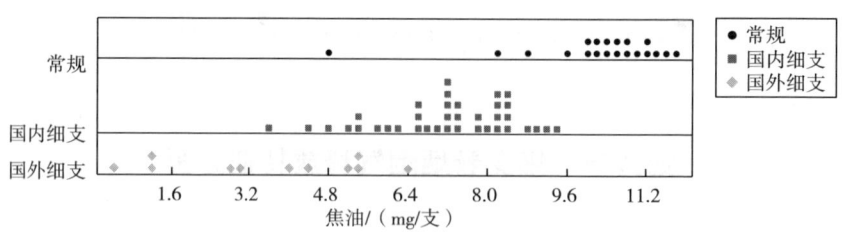

图 3-76　焦油量分布情况

3. 烟气一氧化碳量

国外细支、国内细支及常规卷烟的一氧化碳量水平（图3-77）显示：烟气一氧化碳量水平为常规>国内细支>国外细支；国外细支卷烟的一氧化碳量主要在5mg/支以下，国内细支卷烟主要分布在3~7mg/支，国产常规卷烟则主要分布在10mg/支以上；国外细支、国内细支及常规卷烟的一氧化碳平均值分别为：3.0、5.7和11.0mg/支。

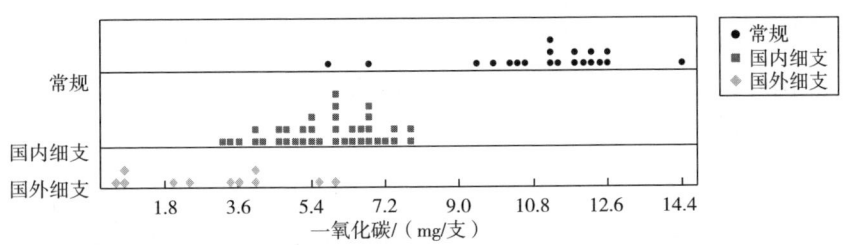

图3-77 烟气一氧化碳量分布情况

4. 抽吸口数

国外细支、国内细支及常规卷烟的抽吸口数（图3-78）显示：卷烟抽吸口数水平为国外细支与常规卷烟相当，国内细支的抽吸口数略低；国外细支卷烟的抽吸口数分布在5~7口/支，国内细支卷烟大多在6口/支以下（相当一部分样品甚至在5口/支以下），国产常规卷烟则主要分布在5~7口/支；国外细支、国内细支及常规卷烟的抽吸口数平均值分别为：6.4、5.4和6.2口/支；说明国产细支卷烟普遍存在口数偏低问题。

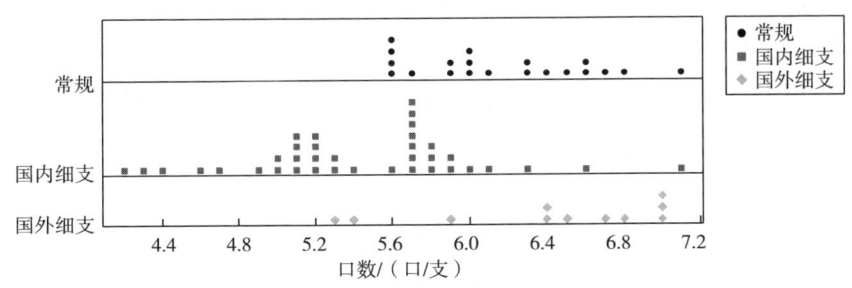

图3-78 抽吸口数分布情况

5. 小结

国外细支、国内细支及常规卷烟的烟气常规指标分析结果表明：在相同焦油水平下细支卷烟具有更低的一氧化碳释放量；国外细支卷烟在保证抽吸口数的前提下显著降低了烟气释放量，焦油与烟碱之间的协调性更接近于10∶1。

二、烟气有害成分释放量对比分析

1. B[a]P

国外细支、国内细支及常规卷烟的B[a]P释放量水平（图3-79）显示：国外细支卷烟的B[a]P释放量主要在5ng/支以下，国内细支卷烟主要分布在5~7ng/支，国产常规卷烟则主要分布在8ng/支以上（部分样品甚至在10ng/支以上）；国外细支、国内细支及常规卷烟的B[a]P释放量平均值分别为：3.77、6.16和8.97ng/支。

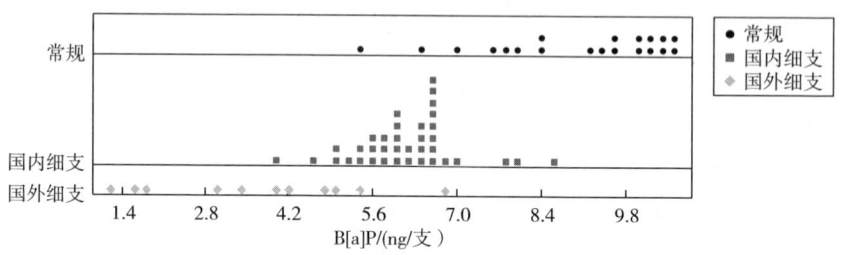

图3-79　B[a]P释放量分布情况

2. NNK

国外细支、国内细支及常规卷烟的NNK释放量水平（图3-80）显示：国外细支卷烟的NNK释放量分布范围较广（2.68~30.03ng/支），这主要是国外细支卷烟的类型（烤烟型和混合型样品均有）的原因，国内细支卷烟主要分布在4ng/支以下，国产常规卷烟则主要分布在4~8ng/支（个别样品在10ng/支以上）；国外细支、国内细支及常规卷烟的NNK释放量平均值分别为：12.20、2.95和5.27ng/支。

3. 氨

国外细支、国内细支及常规卷烟的氨释放量水平（图3-81）显示：国外细支卷烟的氨释放量在5μg/支以下，国内细支卷烟主要分布在3~7μg/支，国产常规卷烟则主要分布在6μg/支以上（个别样品在10μg/支以上）；国外细支、国内细支及常规卷烟的氨释放量平均值分别为：3.0、4.8和6.6μg/支。

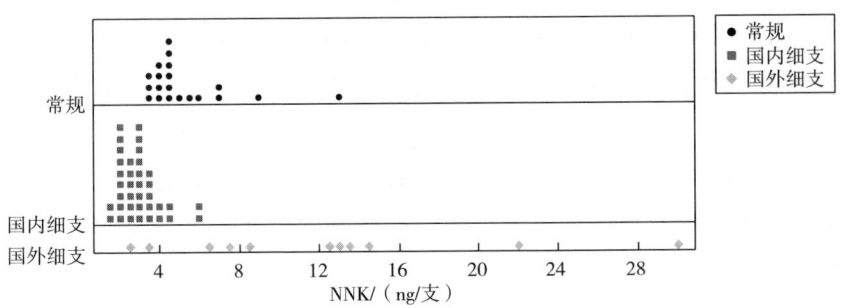

图 3-80　NNK 释放量分布情况

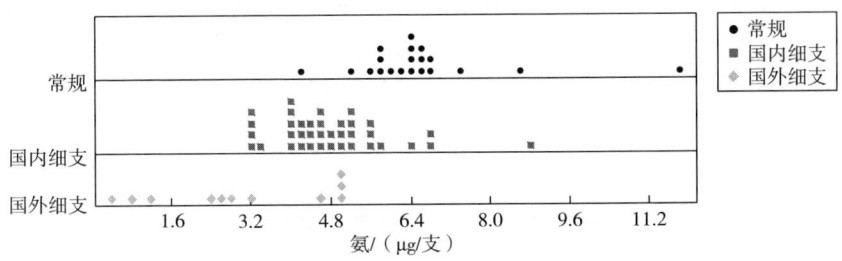

图 3-81　氨释放量分布情况

4. HCN

国外细支、国内细支及常规卷烟的 HCN 释放量水平（图 3-82）显示：国外细支卷烟的 HCN 释放量多数在 60μg/支以下，国内细支卷烟主要分布在 50~100μg/支，国产常规卷烟则主要分布在 100μg/支以上（个别样品在 150μg/支以上）；国外细支、国内细支及常规卷烟的 HCN 释放量平均值分别为：31、64 和 113μg/支。

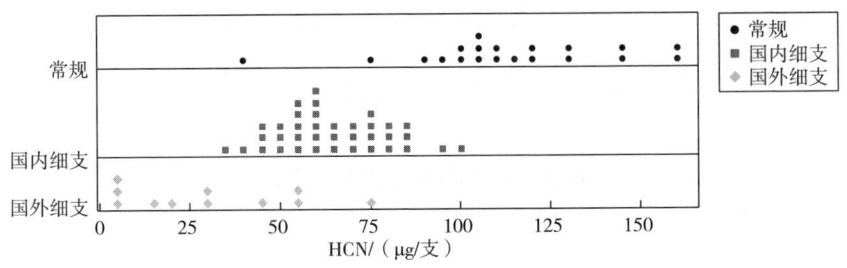

图 3-82　HCN 释放量分布情况

5. 巴豆醛

国外细支、国内细支及常规卷烟的巴豆醛释放量水平（图3-83）显示：国外细支卷烟的巴豆醛释放量多数在10μg/支以下，国内细支卷烟和常规卷烟主要分布在10~20μg/支；国外细支、国内细支及常规卷烟的巴豆醛释放量平均值分别为：6.9、15.4和16.2μg/支。国内细支卷烟与常规卷烟的巴豆醛释放量差异不大，国内外样品的巴豆醛释放量差异可能更多的是由于卷烟类型的不同引起的。

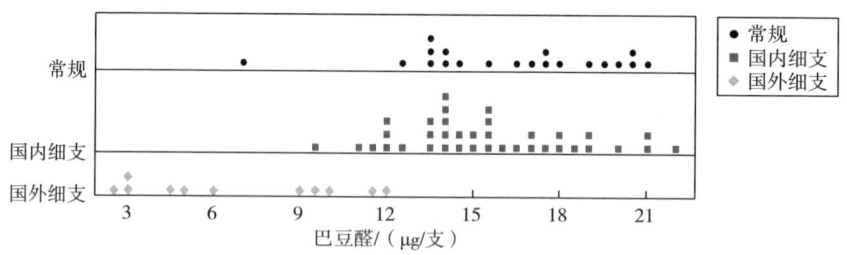

图3-83 巴豆醛释放量分布情况

6. 苯酚

国外细支、国内细支及常规卷烟的苯酚释放量水平（图3-84）显示：国外细支卷烟的苯酚释放量多数在10μg/支以下，国内细支卷烟主要分布在7.5~12.5μg/支，国产常规卷烟多数在10μg/支以上；国外细支、国内细支及常规卷烟的苯酚释放量平均值分别为：5.7、10.3和13.2μg/支。

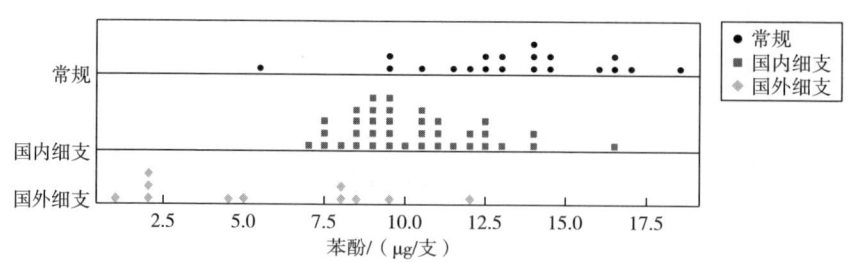

图3-84 苯酚释放量分布情况

7. 苯

国外细支、国内细支及常规卷烟的苯释放量水平（图3-85）显示：国外细支卷烟的苯释放量多数在20μg/支以下，国内细支卷烟主要分布在20~

30μg/支，国产常规卷烟多数在 40μg/支以上；国外细支、国内细支及常规卷烟的苯释放量平均值分别为：12.3、23.3 和 48.4μg/支。

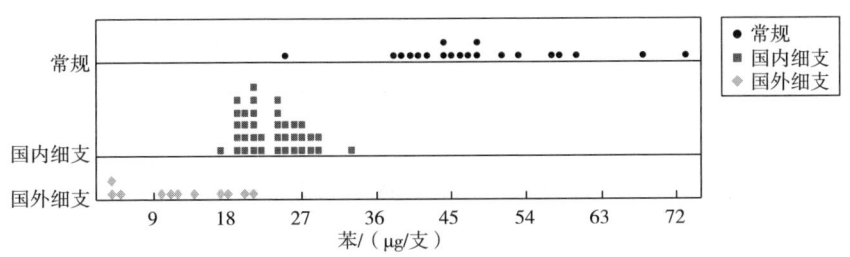

图 3-85　苯释放量分布情况

8. 1,3-丁二烯

国外细支、国内细支及常规卷烟的 1,3-丁二烯释放量水平（图 3-86）显示：国外细支卷烟的 1,3-丁二烯释放量多数在 40μg/支以下，国内细支卷烟主要分布在 30~60μg/支，国产常规卷烟多数在 40μg/支以上；国外细支、国内细支及常规卷烟的 1,3-丁二烯释放量平均值分别为：21.2、45.3 和 51.8μg/支。

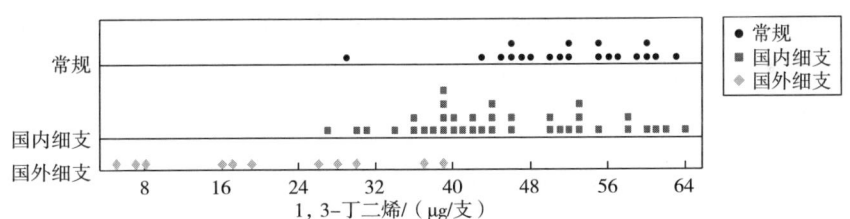

图 3-86　1,3-丁二烯释放量分布情况

9. 危害性指数

国外细支、国内细支及常规卷烟的危害性指数水平（图 3-87）显示：国外细支卷烟的危害性指数分布范围较广（1.47~12.06），这主要是国外细支卷烟的类型（烤烟型和混合型样品均有）的原因，国内细支卷烟主要分布在 4~8，国产常规卷烟多数在 8 以上；国外细支、国内细支及常规卷烟的危害性指数平均值分别为：5.80、5.65 和 8.25。

10. 小结

细支卷烟的烟气有害成分释放量整体低于常规卷烟，特别是国内细支

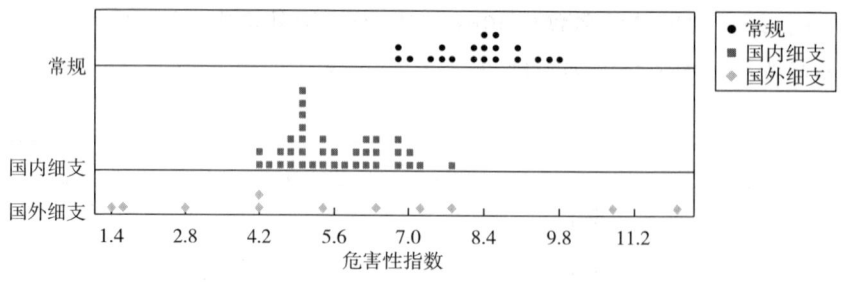

图 3-87 危害性指数分布情况

烟的 HCN 和苯释放量仅为常规卷烟的 50% 左右，但是细支卷烟的巴豆醛释放量相对于常规卷烟的下降趋势不明显；国内外细支卷烟的危害性指数平均值差异不大，但国内细支卷烟主要集中在 5~7，而国外细支卷烟的分布则相当广（1.47~12.06）。

第七节 感官质量评价

对国内 37 个规格、国外 11 个规格的细支卷烟样品，采用 GB 5606.4—2005《卷烟 第 4 部分：感官技术要求》进行评价，同时对卷烟抽吸过程吸阻变化情况和整支卷烟抽吸过程感官稳定性情况进行评价，变化情况和稳定性评价划分为三个档次，分别是 0、1、2，变化越大，值越大，评价结果统计如表 3-1 所示。

表 3-1　　　　　调研细支卷烟感官质量评价结果　　　　　单位：分

项目		光泽	香气	谐调	杂气	刺激性	余味	吸阻变化	感官稳定性	合计
国内	均值	5.00	28.93	5.00	10.98	17.86	21.95	1.07	0.58	89.73
	范围	5.0~5.0	28.25~29.75	5.0~5.0	10.81~11.0	17.63~18.06	21.56~22.44	0.75~1.63	0.00~1.13	88.47~91.13
国外	均值	5.00	28.12	4.99	10.98	17.89	21.93	1.27	0.64	88.91
	范围	5.0~5.0	28.50~27.44	4.94~5.0	10.94~11.0	17.71~18.0	21.81~22.21	0.88~1.75	0.25~1.0	88.31~89.25
国内外差值		0.00	0.81	0.01	0.00	-0.03	0.02	-0.20	-0.05	0.81

从国内外调研细支卷烟感官质量评价结果可知，国内外细支卷烟各规格感官质量总体得分均在 88~91.5 分之间，国内细支卷烟感官质量得分范围在 88.47~91.13 分，国外细支卷烟感官质量得分在 88.31~89.25 分；调研国内、外细支卷烟总体得分均值分别为 89.73 和 88.91 分，即国内细支卷烟较国外细支卷烟总体得分高 0.81 分，主要体现在国内细支卷烟平均香气得分高于国外细支卷烟 0.81 分，其他感官质量指标得分无明显差异；就抽吸过程吸阻变化情况和感官抽吸稳定性而言，国内细支卷烟吸阻变化较小，抽吸过程感官稳定性较好。

第四章
烟丝形态对细支卷烟质量稳定性的影响

通过上述章节对国内外细支卷烟质量特征的深入剖析可知,烟丝形态(烟丝宽度及分布特征、烟丝特征尺寸及分布特征)方面,国内外存在显著差异,与正常卷烟相比也存在一定的差别。细支卷烟经过多年摸索和发展,这种差异性逐渐凸显出来,同时这种差异的变异性也比较大,说明烟丝形态对细支卷烟质量特征的影响尚无一致性的规律可循。从细支卷烟在加工工艺过程中可见,与正常卷烟相比,工艺环节是一致的,各个工序的目的和任务也是相似的,但在对烟丝状态的控制方面存在一定的差异。本章拟从烟丝形态(烟丝宽度及分布特征、烟丝特征尺寸及分布特征)入手,开展其对细支卷烟质量稳定性的影响研究,获得细支卷烟适合的烟丝形态,以及卷烟物理质量稳定性指标能够达到的可控范围,从而有助于生产企业在应用中进行控制和优化;同时期望获得卷烟过程适应度随烟丝形态特征的变化趋势,以及动态吸阻稳定性与烟丝形态的关系,最终获得对工艺控制的技术要求和规范。

第一节 工艺参数控制行为对烟丝形态特征的影响

烟丝形态特征主要包括烟丝宽度及分布特征和烟丝特征长度及分布特征,两方面的调控可以通过设置工艺加工过程中的加工条件来实现,从初烤后的烟叶进入打叶复烤中叶梗分离工段后获得不同片形结构的叶片,经醇化,而后进入制丝工序,切片、回潮、加料后进入切丝工序,进而经过干燥、加香、风送环节进入卷烟机的卷制工序,通过一定的卷烟机加工工艺参数加工后获得卷烟产品,从烟叶到卷烟产品的过程中,烟丝形态特征的影响因素主要是打叶复烤后的片形结构特征、切丝过程中参数设置、制丝过程中对烟丝结构的影响和卷接包设备对烟丝结构的影响等因素。本节主要考察烟丝形态特征影响因素(包括对试验单位相关设备能力)对烟丝形态的调控规律,研究内容基于第二章样品制备中所涉及的参数条件进行考察。

一、切丝机切丝宽度设置对烟丝形态特征的影响

1. 烟丝宽度分析

切丝机在设定的切丝宽度下运行，由于运行中的复杂性，切丝结果是具有统计特征的物理量，本节考察切丝机切丝宽度设置对切丝宽度的影响规律。以设定切丝宽度作为横坐标，实测烟丝宽度作为纵坐标，散点图为实测烟丝宽度分布结果，箱线图表示实测烟丝宽度从小到大统计结果，图4-1~图4-3分别为A、B、C三个牌号实测烟丝宽度与设定烟丝宽度箱线图及散点图。箱线图中柱子的下沿是宽度为整体宽度排序的25%位置处的实测烟丝宽度，箱线图中柱子的上沿是宽度为整体宽度排序的75%位置处的实测烟丝宽度，箱线图中柱子的中线是宽度为整体宽度排序的50%位置处的实测烟丝宽度，箱线图中柱子中的方形小孔为实测烟丝宽度平均值，箱线图的下限线下沿为宽度为整体宽度排序的5%位置处的实测烟丝宽度，箱线图的上限线上沿为宽度为整体宽度排序的95%位置处的实测烟丝宽度。

由图4-1~图4-3中散点图可知，在同一切丝宽度设定条件下，实测切丝宽度为散点分布状态，并非与切丝宽度设定值完全一致；相同牌号（企业）、不同设定切丝宽度的实测烟丝箱线图形态存在差异，即相同的切丝设备在不同设定切丝宽度条件下的设备控制能力（精度）存在差异；相同设定宽度，

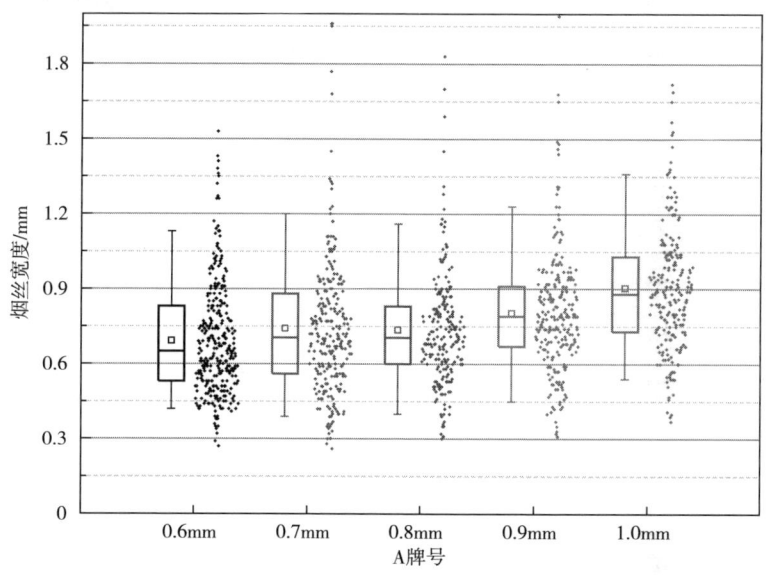

图4-1　A牌号设定切丝宽度与实测切丝宽度

不同牌号（企业）实测烟丝箱线图形态也存在差异，即不同的切丝设备在相同的设定切丝宽度条件下的设备控制能力（精度）存在差异。

图 4-1 为 A 牌号设定切丝宽度与实测切丝宽度箱线图和散点图，由图可知，五个切丝宽度条件下，实测烟丝宽度分布散点图的分布形态不尽相同；五个切丝宽度箱线图也存在差异，其中设定切丝宽度为 0.8mm 和 0.9mm 时，箱线图柱子最短，即该切丝宽度条件下烟丝宽度聚集程度较好，切丝宽度一致性更好；且设定切丝宽度为 0.8mm 左右时，实测切丝宽度与设定值更接近，当切丝宽度较大（1.0mm）或较小（0.6mm）情况下，实测烟丝宽度值与设定烟丝宽度值之间差异较大，符合度较低。

图 4-2 为 B 牌号设定切丝宽度与实测切丝宽度箱线图和散点图，由图可知，三个切丝宽度条件下，实测烟丝宽度分布散点图分布形态不尽相同；三个切丝宽度箱线图也存在差异，实测烟丝宽度值与设定切丝宽度相比均有不同程度的偏小，尤其是设定宽度为 1.0mm 切丝宽度时，实测烟丝宽度均值在 0.75mm 左右，与设定值相差较大，切丝符合度较低。其中设定切丝宽度为 0.8mm 和 0.9mm 时，箱线图柱子最短，即该切丝宽度条件下烟丝宽度聚集程度较好，切丝宽度一致性较好；且设定切丝宽度为 0.8mm 左右时，实测切丝宽度与设定值更接近。

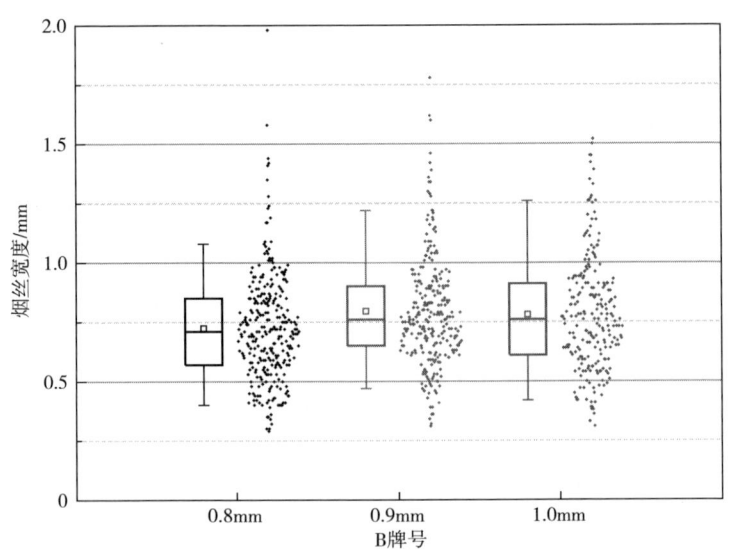

图 4-2　B 牌号设定切丝宽度与实测切丝宽度

图4-3为C牌号设定切丝宽度与实测切丝宽度箱线图和散点图，由图4-3可知，八个切丝宽度条件下，实测烟丝宽度分布散点图分布形态不尽相同；八个切丝宽度箱线图也存在差异，其中设定切丝宽度为0.7mm、0.8mm和0.9mm时，箱线图柱子最短，即该切丝宽度条件下烟丝宽度的聚集程度较好，切丝宽度一致性更好；且设定切丝宽度为0.8mm左右时，实测切丝宽度与设定值更接近，当切丝宽度较大（1.0mm、1.1mm、1.2mm、1.3mm）时，实测烟丝宽度值与设定烟丝宽度值之间差异较大，符合度较低。

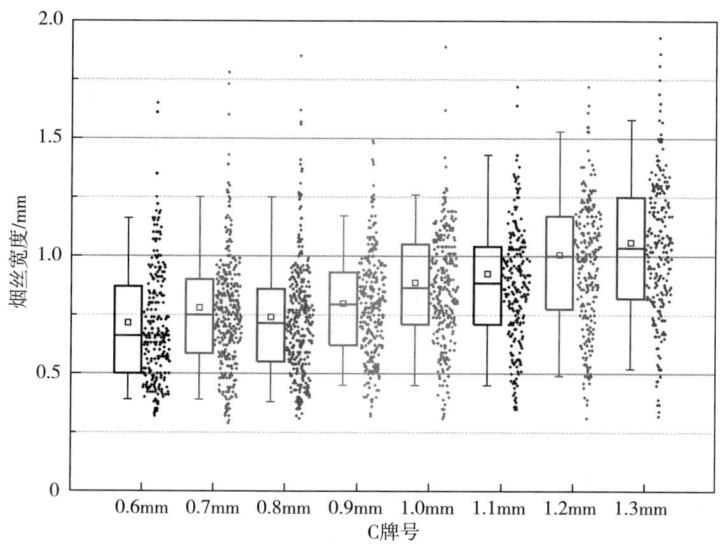

图4-3　C牌号设定切丝宽度与实测切丝宽度

2. 烟丝结构分析

将不同切丝宽度的卷制烟支样品中烟丝剥出，进行烟丝结构测定，牌号A不同孔径筛网上烟丝累计质量百分数曲线如图4-4所示，由图4-4可知，不同切丝宽度条件下，相同牌号烟丝，切后烟丝结构（长度分布）存在差异，即切丝宽度越窄，烟丝长度分布整体偏短，借鉴YC/T 351—2010《卷制过程烟丝破碎度的测定》中关于烟丝长度分布的测定方法，提取烟丝分布特征值，即筛下累计质量为50%时的筛网孔径作为烟丝样品特征尺寸，并拟合长度分布均匀性系数作为烟丝分布聚集形态的描述参数；即特征尺寸越大，烟丝样品整体尺寸越长；均匀性系数越大，烟丝分布越均匀，烟丝整体长度分布聚集程度越高。采用该方法进行分析，牌号A、牌号B、牌号C的特征值及均匀性系数如图4-5～图4-10所示。

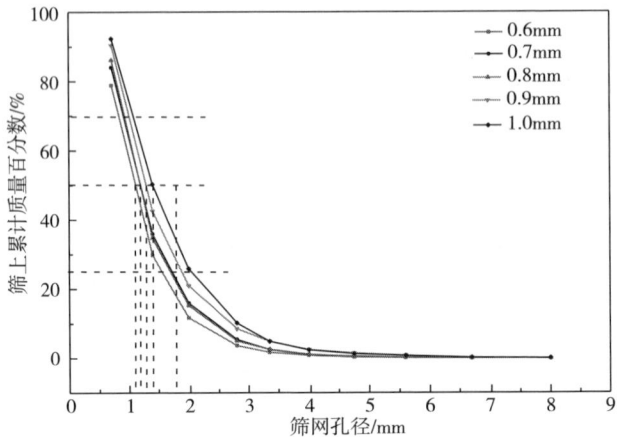

图 4-4　A 牌号不同切丝宽度条件下烟丝筛上累计质量百分数

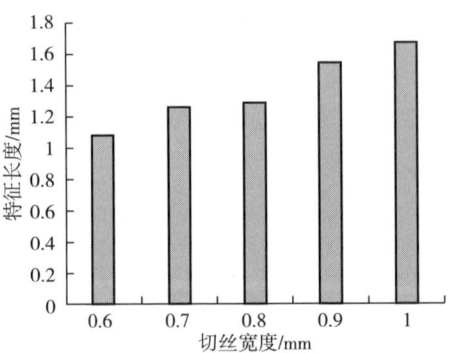

图 4-5　A 牌号烟丝特征尺寸

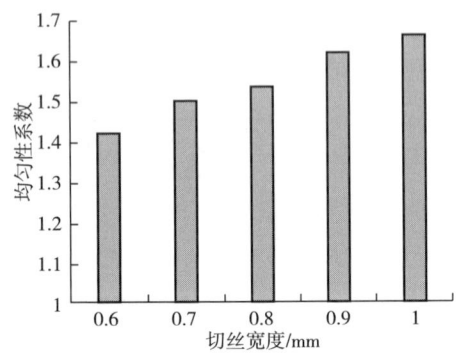

图 4-6　A 牌号烟丝均匀性系数

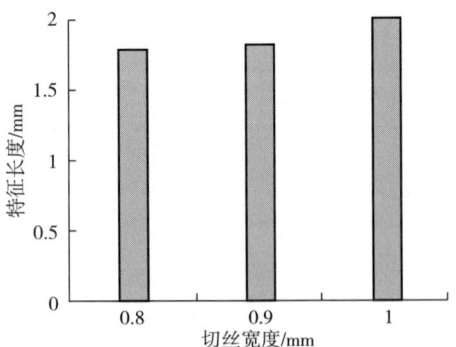

图 4-7　B 牌号烟丝特征尺寸

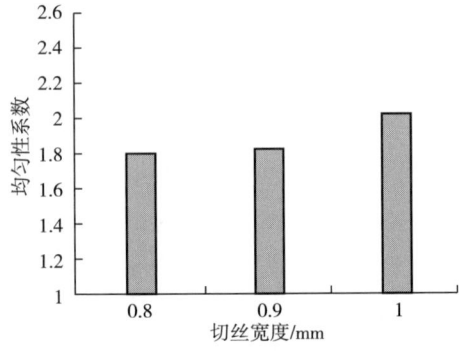

图 4-8　B 牌号烟丝均匀性系数

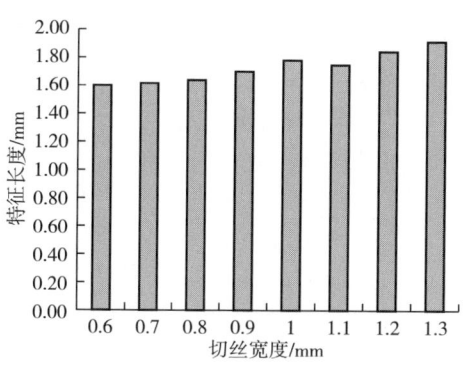

图 4-9　C 牌号烟丝特征尺寸

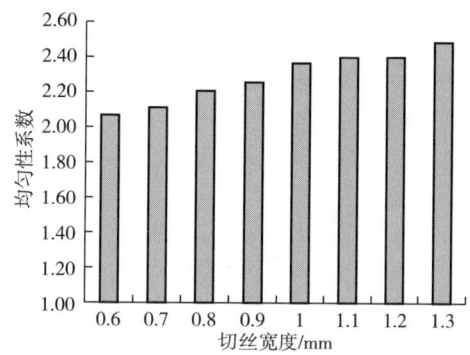

图 4-10　C 牌号烟丝均匀性系数

由图 4-5~图 4-10 可知，同一牌号卷烟中烟丝，随切丝宽度的增加，烟丝特征长度呈逐渐增加趋势，即整体烟丝尺寸呈增长趋势；随切丝宽度的增加，烟丝均匀性系数呈逐渐增加趋势。规律呈现了烟丝宽度设置后，烟丝在宽度尺寸变化的同时，长度方向上，经过制丝加工及卷制等环节，呈现不同的长度变化规律，这将给加工过程中整体损耗带来影响，并将对卷烟质量产生影响。

二、烟丝结构对烟丝形态的影响

同一宽度设置的烟丝，分别采用跑条和不同长短丝配比的办法来改变烟丝结构（尺寸分布），卷制烟支中烟丝特征长度及均匀性系数测定结果如图 4-11~图 4-13 所示。

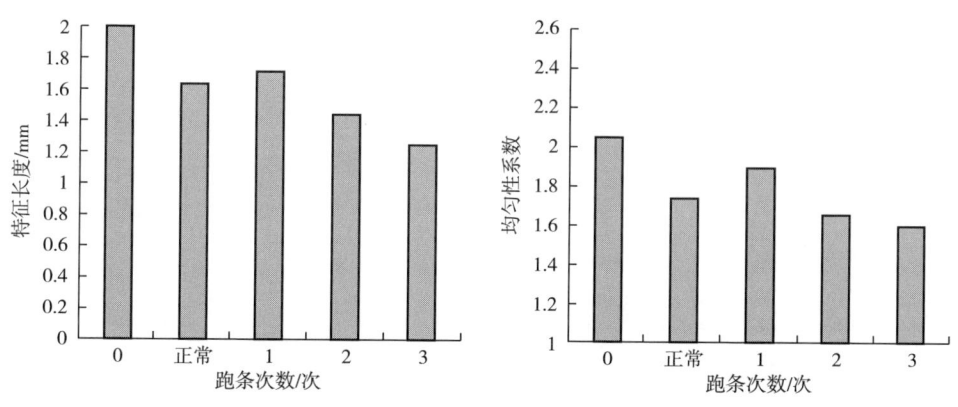

图 4-11　A 牌号烟丝特征尺寸与均匀性系数

由图 4-11 可知，牌号 A 随长丝跑条次数增加，烟丝样品特征长度呈逐渐减小趋势，烟丝整体尺寸逐渐减小；随长丝跑条次数增加，烟丝样品均匀性系数呈逐渐减小趋势；正常烟丝样品的特征长度和均匀性系数介于长丝跑条 1 次与 2 次中间。

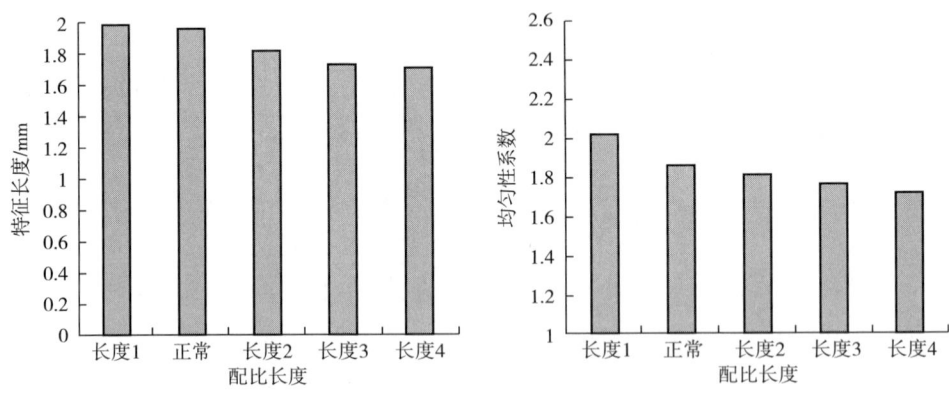

图 4-12　B 牌号烟丝特征尺寸与均匀性系数

由图 4-12 可知，牌号 B 烟丝随着配比短丝比例增加、长丝比例减小，烟丝样品特征长度呈逐渐减小趋势，烟丝整体尺寸逐渐减小；随着配比短丝比例增加、长丝比例减小，烟丝样品均匀性系数呈逐渐减小趋势；正常烟丝样品的特征长度介于配比烟丝长度 1 与长度 2 中间，正常烟丝样品的均匀性系数介于配比烟丝长度 1 与长度 2 中间。

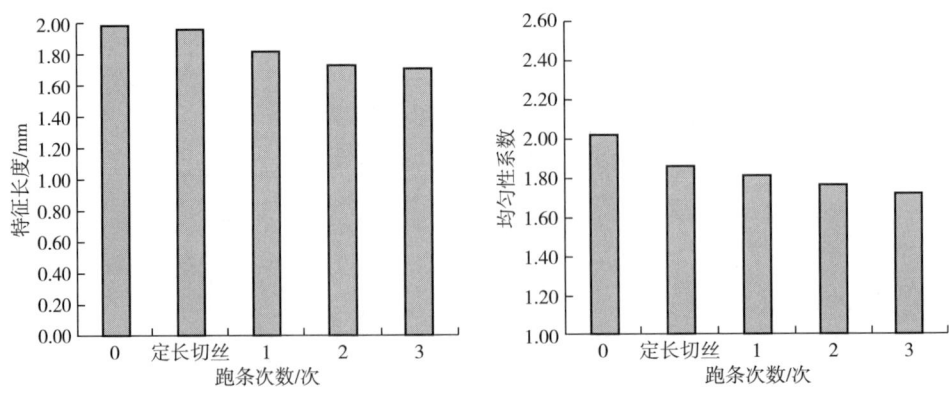

图 4-13　C 牌号烟丝特征尺寸与均匀性系数

由图 4-13 可知，牌号 C 随着长丝跑条次数的增加，烟丝样品特征长度呈逐渐减小趋势，烟丝整体尺寸逐渐减小；随长丝跑条次数的增加，烟丝样品均匀性系数呈逐渐减小趋势；正常烟丝（定长切丝）样品的特征长度及均匀性系数介于长丝跑条 0 次与 1 次中间。

三、分析与讨论

（1）相同切丝设备对相同的牌号进行切丝时，在不同切丝宽度设定值条件下的设备控制能力（精度）存在差异。在切丝宽度为 0.8mm 左右，切丝机控制能力（精度）较好；不同的切丝设备在相同的设定切丝宽度条件下的设备控制能力（精度）存在差异；在切丝宽度设定值过小（0.6mm）或过大（1.0~1.3mm）条件下，切丝设备控制能力（精度）下降。

（2）同一牌号配方烟丝，在试验设定范围内，随切丝宽度的增加，烟支中烟丝特征长度呈增大趋势，即整体烟丝尺寸呈增长趋势；随切丝宽度的增加，均匀性系数呈增加趋势。

（3）同一牌号配方烟丝，在试验设定范围内，随跑条次数增加，烟丝样品特征长度呈逐渐减小趋势，烟丝整体尺寸逐渐减小；随长丝跑条次数增加，烟丝样品均匀性系数呈逐渐减小趋势。

（4）同一牌号配方烟丝，在试验设定范围内，随配比短丝比例增加、长丝比例减小，烟丝样品特征长度呈逐渐减小趋势，烟丝整体尺寸逐渐减小；随配比短丝比例增加、长丝比例减小，烟丝样品均匀性系数呈逐渐减小趋势。

第二节 烟丝形态对卷烟物理指标及稳定性的影响

在考察烟丝形态对卷烟物质指标及稳定性的影响过程中，制作不同形态样品是基础，通过加工条件设置，获得了不同烟丝形态的卷烟样品，并对其形态影响进行分类。一方面考察烟丝宽度对卷烟物理指标及稳定性的影响，另一方面考察烟丝结构对卷烟物理指标及稳定性的影响。卷烟物理指标主要包括单支质量、吸阻（开放吸阻/封闭吸阻）、硬度。

一、烟丝宽度对卷烟物理指标及稳定性的影响

针对三个不同企业 A/B/C 三个牌号设定的不同切丝宽度条件，对其卷烟的质量、硬度、吸阻及滤嘴通风情况等卷烟质量指标进行分析，结果如图 4-14 所示。烟支物理指标测量结果变异系数小于 5%认为稳定性可以接受。在变异系

数<5%范围内,标准偏差值越低,稳定性越好。根据该原则,从图中(1)可以发现,A、C牌号切丝宽度<0.8mm时的烟支质量均大于切丝宽度>0.8mm时的支重;B牌号由于仅有三个不同切丝宽度,变量少,该规律不明显。不同切丝宽度条件下,根据质量标准偏差的差异可以看出,A牌号与B牌号在0.8mm切丝宽度条件下,质量稳定性较好,C牌号在0.6mm切丝宽度条件下,稳定性较好。从(2)中可以看出,A牌号硬度偏差在2.6%~3.2%,C牌号硬度偏差在2.9%~3.9%,差别均较小;B牌号切丝宽度为0.8mm、0.9mm时,硬度偏差较小,而切丝宽度为1.0mm时,存在较大偏差(7.1%)。说明A、C牌号不同切丝宽度条件下,硬度质量稳定性均较好,C牌号选择较短切丝宽度可以适当提高硬度稳定性。(3)为牌号选取不同切丝宽度条件,对卷烟吸阻及其稳定性的影响,可以发现,A、B牌号在所选切丝宽度条件下,吸阻稳定性均较好,C牌号在切丝宽度0.6mm条件下,具有

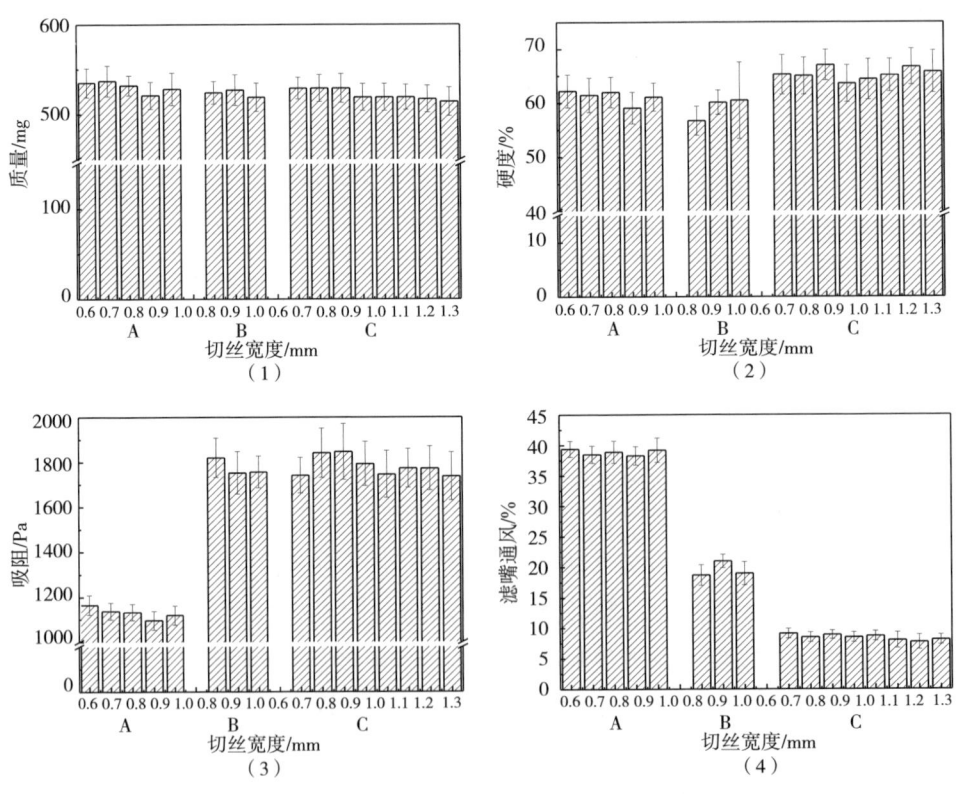

图4-14 A、B、C牌号不同切丝宽度对卷烟物理指标稳定性影响

较优的吸阻稳定性。根据（4）滤嘴通风结果，对 A 牌号，切丝宽度在 1.0mm 处稳定性较差，0.6mm、0.7mm、0.8mm、0.9mm 切丝宽度条件，稳定性均较好；结合 A 牌号不同切丝宽度条件下制备的卷烟的端部落丝（4.1、3.2、5.3、2.4、6.1mg/支）与含末率（3.35、2.99、2.3、1.8、2.62%）数据，可以看出，0.9mm 切丝宽度条件下，卷烟的端部落丝（2.4mg/支）与含末率（1.8%）最低，稳定性好。

B 牌号数据表明，0.9mm 切丝宽度稳定性优于 0.8mm 与 1.0mm。C 牌号切丝宽度 1.1mm、1.2mm 处通风稳定性较差，选择较短切丝宽度可以适当提高通风稳定性。综上分析表明，A 牌号选择 0.7~0.9mm 切丝宽度能够提高卷烟物理指标稳定性；B 牌号选择 0.9mm 切丝宽度物理指标稳定性较优；C 牌号适当降低切丝宽度，可以提高卷烟质量、硬度、吸阻及滤嘴通风的质量稳定性。

二、烟丝结构对卷烟物理指标及稳定性的影响

通过不同跑条次数调整 A 牌号卷烟烟丝结构，对所生产的卷烟质量、硬度、吸阻及滤嘴通风的稳定性进行分析，结果如图 4-15（1）所示。卷烟质量（1）、吸阻（3）及滤嘴通风（4）稳定性受跑条次数影响较大，而硬度（2）受跑条次数影响小。跑条 0 次，卷烟质量及吸阻标准偏差均最大（支重标准偏差 18mg，吸阻标准偏差 51Pa），说明稳定性较差，而卷烟滤嘴通风稳定性较好。跑条 1 次，卷烟质量、滤嘴通风稳定性较好，吸阻稳定性较差。跑条 2 次，卷烟质量、滤嘴通风稳定性较好，但吸阻偏差达 49Pa，稳定性受到明显影响。跑条 3 次，卷烟质量、硬度、吸阻稳定性比较好，滤嘴通风稳定性偏差在所有跑条次数中最大（1.85%）。正常卷制工序条件下，卷烟与跑条 3 次的结果类似，卷烟质量、硬度、吸阻稳定性较好，滤嘴通风稳定性偏差较大（1.80%）。数据结果同时表明，吸阻稳定性最优时，滤嘴通风稳定性较差。所有结果 RSD 均在 5% 以下，根据卷烟质量、硬度、吸阻及滤嘴通风影响的权重，表明采用正常卷制工序或跑条 3 次工序，可以提高卷烟物理指标的稳定性。但由于跑条 3 次条件下，端部落丝（8.0mg/支）与含末率（4.96%）最高，因此正常卷制工序卷烟物理指标稳定性较好，说明烟丝特征长度为 1.63mm 左右具有较好稳定性。

B 牌号通过筛分获得不同长度的烟丝，对所加工制备的卷烟采用上述方法分析其物理指标稳定性，结果如图 4-15（2）所示。不同长度烟丝制备

的卷烟，卷烟硬度（偏差范围 2.3%~6.6%）、滤嘴通风（1.1%~2.4%）、吸阻（81~101Pa）稳定性受到较大影响，对卷烟质量（偏差范围 12.6~17mg）及稳定性影响较小。综合分析表明，选择正常长度（烟丝特征长度 1.97mm）或烟丝特征长度在 1.74~1.76mm 范围内，卷烟物理指标具有良好的稳定性。

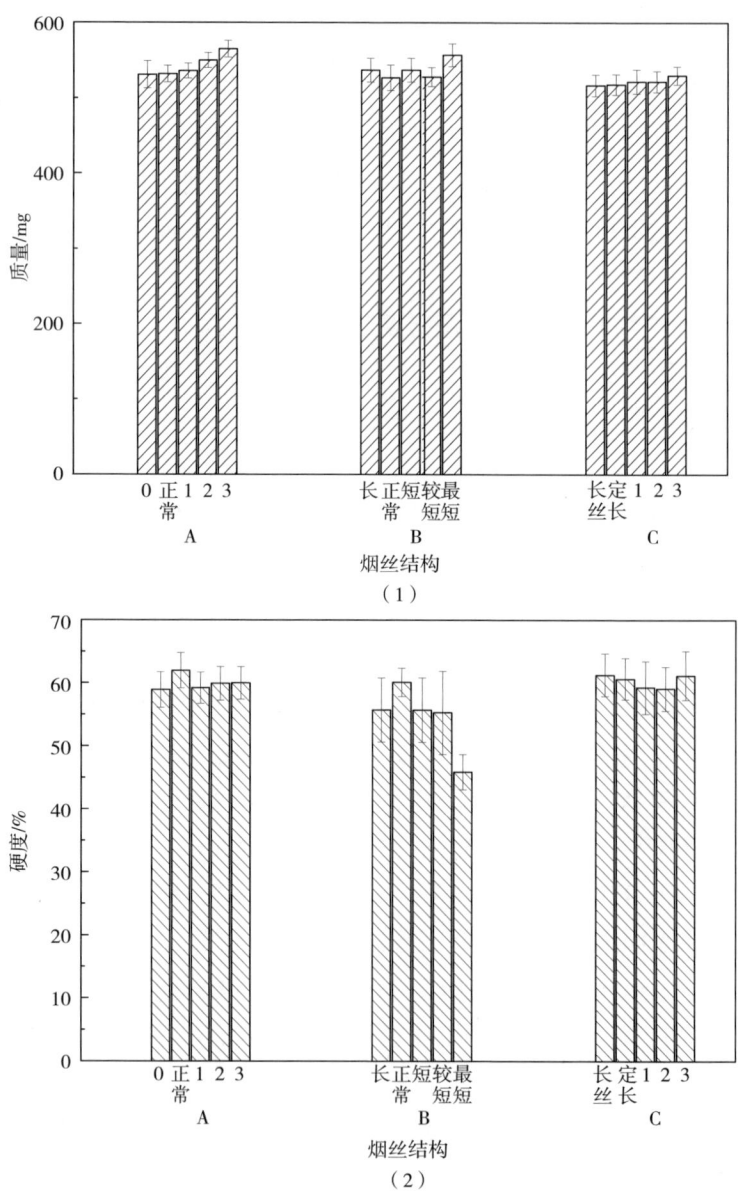

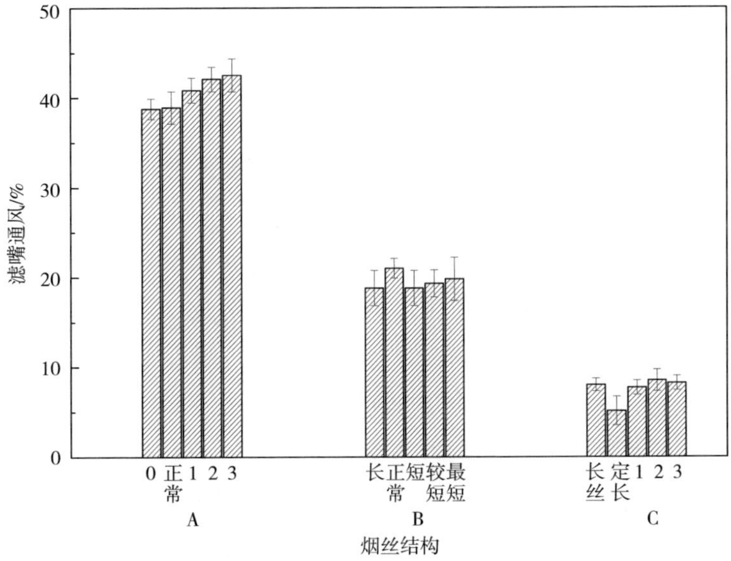

(3)

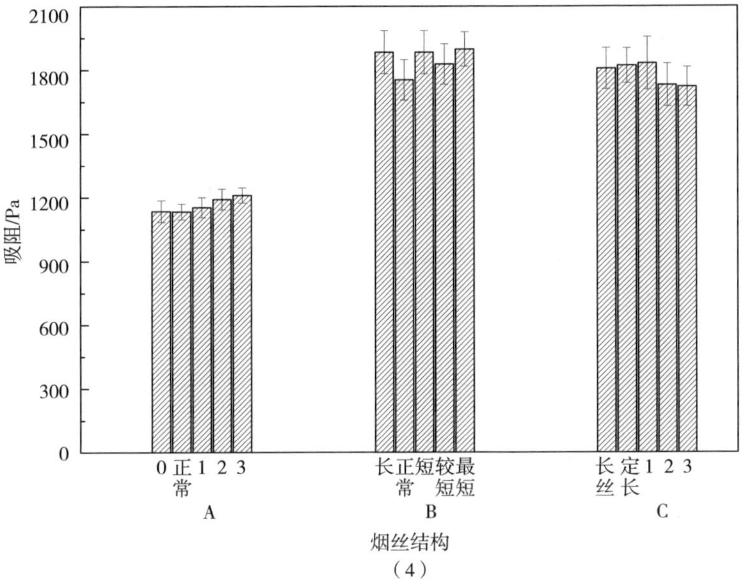

(4)

图4-15 A、B、C牌号不同烟丝结构对卷烟物理指标稳定性影响

C牌号采用切丝及不同跑条次数获得不同烟丝结构,对制备的卷烟进行同样分析,结果如图4-15所示。根据标准偏差结果,表明烟丝结构对卷烟质量(12~16mg)、硬度(3.3%~4.2%)稳定性影响较小,而卷烟吸阻(82~

123Pa）及滤嘴通风（0.8%~1.6%）受到较大影响。同样发现，吸阻稳定性最优时，滤嘴通风稳定性较差。选择定长切丝，即烟丝特征长度为1.79mm左右，卷烟常规物理质量的稳定性较好。

第三节　烟丝形态对卷制过程适应性的影响

卷烟的卷制过程适应性用烟支的密度分布、密度分布一致性和空头率来表征。通过分析烟丝形态对烟支密度分布、密度分布一致性和空头率的影响规律，找出适宜的烟丝宽度。

一、烟丝宽度对卷烟卷制适应性的影响

表4-1是三个牌号的不同烟丝宽度下烟丝密度分布及密度分布一致性数据。由表4-1中可以看出，在三个牌号中，卷烟的密度分布（轴向标准偏差）都随着卷烟烟丝的实际宽度增加呈现先降低，后增加的趋势，分别在烟丝宽度为0.74mm、0.80mm和0.83mm时最低，卷烟的密度分布一致性随烟丝宽度的增加大致成上升的趋势，但在烟丝宽度小于0.9mm时规律不太明显。从空头率来看，卷烟的空头率随烟丝宽度的增加呈上升趋势。综合以上因素考虑，烟丝宽度为0.74~0.83mm时三个牌号的烟支密度、密度分布一致性较好和空头率较低，因此，在这个范围内烟支的卷制性能比较好。

表4-1　不同烟丝宽度卷烟烟丝密度分布及密度分布一致性

牌号	烟丝宽度/mm		平均密度/（mg/cm³）	轴向STD/（mg/cm³）	η	空头率/%
	设计宽度	实际宽度				
A	0.6	0.69	252	82	0.0048	0.74
	0.7	0.74	244	81	0.0051	1.63
	0.8	0.74	249	80	0.0051	1.63
	0.9	0.8	245	82	0.0042	2.62
	1.0	0.9	253	82	0.0068	2.33
B	0.8	0.72	235	80	0.0028	—
	0.9	0.8	246	78	0.0059	—
	1.0	0.78	249	80	0.0053	—

续表

牌号	烟丝宽度/mm		平均密度/	轴向 STD/	η	空头率/%
	设计宽度	实际宽度	(mg/cm³)	(mg/cm³)		
C	0.6	0.80	246	49	0.0029	—
	0.7	0.86	237	51	0.0048	—
	0.8	0.82	239	52	0.0052	—
	0.9	0.83	232	50	0.0039	—
	1.0	0.95	236	47	0.0070	—
	1.1	1.01	234	47	0.0066	—
	1.2	1.05	235	48	0.0067	—
	1.3	1.12	240	56	0.0073	—

二、烟丝结构对卷烟卷制适应性的影响

表4-2是三个牌号的不同烟丝结构下烟丝密度分布及密度分布一致性数据。由表4-2中可以看出，在三个牌号中，卷烟的密度分布（轴向标准偏差）都随着卷烟特征长度的增加呈现降低的趋势，卷烟的密度分布一致性随烟丝特征长度的增加大呈降低的趋势，特别在烟丝特征长度大于1.9mm时，密度分布一致性的降低非常明显。在一定尺寸范围内，卷烟的空头率随烟丝特征尺寸的增加呈下降趋势，烟丝特征尺寸过大或过小会增加空头率。综合以上因素考虑，烟丝特征长度为1.68~1.82mm时三个牌号的烟支密度、密度分布一致性较好和空头率较低，因此，在这个范围内烟支的卷制性能较好。

表 4-2   不同烟丝结构卷烟烟丝密度分布及密度分布一致性

牌号	烟丝结构	平均密度/	轴向 STD/	η	空头率/%
	特征长度/mm	(mg/cm³)	(mg/cm³)		
A	2.1	244	74	0.0230	0.8
	1.71	260	81	0.0037	0.456
	1.44	261	78	0.0048	0.514
	1.3	249	80	0.0051	1.633
	1.24	267	83	0.0032	0.815

续表

牌号	烟丝结构 特征长度/mm	平均密度/ (mg/cm³)	轴向 STD/ (mg/cm³)	η	空头率/%
B	2.08	239	76	0.0277	—
	1.97	246	78	0.0060	—
	1.82	252	76	0.0046	—
	1.72	247	81	0.0046	—
	1.74	250	81	0.0051	—
C	2.02	236	49	0.0091	—
	1.86	236	53	0.0084	—
	1.79	237	52	0.0070	—
	1.68	243	53	0.0067	—
	1.64	232	55	0.0070	—

三、分析与讨论

卷烟的密度分布随着烟丝宽度的增加呈先降低、后升高的趋势，随烟丝长度的增加而降低；卷烟密度分布一致性和空头率随着烟丝宽度和长度的增加而降低；实验的三个企业合适的烟丝宽度在 0.74~0.83mm，烟丝特征尺寸在 1.68~1.82mm。

第四节　烟丝形态对烟气指标及其稳定性的影响

一、烟丝宽度对卷烟烟气指标及稳定性的影响规律

对 A、B 牌号卷烟不同切丝宽度条件下，抽吸口数、总粒相物（TPM）、焦油、烟碱、CO、水分等烟气指标进行分析，分析结果如图 4-16 所示。对于 A 牌号（1），0.6mm 切丝宽度条件下，抽吸口数及 TPM、焦油、CO 释放量及水分偏差均较小，说明该宽度条件下，烟气指标的稳定性较好。0.7mm 切丝宽度条件下，抽吸口数及 TPM、焦油、烟碱、CO 释放量均表现出较大偏差，说明稳定性较差。0.8mm、0.9mm、1.0mm 切丝宽度条件下，各烟气指标偏差处于中间，说明烟气指标释放稳定性良好。以相同方法比较 B 牌号（2），比较不同切丝宽度条件下各指标释放量稳定性，发现 0.8mm 切丝宽度

条件烟气释放偏差较小，具有较好稳定性。

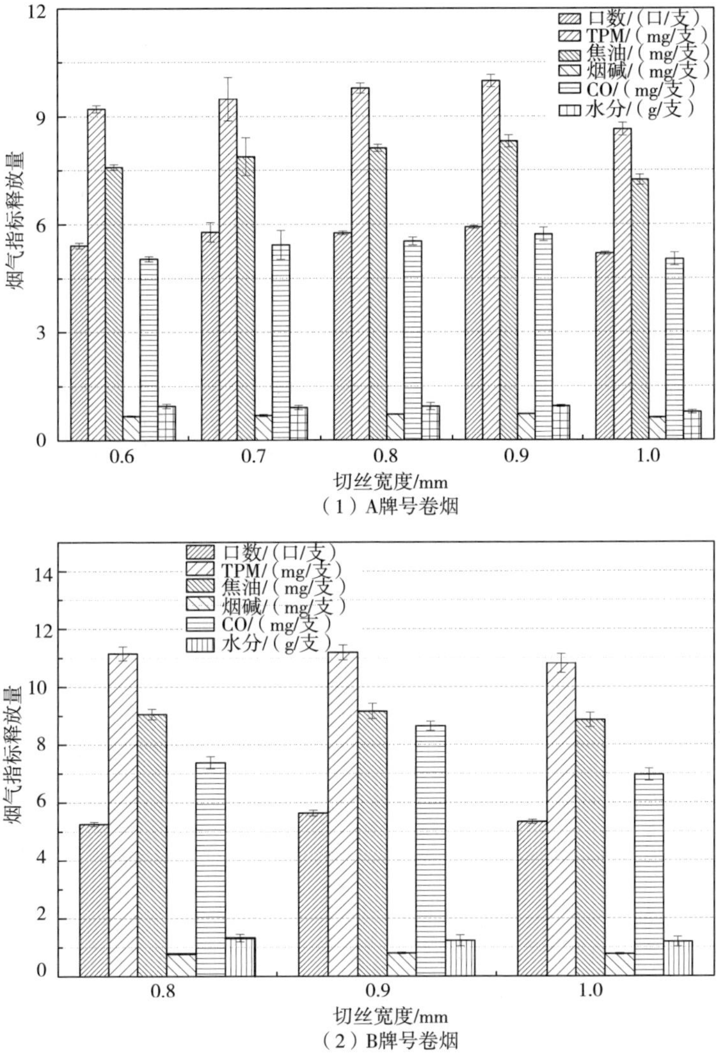

图 4-16　A、B 牌号不同切丝宽度对卷烟烟气指标稳定性影响

二、烟丝结构对卷烟烟气指标及稳定性的影响规律

为了研究烟丝结构对卷烟烟气指标及稳定性的影响规律，采用跑条次数工序改变烟丝结构。对 A 牌号在不同跑条次数条件下所制备卷烟的烟气指标进行作图分析，结果如图 4-17（1）所示。通过比较在不同跑条次数条件下卷烟样品各烟气指标，发现在正常工序条件下，除水分外，抽吸口数、TPM、

焦油、烟碱及CO各烟气指标稳定性均最好。由于水分测定本身存在较大偏差，该偏差均在可接受范围（<0.1g/支），因此，选择正常跑条工序（烟丝特征长度1.63mm）即可使各烟气指标稳定性处于较优范围。

不同烟丝结构条件下，B牌号各烟气指标及其稳定性结果如图4-17（2）所示。不同烟丝长度条件下，各烟气指标稳定性不尽相同。综合各指标偏差

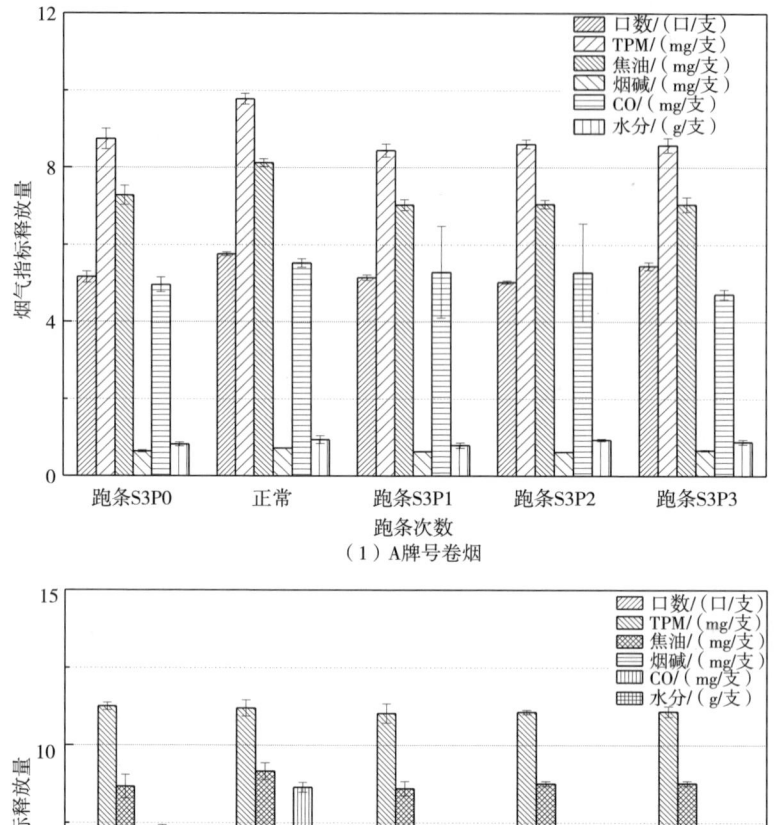

图4-17　A、B牌号不同烟丝结构对卷烟烟气指标稳定性影响

数值,可以发现,B牌号较短及最短长度烟丝条件,抽吸口数、TPM、焦油、烟碱、CO及水分烟气指标稳定性较好。

第五节 烟丝形态对其他质量指标的影响

一、烟丝宽度对卷烟动态吸阻和落头倾向的影响

表4-3是三个牌号卷烟在不同烟丝宽度下卷烟动态吸阻和落头倾向数据。由表4-3中可以看出,A和B牌号卷烟动态吸阻的轴向标准偏差随着卷烟烟丝的实际宽度增加呈现降低趋势,卷烟的动态吸阻分布一致性随烟丝宽度的增加呈下降的趋势,特别是在烟丝宽度大于0.9mm时规律一致性下降明显,从落头倾向来看,卷烟的落头倾向随烟丝宽度的增加呈下降趋势。C牌号的动态吸阻和落头倾向下降趋势不明显。

表4-3 不同烟丝宽度卷烟动态吸阻和落头倾向

牌号	烟丝宽度/mm		静态吸阻/Pa	动态吸阻/Pa			落头倾向/%
	设定宽度	实际宽度		均值	标准偏差	η	
A	0.6	0.69	1631	1959	139	0.0836	10
	0.7	0.74	1620	1945	161	0.0253	12.5
	0.8	0.74	1591	1932	171	0.0742	5.0
	0.9	0.8	1584	1921	189	0.1274	5.0
	1.0	0.9	1515	1916	158	0.0830	2.5
B	0.8	0.72	2272	2573	163	0.0680	9.20
	0.9	0.8	2158	2669	153	0.0830	4.20
	1.0	0.78	2124	2687	190	0.1159	0.00
C	0.6	0.80	1959	2271	380	0.1481	5.00
	0.7	0.86	1990	2378	294	0.1419	5.83
	0.8	0.82	2124	2498	265	0.0652	4.17
	0.9	0.83	2099	2571	381	0.1268	3.33
	1.0	0.95	1866	2115	218	0.0492	11.67
	1.1	1.01	1923	2247	287	0.0790	3.33
	1.2	1.05	1922	2293	249	0.0651	6.67
	1.3	1.12	1836	2196	238	0.0740	5.83

二、烟丝结构对卷烟卷制适应性的影响

表4-4是三个牌号的不同烟丝结构下卷烟动态吸阻和落头倾向数据。由表4-4中可以看出，在A和B牌号中，卷烟的动态吸阻分布（轴向标准偏差）随着卷烟特征长度的增加大致呈现增加的趋势，其中A牌号在特征长度大于1.7mm时，吸阻标准偏差明显较大；B牌号在特征长度大于1.9mm时，吸阻标准偏差明显增大；C牌号在特征长度大于1.86mm时，吸阻标准偏差明显较大。卷烟的动态吸阻分布一致性随烟丝特征长度的增加呈降低的趋势，特别是在烟丝特征长度大于1.9mm时动态吸阻分布一致性降低非常明显。从落头倾向来看，卷烟的落头倾向随烟丝特征长度的增加呈下降趋势。

表4-4　　　　不同烟丝结构卷烟动态吸阻和落头倾向

牌号	烟丝特征长度/mm	静态吸阻/Pa	动态吸阻/Pa 均值	标准偏差	η	落头倾向/%
A	2.1	1556	2042	198	0.1173	0
	1.71	1602	2031	292	0.1336	5
	1.44	1614	1945	157	0.0869	0
	1.3	1591	1932	171	0.0742	15
	1.24	1631	1959	139	0.0836	27.5
B	2.08	2321	2877	173	0.0587	2.50
	1.97	2158	2669	272	0.0830	4.20
	1.82	2245	2137	161	0.0794	0.00
	1.72	2160	2547	161	0.0705	0.00
	1.74	2137	2563	142	0.0527	9.20
C	2.02	1892	2250	257	0.0825	1.67
	1.86	1650	1998	238	0.1227	3.75
	1.79	1644	1978	119	0.0679	6.25
	1.68	1720	2118	216	0.0470	5.83
	1.64	1689	1945	221	0.0455	11.67

三、分析与讨论

随着卷烟烟丝宽度增加，卷烟动态吸阻的轴向标准偏差和动态吸阻分布一致性在一定范围内呈相似变化规律，落头倾向呈下降趋势；随着卷烟特征长度的增加，卷烟的动态吸阻分布（轴向标准偏差）呈现增加的趋势，动态吸阻分布一致性呈降低的趋势，落头倾向呈下降趋势。

第五章
烟丝物理质量对细支卷烟质量稳定性的影响

烟丝物理质量是指烟丝填充值、烟丝含水率和烟丝纯净度，它们是影响卷烟质量稳定性的关键因素，本章主要通过制丝过程中的参数设置来实现，具体可以描述为：在制丝过程中，通过改变烟丝干燥强度（HT 蒸汽压力、筒壁和热风温度组合），实现干燥后烟丝填充值的改变，其一般性规律是随干燥强度的增加，烟丝填充值呈增加趋势；通过调整制叶片阶段的叶片含水率，采用相同干燥脱水量，实现不同含水率烟丝样品的制备；在风选过程，减小风门开度增加风选剔签量，来实现烟丝纯净度的设置。本章拟从烟丝物理特性（烟丝填充值、烟丝含水率和烟丝纯净度）入手，开展其对细支卷烟质量稳定性的影响研究，获得细支卷烟适合的烟丝物理质量指标，卷烟物理质量稳定性指标能够达到的可控范围，从而有助于生产企业在应用中进行控制和优化，同时期望获得卷烟过程适应度随烟丝物理质量特征的变化趋势，以及动态吸阻稳定性与烟丝形态的关系，最终获得对工艺控制的技术要求及范围。

第一节　加工工艺参数控制行为对烟丝物理质量的影响

一、加工工艺参数控制行为对烟丝填充值的影响

通过调整叶丝干燥强度［来料烟丝含水率、HT 蒸汽流量（压力）、筒壁温度、热风温度的参数组合］来制备干燥出口物料含水率一致，但填充值不同的烟丝样品。不同填充值烟丝加工参数设置及填充值测定结果如表 5-1 所示。

由表 5-1 可知，采用滚筒干燥时，随筒壁和热风温度的增加，滚筒干燥强度增加，烟丝填充值呈增加趋势；干燥前 HT 蒸汽流量（压力）改变，会影响干燥强度，相同来料含水率条件下，HT 蒸汽流量（压力）增加，干燥后烟丝填充值呈增加趋势。因此，可通过改变烟丝干燥强度来改变干燥后烟丝填充，以满足不同卷制烟丝填充值要求。

第五章 烟丝物理质量对细支卷烟质量稳定性的影响

表 5-1　　　　　　　不同填充值烟丝加工参数设置及填充值检测结果

样品编号		叶丝干燥入口含水率/%	HT 蒸汽流量/(kg/h)	烘丝机		气流干燥工艺气/℃	卷制前填充值
				筒壁温度/℃	热风温度/℃		
A (AS)	WT1	19.0	150	130	115	—	4.20
	WT2		200	133			4.37
	WT3	19.5	200	135			4.32
	WT4		250	137			4.38
	WT5	20.0	300	139.5			4.46
	WT6		350	140.5			4.49
D (XY)	WT7	19.0	0.2	129	105	—	3.82
	WT8		0.3	130	110		4.00
	WT9	19.5	0.3	135	105		3.87
	WT10		0.35	134	110		4.02
	WT11	20.0		139	110		4.04
	WT12		0.4	138	115		4.18
	WT13	21.0	0.45	144	120		4.01
	WT14		—			263	4.1

二、加工工艺参数控制行为对烟丝含水率的影响

制丝加工加料工序，通过调整加水流量，形成三个梯度的烟叶出料含水率（正常-0.5%、正常、正常+0.5%），干燥过程加工参数筒壁温度、热风温度、筒体转速、排潮开度等保持一致，在烘丝机出口形成三个梯度的含水率烟丝样品。烟丝含水率设置及测定如表 5-2 所示。

表 5-2　　　　　　　　烟丝不同含水率试验检测结果

控制指标	含水率/%		
加料出口物料	18.5	19.0	19.5
卷制前物料	12.34	12.58	12.73

由表 5-2 可知，通过调整制叶片阶段叶片含水率，在脱水能力一致条件下，可以实现不同含水率烟丝样品的制作；同时，烘丝机在加工参数筒壁温

度、热风温度、筒体转速、排潮开度等保持一致前提下,其对物料脱水能力相同。

三、加工工艺参数控制行为对烟丝纯净度的影响

在干燥后风选工序,调节风选风门开度,通过风门开度调整,实现风选剔签量的差异,从而改变烟丝纯净度,并在风选后取样进行烟丝含签率测定,检测烟丝经不同风选条件后的烟丝纯净度。不同纯净度烟丝风选设置及烟丝纯净度测定如表5-3所示。

表5-3　　　　不同纯净度烟丝风选参数设置及纯净度检测结果

参数指标	参数设置及纯净度		
风选风门开度/%	43.5	43.0	42.0
梗签剔除比例/%	1.09	1.20	1.40
烟丝纯净度/%	94.94	95.06	95.70

由表5-3可知,随风选风门开度降低,风选剔签量增加,烟丝纯净度增加。

四、分析与讨论

(1) 通过改变烟丝干燥强度(HT蒸汽压力、筒壁和热风温度组合),可以实现干燥后烟丝填充值的改变;且随干燥强度增加,烟丝填充值增加。

(2) 烘丝机在加工参数筒壁温度、热风温度、筒体转速、排潮开度等保持一致前提下,其对物料脱水能力相同;通过调整制叶片阶段叶片含水率,在脱水能力一致条件下,可以实现不同含水率烟丝样品的制作。

(3) 随风选风门开度减小,风选剔签量增加,烟丝纯净度增加。

第二节　烟丝物理质量对卷烟物理指标及稳定性的影响

一、烟丝含水率对卷烟物理指标及其稳定性的影响

根据卷烟的质量、硬度、吸阻及滤嘴通风标准偏差大小,分析A牌号设定的三种不同烟丝水分条件对其稳定性影响,结果如图5-1所示。根据图中数据显示,不同烟丝水分对卷烟质量[图5-1(1)]、硬度[图5-1(2)]、吸阻[图5-1(3)]及滤嘴通风[图5-1(4)]稳定性影响较小。

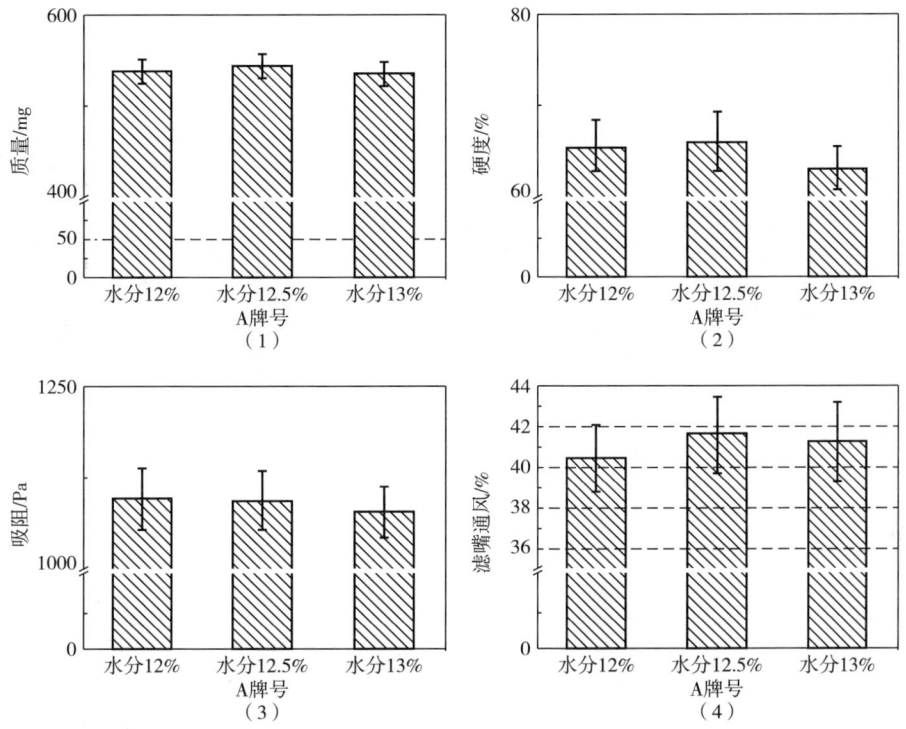

图 5-1 烟丝不同含水率对卷烟物理指标稳定性影响

二、烟丝填充值对卷烟物理指标及其稳定性的影响

烟丝填充值通过干燥加工强度的差异进行调节。考察 A、D 牌号不同烟丝填充值对卷烟质量、硬度、吸阻及滤嘴通风稳定性的影响，结果如图 5-2 所示。图中 WT1-6 分别表示 A 牌号不同处理加工强度，WT7-14 表示 D 牌号不同处理加工强度。根据图 5-2 中结果可以看出，A 牌号不同处理强度条件对卷烟质量、吸阻稳定性影响较大，而对卷烟硬度及滤嘴通风稳定性影响较小。结合不同加工强度条件下，卷烟质量、吸阻标准偏差，可以看出 WT5 与 WT6 的稳定性较好，分别对应烟丝填充值 $4.46cm^3/g$ 与 $4.49cm^3/g$（表 5-1）。D 牌号 4 种干燥强度 WT7，WT9，WT11，WT13 条件下，其质量、硬度、吸阻及滤嘴通风稳定性随上述四种强度的增强逐渐稳定，WT13 处理强度具有最优的稳定性。WT8，WT10，WT12，WT14 条件对卷烟质量、硬度、滤嘴通风稳定性影响较小，但对吸阻稳定性影响较大（39~60Pa），在 WT10 条件即烟丝填充值为 $4.02cm^3/g$ 左右，吸阻最稳定，因此控制烟丝填充值在 $4.0cm^3/g$ 左

右,可以使卷烟质量、硬度、吸阻及滤嘴通风稳定性较优。

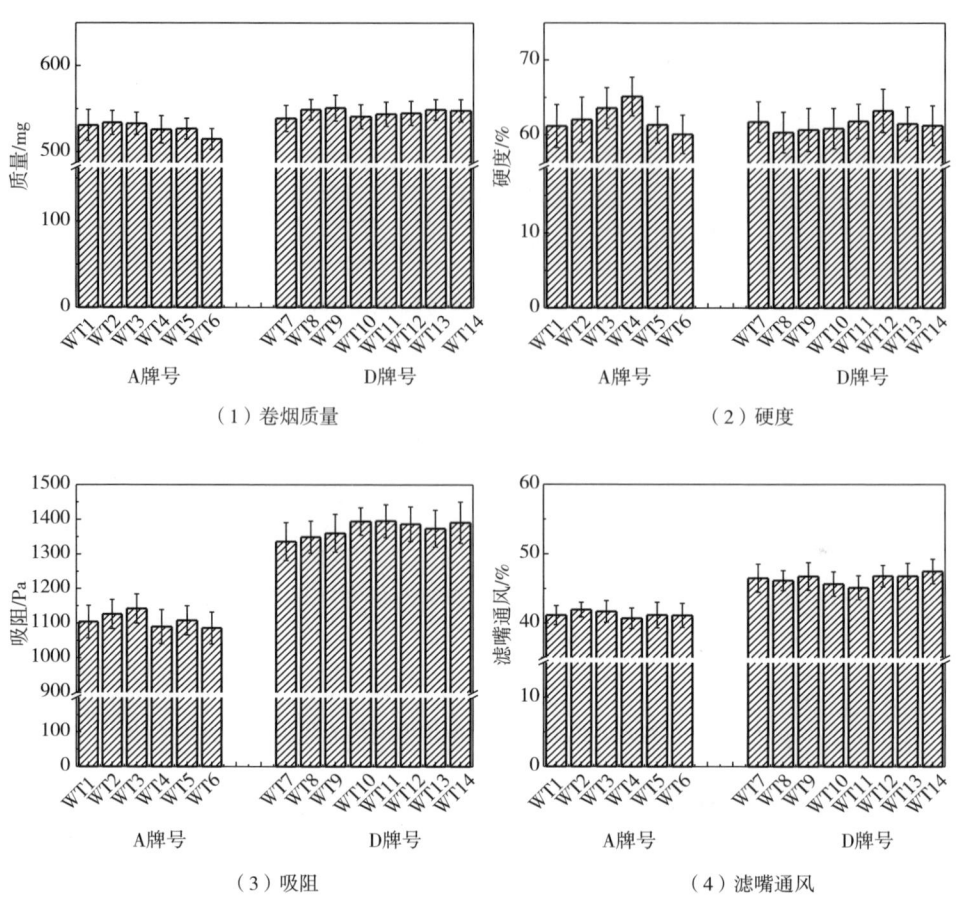

图 5-2 不同填充值对卷烟物理指标稳定性影响

三、烟丝纯净度对卷烟物理指标及其稳定性的影响

烟丝不同纯净度条件下制备卷烟样品(A 牌号),分析其对卷烟上述物理指标稳定性的影响。图 5-3 表示通过风选工序获得不同纯净度卷烟样品的测试结果图,其中 WC1,WC2,WC3 分别表示纯净度为 94.94%,95.06%,95.70% 的卷烟样品。结果表明,纯净度对卷烟质量、硬度及滤嘴通风稳定性影响较大,而对卷烟吸阻影响(38~40Pa)较小。卷烟质量与滤嘴通风随纯净度的增加,稳定性增加,但硬度在纯净度最高值处,稳定性较差。因此,中间纯净度值条件(95.06%),卷烟物理指标稳定性较优。

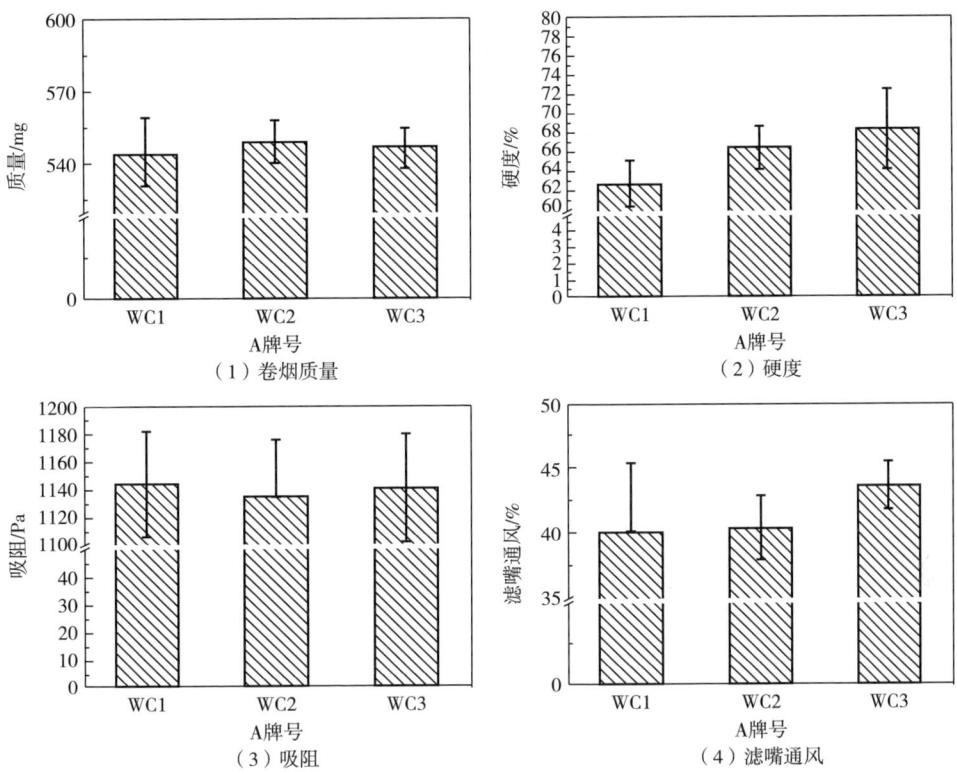

图5-3 不同烟丝纯净度对卷烟物理指标稳定性影响（风选）

第三节 烟丝物理质量对卷制过程适应性的影响

一、烟丝填充值对卷制过程适应性的影响

表5-4是两个牌号的不同烟丝填充值对卷烟烟丝密度和空头率的影响数据。由表5-4中可以看出，对于A牌号，烟丝的填充值均在4.2cm³/g以上，卷烟的密度分布（轴向标准偏差）随着卷烟烟丝的填充值增加基本没有变化，空头率随填充值的增加变化趋势不明显；对于D牌号，烟丝的填充值在4.1cm³/g以下，卷烟的密度分布（轴向标准偏差）随着卷烟烟丝的填充值增加呈上升的趋势，烟支空头率随填充值的增加略有下降趋势。两个牌号的卷烟 η 值均随着填充值的增加呈上升的趋势，即密度分布的一致性降低。综合密度和空头率因素考虑，A牌号在填充值为4.32cm³/g左右时质量较好，D牌号在填充值为3.87cm³/g左右时质量较好（D牌号只分析第一组，第二组无

明显规律)。

表 5-4　　　烟丝填充值对卷烟烟丝密度和空头率的影响

牌号	烟丝填充值/ (cm³/g)	密度分布及一致性			空头率/%
		平均密度/ (mg/cm³)	轴向标准偏差/ (mg/cm³)	η	
A	4.20	236	33	0.0036	0.74
	4.32	235	33	0.0032	0.57
	4.37	229	33	0.0037	0.80
	4.38	227	30	0.0041	1.02
	4.46	228	33	0.0040	0.80
	4.49	231	30	0.0057	0.92
D 第一组	3.82	248	43	0.0041	0.33
	3.87	249	48	0.0049	0.25
	4.04	251	48	0.0052	0.13
	4.01	257	54	0.0035	0.03
D 第二组	4.00	249	42	0.0049	0.24
	4.02	254	46	0.0044	0.16
	4.18	243	40	0.0075	0.21
	4.10(气流干燥)	249	54	0.0058	0.04

二、烟丝含水率对卷制过程适应性的影响

表 5-5 是不同烟丝含水率烟丝密度分布及密度分布一致性数据。由表 5-5 中可以看出，随着烟丝含水率的增加，烟支的轴向密度分布标准偏差和密度分布一致性系数 η 值均下降，空头率略呈上升趋势。

表 5-5　　　烟丝含水率与卷制适应性的关系

烟丝含水率/%	平均密度/ (mg/cm³)	轴向标准偏差/ (mg/cm³)	η	空头率/%
12.0	233	31	0.0045	0.836
12.5	231	30	0.0037	0.822
13.0	236	29	0.0030	0.982

三、烟丝纯净度对卷制过程适应性的影响

表 5-6 是不同烟丝纯净度卷烟的烟丝密度分布及密度分布一致性数据。由表 5-6 可知,随着烟丝纯净度的增加,烟支的轴向密度分布标准偏差无明显变化规律,密度分布一致性下降,空头率下降。

表 5-6　烟丝纯净度与卷烟烟丝密度分布及密度分布一致性

纯净度/%	平均密度/(mg/cm³)	轴向标准偏差/(mg/cm³)	η	空头率/%
94.94	250	32	0.0044	0.48
95.06	250	35	0.0048	0.45
95.70	255	34	0.0050	0.39

四、分析与讨论

随着烟丝填充值增加,A 牌号卷烟的密度分布(轴向标准偏差)没有变化,D 牌号卷烟的密度分布(轴向标准偏差)呈上升的趋势,烟支空头率下降,卷烟密度分布的一致性降低。随着烟丝含水率增加,烟支的轴向密度分布标准偏差和密度分布一致性均上升,空头率略有上升。随着烟丝纯净度增加,烟支的轴向密度分布标准偏差无明显变化规律,密度分布一致性下降,空头率下降。

第四节　烟丝物理质量对烟气指标及其稳定性的影响

一、烟丝含水率对烟气指标及其稳定性的影响

A 牌号不同含水率条件下,抽吸口数、总粒相物(TPM)、焦油、烟碱、CO、水分等烟气指标进行分析,分析结果如图 5-4 所示。结果表明,13%含水率设定条件(实测值 12.73%),各指标稳定性较好。

二、烟丝填充值对烟气指标及其稳定性的影响

通过改变处理强度获得 A 牌号不同填充值条件的卷烟样品,对其抽吸口数、总粒相物(TPM)、焦油、烟碱、CO、水分等烟气指标进行分析,分析结果如图 5-5 所示。根据标准偏差结果表明,WT1(填充值为 4.2cm³/g)与 WT4(填充值为 4.38cm³/g)条件下,各指标综合稳定性较好。

通过改变干燥强度获得 D 牌号不同填充值条件的卷烟样品,对其抽吸口

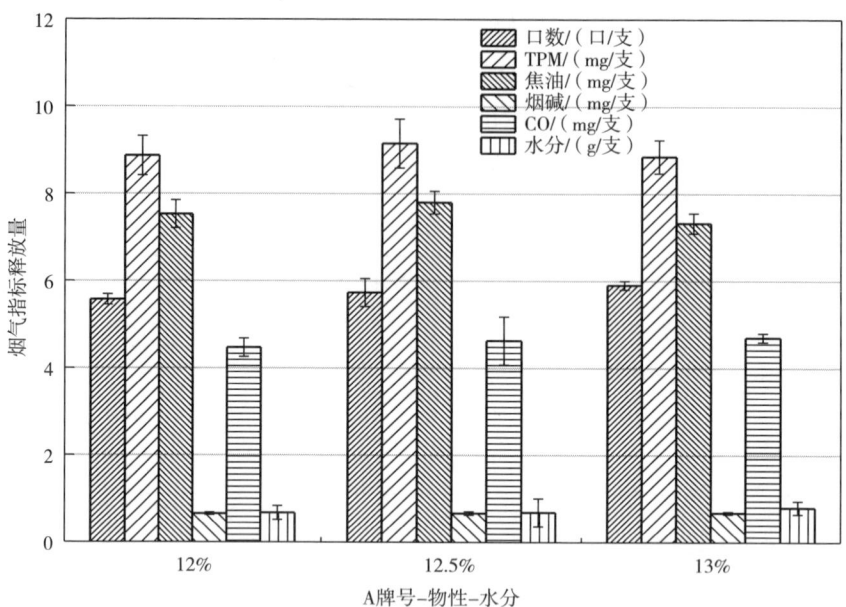

图 5-4 烟丝不同含水率对卷烟烟气指标稳定性影响

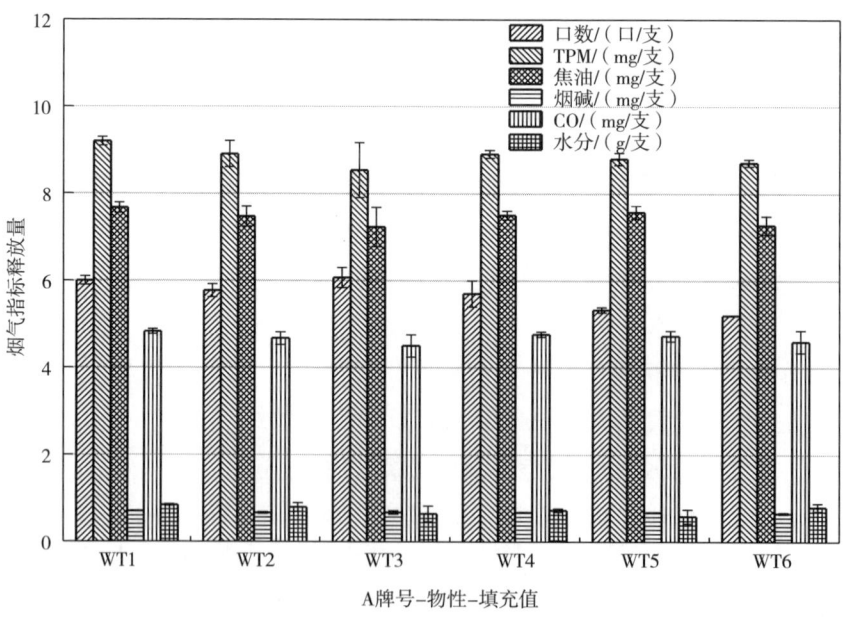

图 5-5 不同填充值对卷烟烟气指标稳定性影响

数、总粒相物（TPM）、焦油、烟碱、CO、水分等烟气指标进行分析，分析结果如图 5-6 所示。根据标准偏差结果表明，WT13 条件下（填充值为 4.01cm³/g），各指标综合稳定性较好。

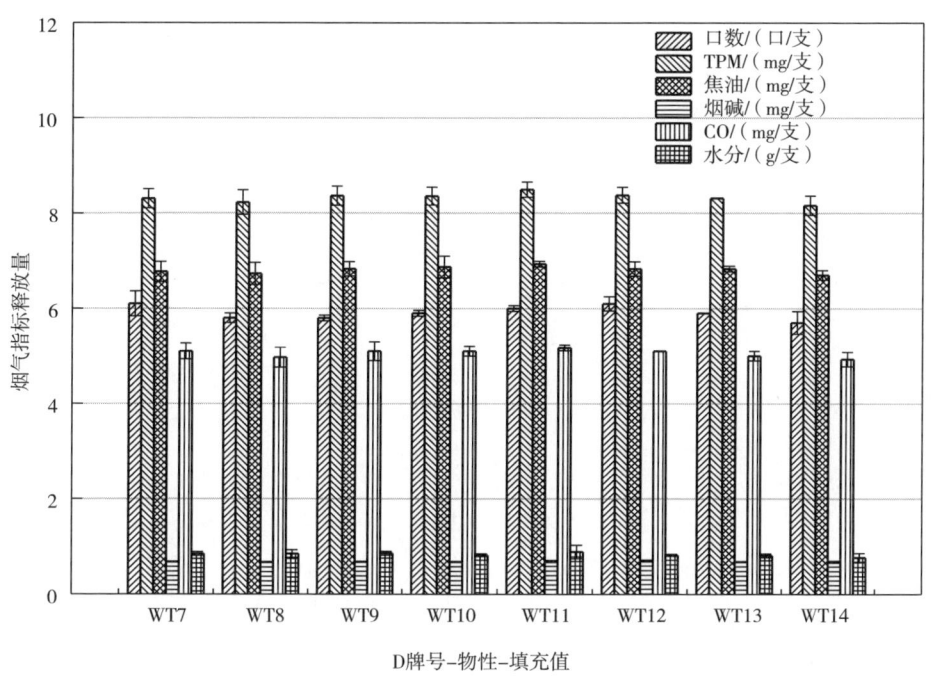

图 5-6 不同填充值对卷烟烟气指标稳定性影响

第五节 烟丝物理质量对其他质量指标的影响

一、烟丝填充值对卷烟动态吸阻和落头倾向的影响

表 5-7 是烟丝填充值对卷烟动态吸阻和落头倾向的影响实验结果。由表 5-7 中可以看出，对于 A 牌号，随着烟丝填充值增加，烟支的动态吸阻标准偏差呈下降趋势，动态吸阻分布一致性略呈降低的趋势，但规律不是很明显，落头倾向变化不大。对于 D 牌号，动态吸阻标准偏差和分布一致性随填充值的变化规律不明显，其中吸阻标准偏差较大的烟支其吸阻分布一致性比较好，落头倾向无明显变化规律。

表 5-7 烟丝填充值对卷烟动态吸阻和落头倾向

牌号	烟丝填充值/(cm^3/g)	静态吸阻/Pa	烟丝动态吸阻 均值/Pa	烟丝动态吸阻 标准偏差/Pa	η	落头倾向/%
A	4.20	1799	2193	223	0.1315	3.75
A	4.32	1798	2221	199	0.1298	3.33
A	4.37	1952	2467	165	0.0912	6.67
A	4.38	1794	2155	191	0.0724	4.17
A	4.46	1844	2253	138	0.1452	1.67
A	4.49	1799	2090	88	0.1065	4.17
D 第一组	3.82	2235	2647	278	0.0471	7.50
D 第一组	3.87	2238	2780	139	0.0664	7.50
D 第一组	4.01	2433	2968	141	0.0638	6.25
D 第一组	4.04	2415	2921	162	0.0582	10.00
D 第二组	4.00	2319	2871	197	0.0831	5.00
D 第二组	4.02	2268	2748	177	0.0856	5.00
D 第二组	4.18	2287	2706	80	0.0572	1.25
D 第二组	4.10（气流干燥）	2359	2894	244	0.0466	1.25

二、烟丝含水率对卷烟动态吸阻和落头倾向的影响

表 5-8 是烟丝含水率对卷烟动态吸阻和落头倾向的影响数据。由表 5-8 可知，随着烟丝含水率的增加，烟支的动态吸阻和动态分布一致性呈上升趋势，但在 12.5% 和 13.0% 含水率时吸阻基本没有变化，卷烟的落头倾向基本没有变化。

表 5-8 烟丝含水率对卷烟动态吸阻和落头倾向

烟丝含水率/%	静态吸阻/Pa	烟丝动态吸阻 均值/Pa	烟丝动态吸阻 标准偏差/Pa	η	落头倾向/%
12.0	1836	2420	143	0.1584	7.50
12.5	1837	2366	178	0.0767	8.75
13.0	1611	1984	173	0.0811	8.75

三、烟丝纯净度对卷烟动态吸阻和落头倾向的影响

表 5-9 是烟丝纯净度对卷烟动态吸阻和落头倾向的影响数据。由表 5-9 中可以看出，随着烟丝纯净度的增加，烟支的动态吸阻标准偏差降低，动态分布一致性基本没有变化，卷烟的落头倾向基本没有变化。

表 5-9　　　　烟丝纯净度对卷烟动态吸阻和落头倾向

烟丝纯净度/%	静态吸阻/Pa	烟丝动态吸阻			落头倾向/%
		均值/Pa	标准偏差/Pa	η	
94.94	2256	3114	203	0.2653	5.00
95.06	2086	2825	196	0.2789	5.83
95.70	2181	2901	152	0.2758	7.50

四、分析与讨论

随着烟丝填充值增加，烟支的动态吸阻标准偏差呈下降趋势，但不明显，吸阻标准偏差较大的烟支其吸阻分布一致性比较好；落头倾向变化不大。随着烟丝含水率的增加，烟支的动态吸阻和动态分布一致性呈上升趋势，随着烟丝纯净度的增加，烟支的动态吸阻标准偏差降低，动态分布一致性基本没有变化。卷烟的落头倾向随填充值、水分和纯净度变化不大。

第六章
卷制工艺对细支卷烟质量稳定性的影响

在对卷制过程参数进行分析的基础上，挑选对细支卷烟卷制影响较大且相互比较独立的四个方面进行研究，即平准器规格、大风机负压、回丝比例、梗签剔除比例。其中回丝比例通过针辊电压调节，梗签剔除比例通过挡板高度、二级风开度、小风机压力进行搭配，在单因素多水平研究基础上进行搭配优化试验。获得细支卷烟卷制过程对烟支质量稳定性的影响规律，以及适宜的卷制参数，为卷制过程控制技术的开发提供重要依据。

第一节　卷制工艺参数控制行为对烟丝/卷烟烟支状态指标的影响

一、卷烟机平准器规格对烟支中烟丝状态的影响

相同牌号配方烟丝，采用不同平准器规格进行细支卷烟卷制，卷制后烟支中烟丝结构的测定结果如图6-1~图6-2所示。

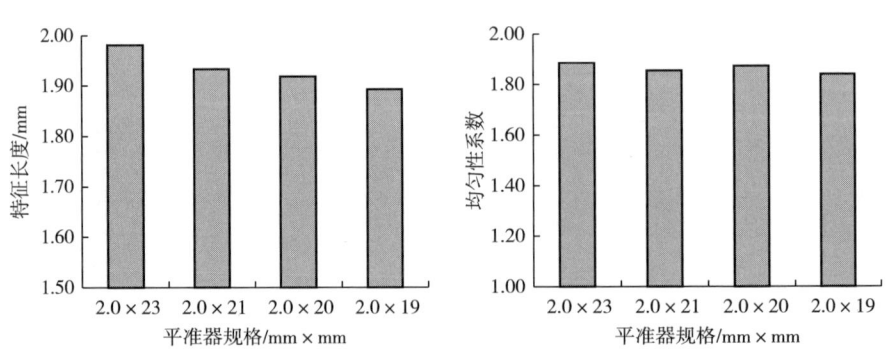

图 6-1　槽宽对烟丝特征尺寸与均匀性系数的影响

由图6-1可知，对于相同配方烟丝，采用相同槽深，不同槽宽平准器进行卷制时，随槽宽减小，烟支中烟丝特征尺寸略有降低，烟丝均匀性系数无明显变化规律。

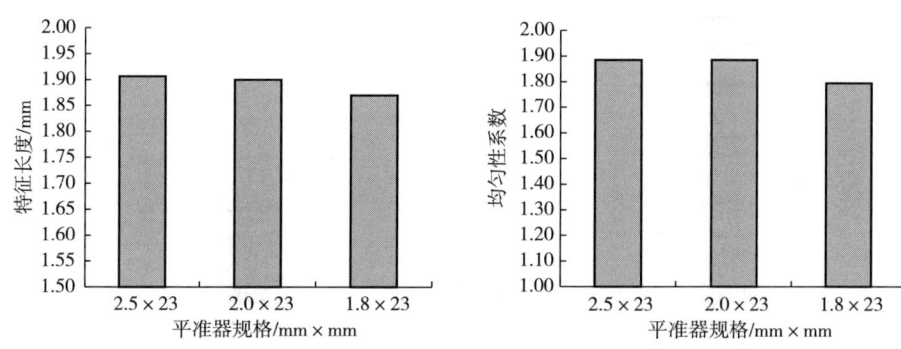

图 6-2 槽深对烟丝特征尺寸与均匀性系数的影响

由图 6-2 可知,对于相同配方烟丝,采用相同槽宽,不同槽深平准器进行卷制时,随槽深减小,烟支中烟丝特征尺寸和烟丝均匀性系数略有降低。

二、卷烟机大风机负压对烟支中烟丝状态的影响

相同牌号的配方烟丝,采用不同大风机负压进行细支卷烟卷制,卷制后烟支中烟丝结构的测定结果如图 6-3 所示。

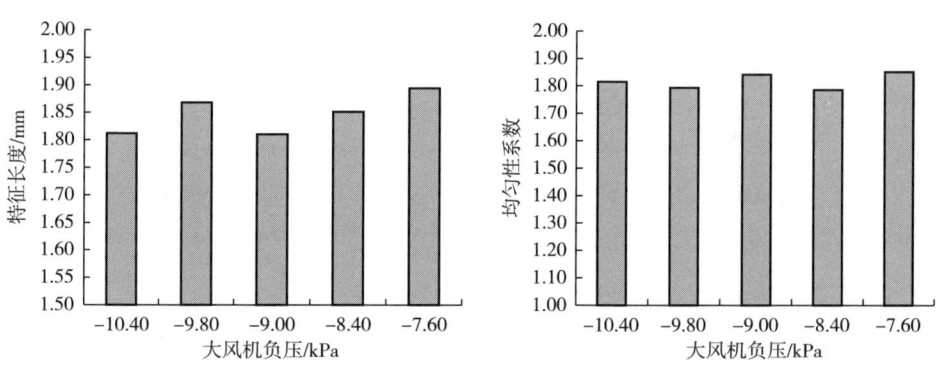

图 6-3 不同大风机负压对烟丝特征尺寸与均匀性系数的影响

由图 6-3 可知,对于相同配方烟丝,采用不同的大风机负压进行细支卷烟卷制,烟支中烟丝特征尺寸和烟丝均匀性系数无明显的变化规律。

三、卷烟机回丝比例对烟支中烟丝状态的影响

1. 卷烟机回丝比例控制的实现

卷烟机回丝比例通过调整卷烟机针辊电压来实现对针辊转速的控制,从而对卷烟机回丝比例进行调整,随针辊电压的降低,卷烟机回丝比例逐渐降

低,试验参数设置及回丝比例如表 6-1 所示。

表 6-1　　　　　　　参数设置及不同回丝比例测定

参数	机台参数设置及回丝量比例水平					
针辊电压/mV	37.5	35.4	35.0	33.0	30.0	27.0
回丝比例/%	50.31	41.81	36.79	32.68	25.05	17.19

2. 卷烟机回丝比例对烟支中烟丝结构的影响

相同牌号配方烟丝,采用不同回丝比例进行细支卷烟卷制,卷制后烟支中烟丝结构的测定结果如图 6-4 所示。

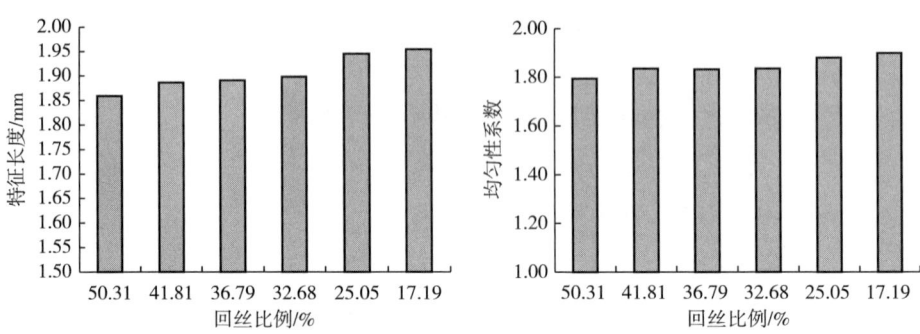

图 6-4　回丝比例对烟丝特征尺寸与均匀性系数的影响

由图 6-4 可知,对于相同配方烟丝,采用不同的回丝比例进行卷制时,随回丝比例的减小,烟支中烟丝特征尺寸和烟丝均匀性系数略有增加;这与回丝比例减小烟丝卷制过程烟丝造碎程度减小有关。

四、卷烟机梗签剔除比例对烟支中烟丝状态的影响

1. 卷烟机梗签剔除比例的控制实现

卷烟机梗签剔除比例通过对卷烟机挡板高度、小风机压力和二分侧风开度组合调整来实现对卷烟机梗签剔除比例的调整,试验参数设置及梗签剔除比例如表 6-2 所示。由表 6-2 可知,随挡板高度下降、小风机风压下降、二分侧风开度的增加,卷烟机梗签剔除比例逐渐增加。

2. 卷烟机梗签剔除比例对烟支中烟丝结构的影响

相同牌号配方烟丝,采用不同梗签剔除比例进行细支卷烟卷制,卷制后烟支中烟丝结构的测定结果如图 6-5 和图 6-6 所示。

表 6-2　　　　　　　　　　梗签剔除比例测定结果

参数	参数设置及梗签剔除比例				
挡板高度/mm	68	65	62	59	56
小风机压力/kPa	0.8	0.7	0.6	0.5	0.4
二分侧风开度/排	0	1	2	3	4
梗签剔除比例/%	2.02	3.29	10.33	33.66	46.79

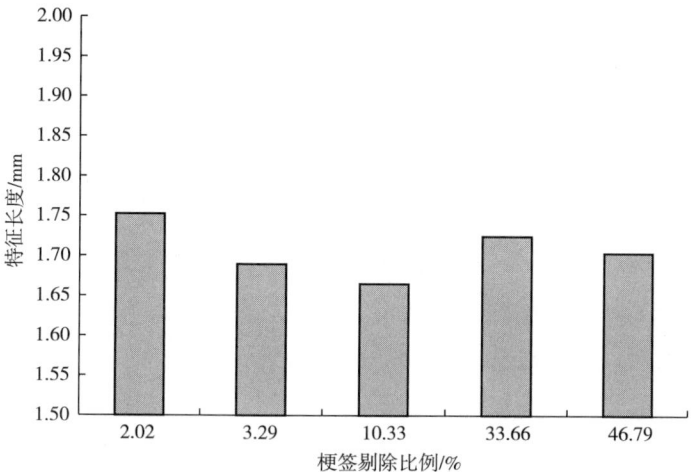

图 6-5　不同梗签剔除比例烟丝特征尺寸

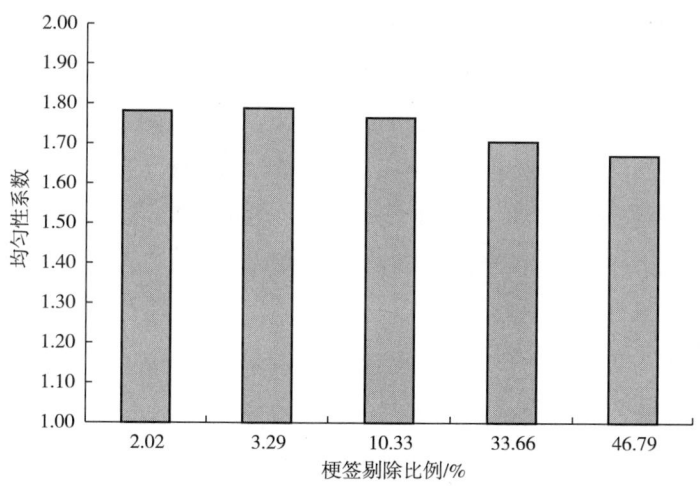

图 6-6　不同梗签剔除比例烟丝均匀性系数

由图 6-5 和图 6-6 可知，对于相同配方烟丝，采用不同的梗签剔除比例进行细支卷烟卷制，烟支中烟丝特征尺寸无明显变化规律，随梗签剔除比例增加，烟支中烟丝均匀性系数略有下降。

五、分析与讨论

（1）对于相同配方烟丝，采用相同槽深，随槽宽减小，烟支中烟丝特征尺寸略有降低，烟丝均匀性系数无明显变化规律；采用相同槽宽，随槽深减小，烟支中烟丝特征尺寸和烟丝均匀性系数略有降低。

（2）对于相同配方烟丝，采用不同的大风机负压进行细支卷烟卷制，烟支中烟丝特征尺寸和烟丝均匀性系数无明显的变化规律。

（3）随针辊电压的降低，卷烟机回丝比例逐渐降低；对于相同配方烟丝，随回丝比例的减小，烟支中烟丝特征尺寸和烟丝均匀性系数略有增加，这与回丝比例减小烟丝卷制过程烟丝造碎程度减小有关。

（4）随挡板高度下降、小风机风压下降、二分侧风开度的增加，卷烟机梗签剔除比例逐渐增加；对于相同配方烟丝，随梗签剔除比例增加，烟支中烟丝特征尺寸无明显变化规律，烟支中烟丝均匀性系数略有下降。

第二节　卷制工艺对卷烟物理指标及其稳定性的影响

设置不同平准器参数，获得相应工序条件下卷烟样品，对其质量、吸阻、硬度、滤嘴通风各指标的稳定性进行分析，结果如图 6-7 所示。图 6-7 中 JP1-6 分别表示平准器参数（槽深×槽宽）为 2.5mm×23mm、2.0mm×23mm、2.0mm×21mm、2.0mm×20mm、2.0mm×19mm、1.8mm×23mm 的样品。根据图 6-7 中结果，可以发现 JP6（1.8mm×23mm）与 JP4（2.0mm×20mm）条件下，各指标的稳定性较优。但平准器规格在 2.0mm×20mm 参数条件下所制备的样品端部落丝数值（6mg/支）较高，因此综合评价表明，平准器规格为 1.8mm×23mm 条件下稳定性较好。

设置大风机负压为不同值，获得相应工序条件下卷烟样品，JF1~5 分别表示设置大风机负压为-9.8、-10.4、-9.0、-8.4、-7.6kPa。对各条件下样品的支重、吸阻、硬度、滤嘴通风、端部落丝及含末率各指标的稳定性进行分析。根据标准偏差结果，可以发现大风机负压绝对值越小，上述指标稳定性越好。但在 JF5 条件下，端部落丝数值却最大，因此，JF4 条件下稳定性较好。

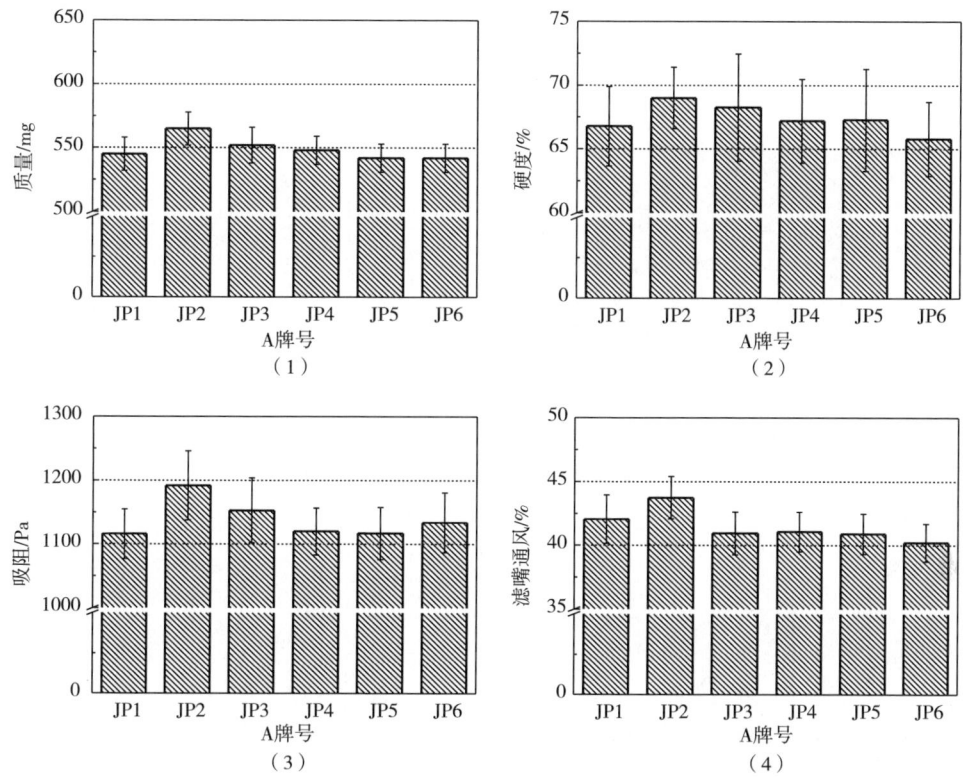

图 6-7 不同平准器参数对卷烟物理指标的影响

图 6-8 表示对通过卷烟机梗签剔除比例获得不同纯净度的卷烟样品的各物理指标进行测试与数据分析的结果图。JC1~5 分别表示梗签剔除比例 2.02%、3.29%、15.33%、33.66%、46.79% 的样品。根据图 6-8 中结果,可以发现,不同梗签剔除比例对卷烟硬度(标准偏差 2.1%~8.5%)、滤嘴通风(标准偏差 1.4%~3.3%)稳定性影响较大,而对卷烟质量(标准偏差 13%~18%)、吸阻(标准偏差 46~57Pa)影响稳定性较小。因此,综合比较,JC2(梗签剔除比例 3.29%)与 JC4(梗签剔除比例 33.66%)条件下,卷烟物理指标稳定性较好。

图 6-9 表示对通过调整卷烟卷制过程不同回丝量比例获得的卷烟样品的各物理指标进行测试与数据分析的结果图。JH1-6 分别表示设置针辊电压 37.5mV、35.4mV、35.0mV、33.0mV、30.0mV、27.0mV 条件下,回丝量为 50.31%、41.81%、36.79%、32.68%、25.05%、17.19% 的卷烟样品。根据图 6-9 中结果,卷烟质量随回丝量的降低而减少,回丝量两端处稳定性较差,

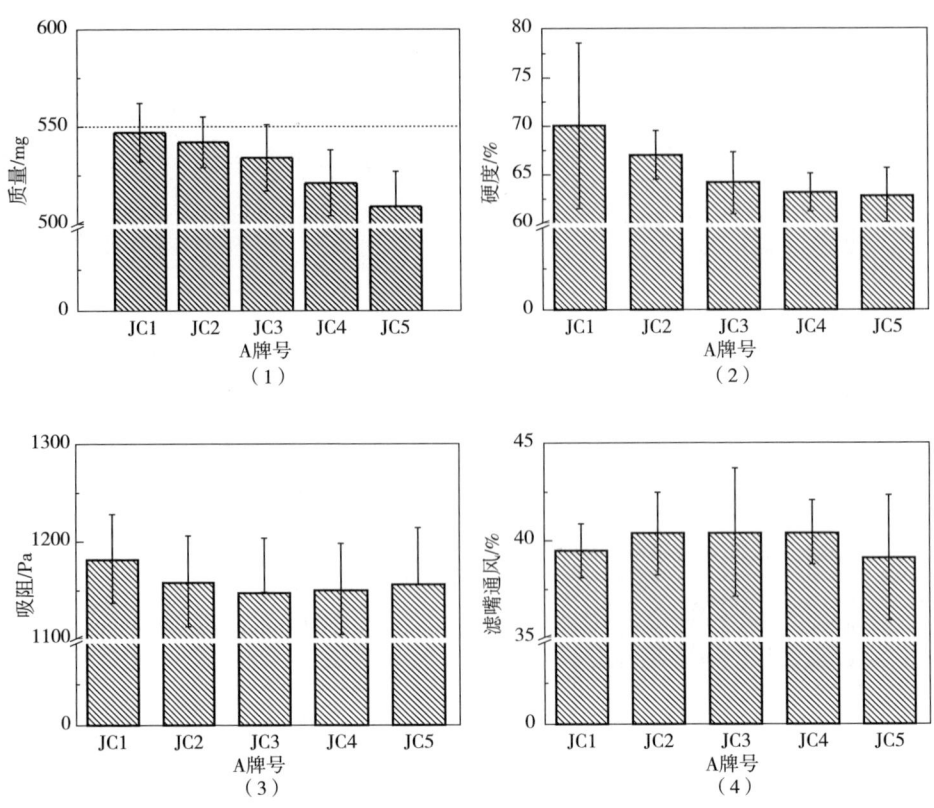

图 6-8　A 牌号卷烟机梗签剔除比例对卷烟物理指标稳定性影响

回丝量较高硬度稳定性较好，吸阻与滤嘴通风稳定性受回丝量影响较小。因此，回丝量中间值，卷烟物理指标稳定性较好。

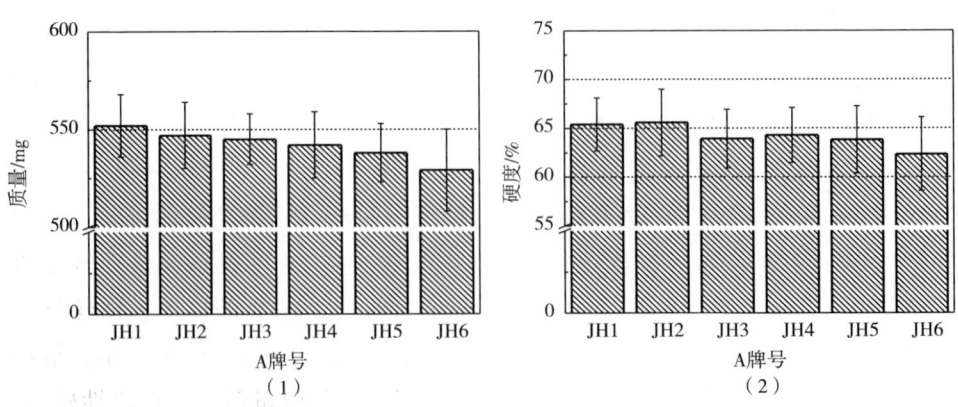

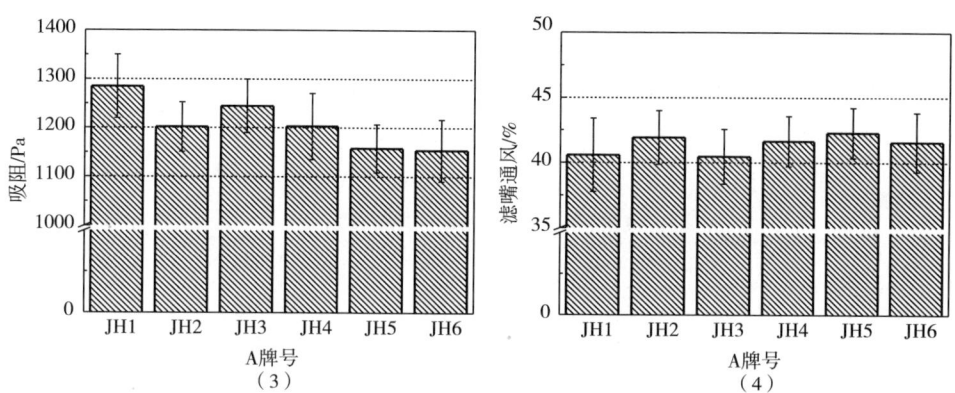

图 6-9　A 牌号不同回丝量对卷烟物理指标稳定性影响

第三节　卷制工艺对卷制过程适应性的影响

一、平准器规格对卷制适应性的影响

平准器规格影响烟支两端的烟丝分布状态,从而直接影响烟丝的密度分布。图 6-10 是不同平准器参数下烟支的密度分布状态。表 6-3 是平准器在不同的槽宽和槽深时对烟支密度和空头率的影响。由图表可以看出,随着槽宽的增加,密度的轴向分布标准偏差呈增大趋势,但密度分布一致性降低,空头率增加。当变动槽深时,密度分布一致性变化不大,烟支的轴向密度在

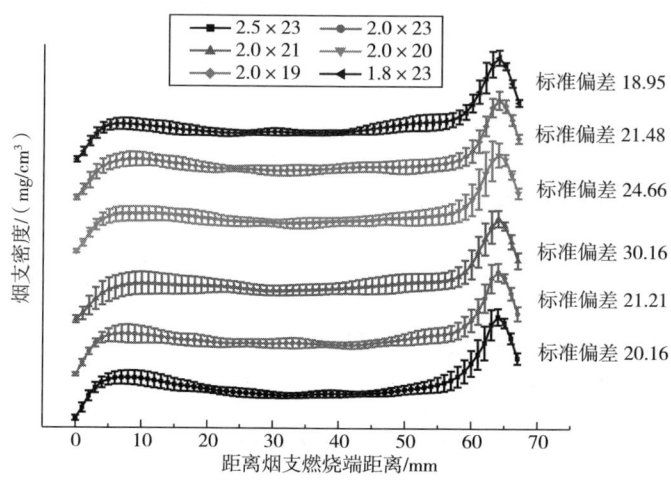

图 6-10　不同平准器规格卷制烟支轴向密度分布

2.0mm×23mm 时最小，同时空头率也较低。

表 6-3　　　　平准器规格对卷烟烟丝密度和空头率的影响

平准器参数/mm		密度分布及一致性			空头率/%
槽深	槽宽	平均密度/（mg/cm³）	轴向标准偏差/（mg/cm³）	η	
2.0	23	250	59	0.0068	0.5
	21	234	60	0.0174	0.89
	20	237	57	0.0102	1.29
	19	231	57	0.0086	1.42
1.8		235	62	0.0065	1.37
2.0	23	250	59	0.0068	0.5
2.5		240	63	0.0068	0.44

二、大风机负压对卷制适应性的影响

表 6-4 是大风机负压对烟支密度和空头率的影响。从表 6-4 中可以看出，随着大风机负压的降低，密度的轴向分布标准偏差变小，但密度分布一致性系数 η 值先增加、后降低，即密度一致性先降低，后升高；空头率先增加，后降低。总体来说，大风机负压在 -10kPa 左右烟支的卷制适应性较好。

表 6-4　　　　大风机负压对卷烟烟丝密度和空头率的影响

大风机负压/kPa	密度分布及一致性			空头率/%
	平均密度/（mg/cm³）	轴向标准偏差/（mg/cm³）	η	
-10.4	243	66	0.0052	1.7
-9.8	242	62	0.0054	2.35
-9.0	239	58	0.0060	2.56
-8.4	238	58	0.0066	2.04
-7.6	237	57	0.0049	2.09

三、回丝比例对卷制适应性的影响

表 6-5 是回丝比例对烟支密度和空头率的影响。从表 6-5 中可以看出，随着回丝比例的增加，密度的轴向分布标准偏差略有降低，但变化很小，密度分布一致性先降低后升高，空头率降低。由于回丝比例增加时烟丝消耗也随之增加，总体来看，回丝比例设置在 32% 比较适宜。

表 6-5　　　　　　　回丝比例对卷烟烟丝密度和空头率的影响

回丝比例/%	密度分布及一致性			空头率/%
	平均密度/(mg/cm^3)	轴向标准偏差/(mg/cm^3)	η	
50.31	238	60	0.0064	1.9
41.81	230	62	0.0074	1.5
36.79	232	60	0.0081	1.45
32.68	229	56	0.0079	1.95
25.05	230	63	0.0076	4.08
17.19	236	64	0.0060	7.49

四、分析与讨论

随着平准器槽宽的增加，密度的轴向分布标准偏差变小，但密度分布一致性降低，空头率增加；烟支的轴向密度在 2.0mm×23mm 时最小，同时空头率也比较小。大风机负压的降低，密度的轴向分布标准偏差变小，但密度分布一致性先升高后降低，空头率先增加后降低，在 −10kPa 左右烟支的卷制适应性较好。回丝比例增加时，密度分布一致性先降低后升高，空头率降低，回丝比例设置在 32% 比较适宜。

第四节　卷制工艺对烟气指标及其稳定性的影响

对设置不同平准器规格制备的卷烟样品的抽吸口数、总粒相物（TPM）、焦油、烟碱、CO、水分等烟气指标进行分析，分析结果如图 6-11（1）所示。根据标准偏差结果，表明平准器 PZ1 所设置的参数条件（2.5×23）各指标综合稳定性较好。

对设置不同大风机负压制备的卷烟样品的抽吸口数、总粒相物（TPM）、焦油、烟碱、CO、水分等烟气指标进行分析，分析结果如图 6-11（2）所示。根据标准偏差结果表明，大风机负压参数 JF2 所设置的参数条件（大风机负压−10.4kPa），各烟气指标综合稳定性较好。

对不同回丝比例的卷烟样品的抽吸口数、总粒相物（TPM）、焦油、烟碱、CO、水分等烟气指标进行分析，分析结果如图 6-11（3）所示。根据标准偏差结果表明，回丝比例为 50.31%、32.68%、36.79% 条件下，各指标的综合稳定性较好,说明回丝比例越高,烟气各指标稳定性越好。

在不同梗签剔除比例条件下,对所制备卷烟的个烟气指标进行分析,结果如图6-11(4)所示,可以看出JC5与JC4条件(即梗签剔除量为33.66%、46.79%的卷制工序条件)各烟气指标稳定性较好。

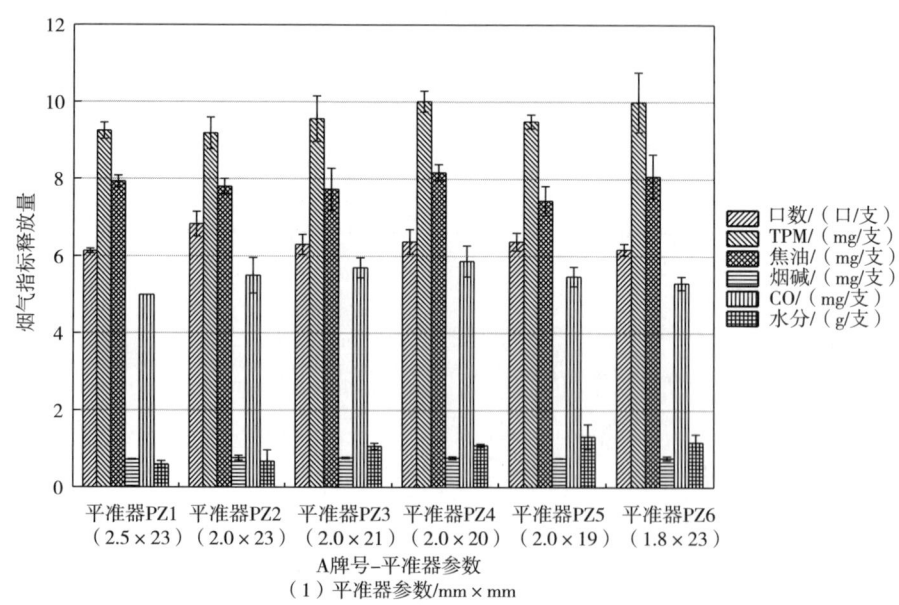

(1)平准器参数/mm×mm

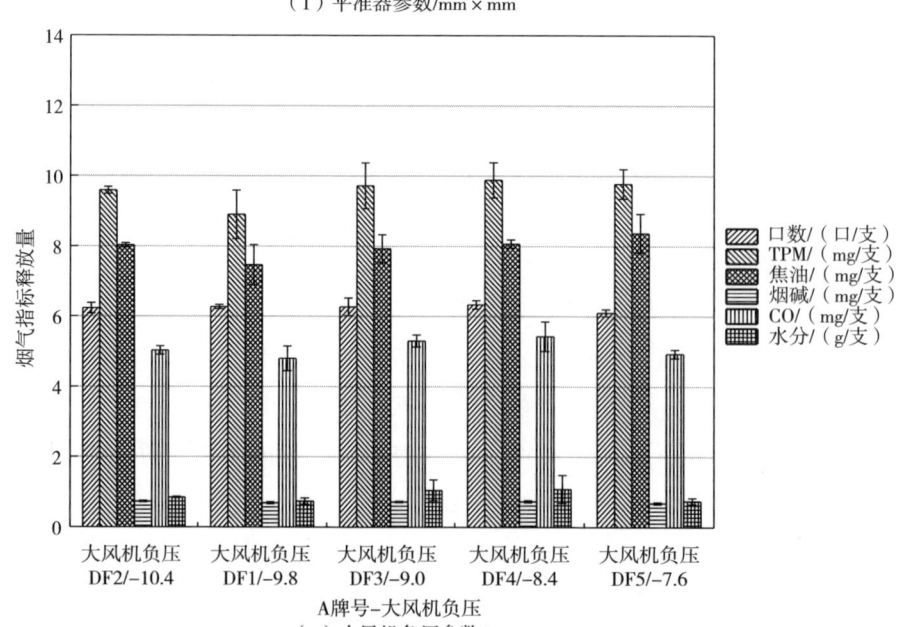

(2)大风机负压参数/kPa

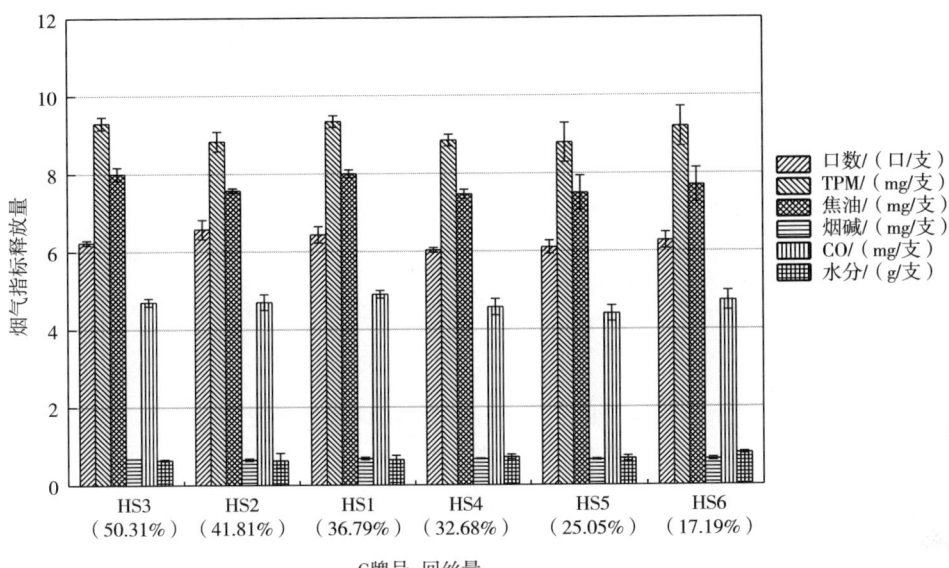

（3）回丝比例

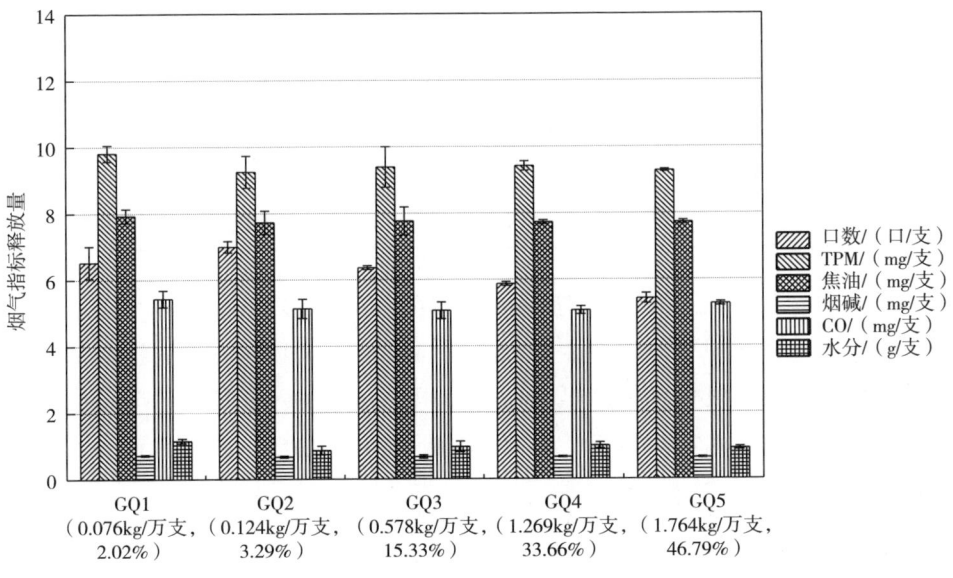

（4）梗签剔除比例

图 6-11　不同卷制参数对卷烟烟气指标稳定性影响

第五节 卷制工艺对其他质量指标的影响

一、平准器规格对卷烟动态吸阻和落头倾向的影响

表6-6是平准器参数对卷烟动态吸阻和落头倾向的影响数据。从表6-6中可以看出，随着平准器槽宽的增加，卷烟动态吸阻的轴向标准偏差增大，动态标准偏差一致性也增加，落头倾向在2.0×21时较大，其余相差不大。随着槽深的增加，落头倾向变化不大，动态吸阻标准偏差和吸阻一致性在2.5×23时较好。

表6-6 平准器规格对卷烟动态吸阻和落头倾向的影响

平准器规格		静态吸阻/Pa	烟丝动态吸阻			落头倾向/%
槽深/mm	槽宽/mm		均值/Pa	标准偏差/Pa	η	
2.0	23	2102	2637	232	0.0801	7.50
	21	2102	2118	232	0.0731	11.25
	20	2102	2212	189	0.0844	5.00
	19	2102	2521	107	0.1001	8.75
2.5	23	1885	2506	119	0.1063	7.50
2.0		2102	2637	232	0.0801	7.50
1.8		1800	2342	140	0.1146	8.75

二、大风机负压对卷烟动态吸阻和落头倾向的影响

表6-7是大风机负压对卷烟动态吸阻和落头倾向的影响。从表6-7中可以看出，随着大风机负压的降低，动态吸阻的标准偏差先增加后降低，动态吸阻分布一致性先增加后降低，落头倾向呈增加的趋势。总体来说，大风机负压在-10kPa左右时烟支的卷制适应性较好。

表6-7 大风机负压对卷烟动态吸阻和落头倾向的影响

大风机负压/kPa	静态吸阻/Pa	烟丝动态吸阻			落头倾向/%
		均值/Pa	标准偏差/Pa	η	
-10.4	1895	2260	34	0.1591	0
-9.8	1895	2260	99	0.0574	0.0

续表

大风机负压/kPa	静态吸阻/Pa	烟丝动态吸阻			落头倾向/%
		均值/Pa	标准偏差/Pa	η	
-9.0	1951	2526	169	0.0777	2.5
-8.4	1892	2484	132	0.1031	2.5
-7.6	1806	2318	61	0.0624	7.5

三、回丝比例对卷烟动态吸阻和落头倾向的影响

表6-8是回丝比例对卷烟动态吸阻和落头倾向的影响。从表6-8中可以看出，随着回丝比例的降低，动态吸阻的标准偏差变化规律不明显，动态吸阻分布一致性降低，但在回丝比例大于32%时变化不明显，落头倾向随回丝比例减少呈降低趋势。

表6-8　　　回丝比例对卷烟动态吸阻和落头倾向的影响

回丝比例/%	静态吸阻/Pa	烟丝动态吸阻			落头倾向/%
		均值/Pa	标准偏差/Pa	η	
50.31	1992	2549	189	0.0854	13.75
41.81	1787	2074	209	0.0899	13.75
36.79	1893	2413	137	0.0876	12.50
32.68	1829	2277	116	0.0833	15.00
25.05	1801	2173	168	0.0908	10.00
17.19	1894	2444	136	0.1183	10.00

四、分析与讨论

随着平准器槽宽的增加，卷烟动态吸阻的轴向标准偏差增大，动态标准偏差一致性也增加；随着槽深的增加，落头倾向变化不大，动态吸阻标准偏差和吸阻一致性在2.5mm×23mm时较好。随着大风机负压的降低，动态吸阻的标准偏差和分布一致性先增加后降低，落头倾向呈增加的趋势。总体来说，在平准器规格2.5mm×23mm、大风机负压在-10kPa左右、回丝比例32%~36%时烟支的卷制适应性较好。

第七章
细支卷烟加工质量控制技术研究

根据上述研究内容中烟丝形态、烟丝物理指标、卷制过程与细支卷烟质量稳定性的分析发现，控制烟丝形态、烟丝物理指标、卷制过程参数对于细支卷烟质量稳定性的提高具有重要意义。本章结合上述研究结果，设计了烟丝形态、烟丝物理指标、卷制过程的控制工艺路线图。烟丝形态的控制指标包括烟丝宽度和烟丝结构两项，将烟丝宽度控制在 0.74~0.83mm 范围内，烟丝结构应控制特征尺寸在 1.6~1.8mm 范围内。烟丝物理指标的控制指标包括烟丝填充值、烟丝含水率和烟丝纯净度三项，将烟丝填充值控制在 4.38~4.49cm^3/g 范围内，烟丝含水率应控制在 12.7% 左右，烟丝纯净度应控制在 95.7% 以上。卷制过程的控制指标包括卷制烟支密度分布状态、卷制烟丝结构和卷制烟丝纯净度三项，控制平准器型号为 2.0×23 和 2.5×23；对于 A 牌号样品，针辊电压控制在 33~35mV，此时回丝比例在 32%~37% 范围内，大风机负压应控制在 -10kPa 左右，控制挡板高度在 59mm，小风机压力在 0.5kPa、二分侧风开度 3 排孔；卷烟机梗签剔除比例为 33% 左右，其烟支卷制质量稳定性较好。具体调节应结合具体牌号配方情况进行。

第一节 烟丝形态控制技术研究

通过以上关于烟丝形态与细支卷烟质量稳定性分析可知，烟丝形态的控制，对于细支卷烟质量稳定性的提高具有重要意义。烟丝形态控制工艺路线图如图 7-1 所示。

由分析可知，提高细支卷烟质量稳定性烟丝形态的控制指标包括烟丝宽度和烟丝结构两项，为保持细支卷烟质量的稳定性，烟丝宽度控制范围在 0.74~0.83mm 内，烟丝结构应控制特征尺寸在 1.6~1.8mm 内。烟丝宽度的控制指标通过切丝宽度参量来控制，烟丝结构可以通过改变烟片结构和烟丝尺寸两项参量来实现。对于控制参量烟丝宽度，由切丝机进行宽度控制，由

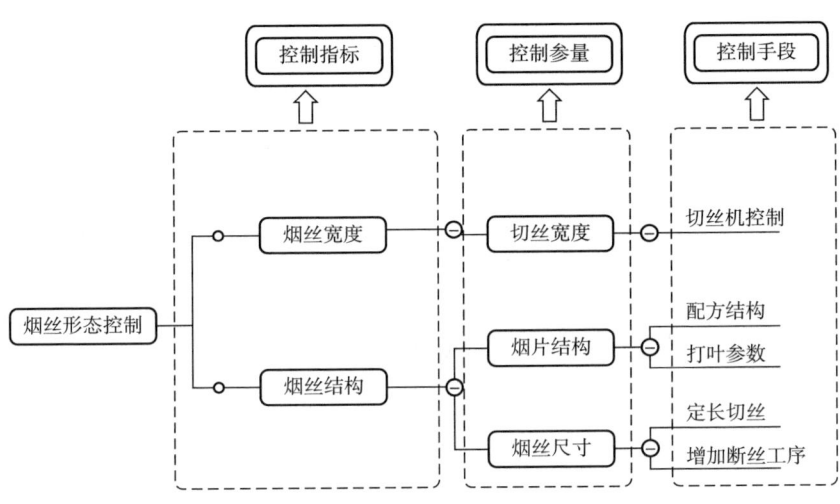

图 7-1 烟丝形态工艺控制路线图

于切丝机型号及切丝原理的差异，不同类型切丝机进行切丝时，应考虑切丝机实际控制精度与设计值之间的差异；控制参量烟片结构可以通过打叶过程打叶参数和框栏结构等控制手段来实现调节，具体调节应结合具体叶组配方进行；控制参量烟丝尺寸可通过定长切丝和增加断丝工序等手段来实现调节，具体调节应结合具体牌号配方情况进行。基于此，形成了"测"卷烟中烟丝宽度、烟丝结构指标，"调"卷烟机切丝宽度设计、烟片结构或烟丝结构参数，"控"切丝机和打叶分风系统等关键工艺控制技术。

第二节 烟丝物理指标控制技术研究

通过以上关于烟丝物理指标与细支卷烟质量稳定性分析可知，烟丝物理指标的控制，对于细支卷烟质量稳定性的提高具有重要意义。烟丝物理指标控制工艺路线图如图 7-2 所示。

由分析可知，提高细支卷烟质量稳定性烟丝物理指标的控制指标包括烟丝填充值、烟丝含水率和烟丝纯净度三项，烟丝填充值控制在 4.38～4.49cm^3/g 范围内，烟丝含水率应控制在 12.7%左右，烟丝纯净度应控制在 95.7%以上，细支卷烟质量的稳定性较好。烟丝填充值控制指标可通过干燥强度参量来控制，烟丝含水率可以通过来料含水率参量调整来实现，烟丝纯

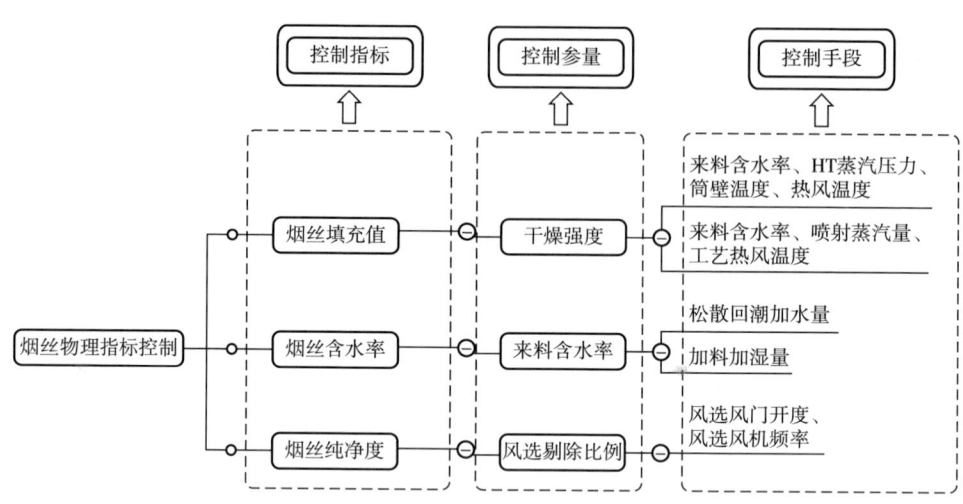

图 7-2 烟丝物理指标工艺控制路线图

净度控制指标可通过风选剔除比例参量来控制。对于控制参量干燥强度，若采用滚筒干燥，可由来料含水率、HT 蒸汽压力、筒壁温度、热风温度进行控制；若采用气流干燥，可由来料含水率、喷射蒸汽量和工艺热风温度进行控制；由于叶丝干燥机干燥方式、型号及干燥原理的差异，不同类型叶丝干燥设备进行脱水干燥时，应考虑干燥设备实际控制精度与设计值之间的差异；来料含水率参量可以通过制叶片过程的松散回潮加水量和加料加湿量等控制手段来实现调节，具体调节应结合具体叶组配方的吸湿能力进行；控制参量风选剔除比例可通过风选风门开度大小和风选风机频率的调整等手段来实现调节，具体调节应结合具体牌号配方烟丝结构情况及生产能力进行。基于此，形成了"测"烟丝填充值、烟丝含水率、烟丝纯净度指标，"调"干燥强度、烟片含水率或风选剔除梗签比例参数，"控"干燥参数、烟片加水量、风机频率等关键工艺控制技术。

第三节 卷制过程控制技术研究

通过以上关于卷制过程与细支卷烟质量稳定性分析可知，卷烟加工过程卷烟机卷制参数的控制对于细支卷烟质量稳定性的提高具有重要意义。卷制过程控制工艺路线图如图 7-3 所示。

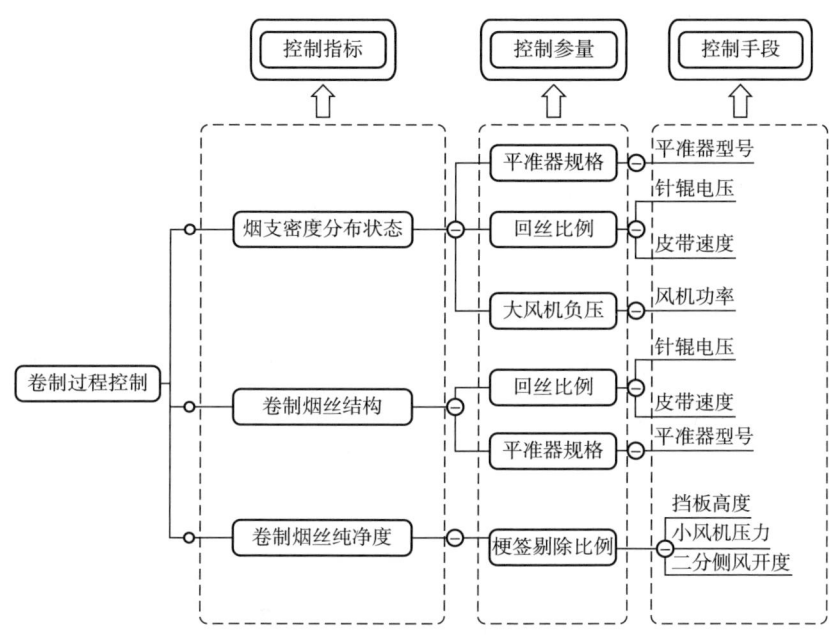

图 7-3 卷制过程工艺控制路线图

由分析可知，提高细支卷烟质量稳定性卷制过程的控制指标包括卷制烟支密度分布状态、卷制烟丝结构和卷制烟丝纯净度三项。烟支密度分布状态控制指标可通过平准器规格、回丝比例、大风机负压参量来控制；卷制烟丝结构可以通过来料卷烟机回丝比例、平准器规格参量调整来实现；卷制烟丝纯净度控制指标可通过卷烟机梗签剔除比例参量来控制。对于控制参量平准器规格，可通过平准器选型实现，由平准器与细支卷烟质量稳定性研究结果可知，采用平准器型号为 2.0mm×23mm 和 2.5mm×23mm 进行卷制时，稳定性较好；卷烟机回丝比例参量可以通过针辊电压和皮带速度等控制手段来实现调节，具体调节应结合具体卷烟机设备情况及配方情况进行，如 A 牌号针辊电压应控制在 33~35mV，此时回丝比例在 32%~37%，其烟支质量稳定性较好。卷烟机的大风机负压参量可以通过风机功率等控制手段来实现调节，具体调节应结合具体卷烟机设备情况及配方情况进行，如 A 牌号大风机负压应控制在 -10kPa 左右，其烟支卷制质量稳定性较好；卷烟机的梗签剔除比例参量可通过挡板高度、小风机压力和二分侧风开度的调整等手段来实现调节，具体调节应结合具体卷烟机设备情况及配方情况进行，如 A 牌号应控制挡板高度在 59mm、小风机压力在 0.5kPa、二分侧风开度 3 排孔，卷烟机梗签剔除比例为 33% 左右，其烟支卷制质量稳定性较好。基于此，形成了"测"卷烟中烟丝密度分布状态、烟丝结构、烟丝纯净度指标，"调"卷烟机平准器规格、回丝比例、大风机负压、梗签剔除比例等参数，"控"卷烟机平准器型号、针辊电压、风机功率、侧风开度等关键工艺控制技术。

第八章
细支卷烟定量设计及优化方案

本章以细支卷烟综合设计方案、细支卷烟燃吸过程中指标稳定性以及吸阻的定量设计为核心,从细支卷烟烟丝结构特征,卷烟纸透气度,滤嘴通风等调节变量考虑,根据前几章研究结果,给出了细支卷烟综合设计方案、细支卷烟指标稳定的设计方案,并建立了以细支卷烟吸阻为核心的设计方法与优化方案。

第一节　细支卷烟综合设计方案

以目前卷烟质量要求而言,卷烟设计要求主要分为物理质量和感官质量要求。卷烟物理质量的主要指标为吸阻、圆周、硬度、空头率等;感官质量根据品牌特征设计,但缺乏定量描述,烟气释放量中总粒相物、焦油、烟碱常规烟气成分以及7种有害成分释放量可以定量获得。这些指标为细支卷烟优化设计提供了数据基础。

烟丝宽度、烟丝特征长度、填充密度、卷烟纸透气度、滤嘴通风率是影响卷烟质量指标的关键参数,也是影响卷烟燃烧状态的关键因素,同样是评价卷烟质量稳定性的主要指标。基于处于燃烧状态的细支卷烟,燃烧状态的表征指标如温度、体积、燃烧速率、轴向气流速率以及燃烧锥进气量均是不可控因素。但是细支卷烟的关键质量具有一定的优化目标,比如吸阻焦油生成量、烟碱生成量和 CO 生成量。通常以降低卷烟 CO 生成量与焦油生成量为目标,另一方面又需要保证一定量的烟碱生成量。从卷烟常规烟气成分生成机理上讲,降低一种质量指标的方法有2种,一种是降低其在燃烧锥区域的生成量,另一种是降低递送量。从卷烟燃烧状态与卷烟关键质量指标之间的数据规律来看,也是满足以上烟气传递机理。数据规律显示:①降低卷烟燃烧锥进气量,即提高卷烟烟气稀释率可以有效降低卷烟 CO、焦油及烟碱的生成量,同时降低卷烟动态吸阻。②降低卷烟填充密度可以减小卷烟 CO、焦油及烟碱的生成量。

卷烟主流烟气常规化学成分 CO、焦油与烟碱的生成量表现出相同的规律，故本节以细支卷烟 CO 生成量为代表研究细支卷烟 CO 生成量的优化问题。图 8-1 与图 8-2 分别表示燃烧锥进气量比例与 CO 生成量之间的关系。从图 8-1 和图 8-2 中可以看出，基于不同的考察因素即滤嘴通风与填充密度，两者表现出截然相反的线性规律。单纯线性规律使得卷烟 CO 生成量优化过程无法进行（极值点为端点），因为增大卷烟滤嘴通风，降低卷烟填充密度即可降低细支卷烟 CO 生成量。但是无限制的增加卷烟滤嘴通风或者降低卷烟填充密度显然是不合理的，这样做出的卷烟存在严重的质量问题，比如空头、吸味不足等等。因此，细支卷烟的设计必须限定在卷烟物理质量与感官质量约束的基础上，满足一定的约束条件。由于本研究项目并没有涉及卷烟物理质量约束与感官质量约束问题，故在设计卷烟 CO 生成量、焦油生成量、烟碱生成量等卷烟质量指标方面是不充分的。在卷烟吸阻的设计方面，将在本章第三节单独论述。

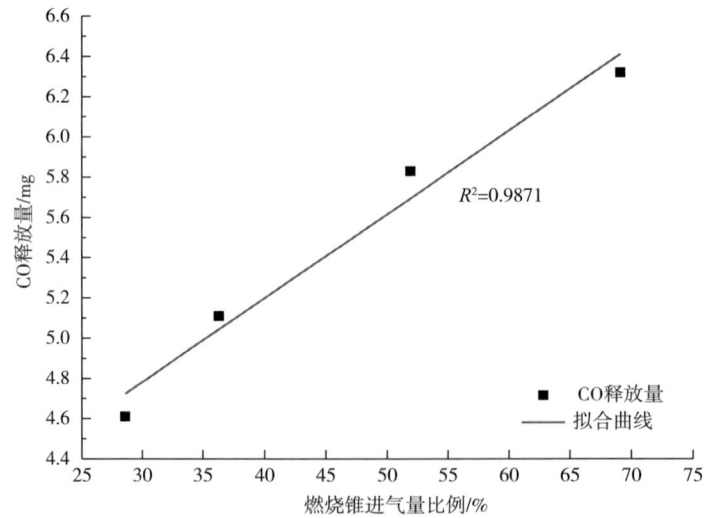

图 8-1　不同滤嘴通风下燃烧锥进气比例与 CO 生成量关系

如果引入细支卷烟优化设计的约束条件，即可以利用卷烟关键质量指标与其影响因素之间的规律对细支卷烟优化设计。整个优化设计过程可进行如下讨论：

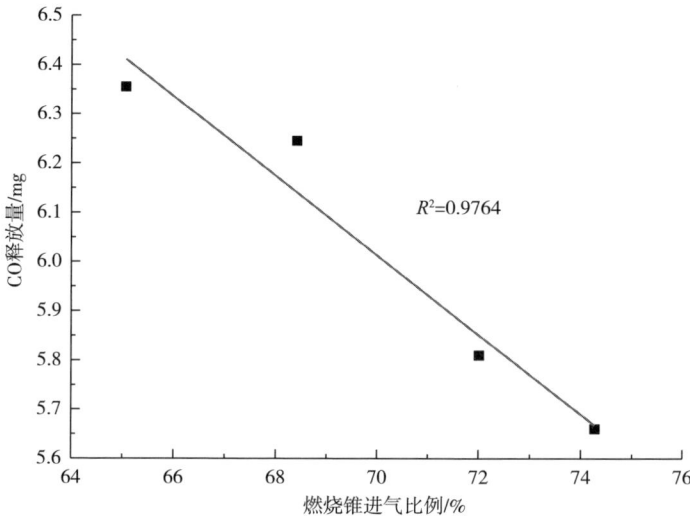

图 8-2 不同填充密度下燃烧锥进气比例与 CO 生成量关系

①选择合适的卷烟填充密度，该填充密度为满足细支卷烟空头率与硬度等指标要求的最低数值，以便从源头降低卷烟烟气中 CO 的生成量。

②增加细支卷烟滤嘴通风率，降低从卷烟燃烧锥进入的烟气量，以满足卷烟烟气感官要求为滤嘴通风率的上限。

③调整合适的卷烟纸透气度，对细支卷烟吸阻作出微调。

④调整细支卷烟烟丝的宽度与特征尺寸，保证卷烟燃烧锥装填的稳定性。

第二节 细支卷烟指标稳定性的设计方案

本节以细支卷烟烟丝结构特征、填充密度、卷烟纸透气度、滤嘴通风为调节变量，通过以上章节分析上述参数变量对细支卷烟质量及其燃烧过程中动态吸阻、轴向气流、烟气稀释率标准偏差的影响，获得了细支卷烟设计参数对质量稳定性、单口动态吸阻稳定性与逐口动态吸阻分布一致性、轴向气流稳定性、烟气稀释率稳定性的影响规律，结果总结如表 8-1 所示。根据表 8-1 中结果：

（1）随着烟丝宽度的增加，质量、单口动态吸阻与逐口动态吸阻、轴向气流、烟气稀释率等所有指标的稳定性降低，说明增加烟丝宽度，不利于细支卷烟燃烧过程中燃烧锥以及质量指标的稳定性，建议烟丝宽度为 0.76～0.78mm。

表 8-1 不同参数变量条件细支卷烟指标稳定性图标

参数变量	支重稳定性	动态吸阻 逐口动态吸阻分布一致性[2]	单口吸阻稳定性	烟气稀释率稳定性	轴向气流稳定性	建议参数
烟丝宽度 (0.6~0.90mm)	↓	↓	↓	↓	无明显变化	0.72~0.78mm
烟丝尺寸分布 (1.76~2.08mm)	↓	↓	—	↓	↑	1.76~1.82mm
填充密度 (230~260mg/cm³)	↓	↑	—	<250mg/cm³	↓	230~250mg/mm³
滤嘴通风 (34.3%~50.7%)	↑	↓	↑	45%~50%	↑↓	>45%
卷烟纸透气度 (20~100CU)	↓	↓	<80CU	80CU左右	80CU左右	60~80CU

注：1 指标稳定性[1]
2 以标准偏差大小表示，标准偏差越小，稳定性越好。
2 以 η 值大小表示，η 值越小，稳定性越好。
3 "↑" 表示稳定性升高，"↓" 表示稳定性降低，"↑↓" 表示稳定性先降低后升高。
4 "—" 表示未评价。

第八章 细支卷烟定量设计及优化方案

（2）细支卷烟烟丝特征尺寸增加，造成细支卷烟质量稳定性变差，在卷烟燃烧过程中，逐口动态吸阻、烟气稀释率等所有指标的稳定性随着烟丝特征尺寸增加逐渐降低，但轴向气流稳定性却增加，说明如果要保证细支卷烟在燃烧过程中各状态或指标的稳定性，须选择合适的烟丝特征尺寸范围，根据本项目研究结果，建议烟丝特征尺寸在 1.76~1.82mm 内。

（3）不同填充密度细支卷烟的分析表明，随着填充密度的增加，细支卷烟质量、逐口动态吸阻、轴向气流稳定性降低，单口吸阻稳定性未见明显规律，烟气稀释率在 <250mg/mm³ 稳定性较好。结果说明，较大的填充密度不利于细支卷烟各指标的稳定。由于 230mg/mm³ 填充密度条件下，落头倾向比较高（17.5%），因此，建议的填充密度为 230~250mg/mm³。

（4）滤嘴通风在 34.3%~50.7% 范围内，细支卷烟质量、逐口动态吸阻、单口动态吸阻、烟气稀释率随着滤嘴通风的增加，逐渐变稳定。轴向气流稳定性在此范围内先降低后回升。因此，较大的滤嘴通风有利于细支卷烟燃烧状态的稳定，在不影响感官质量的基础上，建议细支卷烟的滤嘴通风 >45.0%。

（5）随着卷烟纸透气度的增加，细支卷烟支重稳定性、逐口动态吸阻稳定性降低，单口动态吸阻及卷烟内部轴向气流在 80CU 附近最稳定，烟气稀释率在 60~80CU 范围内较稳定。建议 60~80CU 作为细支卷烟卷烟纸透气度的选取范围。

结合细支卷烟升级创新重大专项项目《提高细支卷烟质量稳定性的关键工艺技术研究》研究中，对烟丝形态特征和烟丝物理特性对细支卷烟稳定性的影响规律结果（随切丝宽度的增加，细支卷烟总体稳定性呈先增加后减小的趋势，实际切丝宽度在 0.74~0.83mm 范围内，细支卷烟支重、吸阻、硬度等物理指标和 CO、焦油、烟碱等烟气指标的稳定性较好；随烟丝长度减小，细支卷烟总体稳定性有增加的趋势，烟丝特征长度控制在 1.6~1.8mm 范围内，细支卷烟吸阻、动态吸阻、密度分布一致性等物理指标和 TPM、焦油、烟碱等烟气指标的稳定性较好），可以发现，在烟丝形态方面研究结果与该项目研究结果趋势接近，所建议的细支卷烟较为稳定的设计参数在该项目范围内，支撑了所提出的细支卷烟指标稳定的设计方案的可靠性。

综上分析，从烟丝结构、填充性、辅材性质角度，建立了细支卷烟燃吸过程中指标稳定的设计方案：降低烟丝宽度，选择合适的烟丝特征尺寸范围，降低填充密度，提高滤嘴通风，选择合适的卷烟纸透气度，有利于细支卷烟燃烧过程中燃烧锥以及质量指标的稳定性。烟丝宽度范围为 0.72~0.78mm，烟丝特征尺寸范围为 1.76~1.82mm，填充密度在 230~250mg/mm³ 在范围为，在不影响感官质量的基础上，建议细支卷烟的滤嘴通风>45.0%，细支卷烟卷烟纸透气度 60~80CU 在范围内。

第三节　卷烟吸阻定量设计及优化方案

一、数字化设计方法

本节以细支卷烟吸阻为核心优化与控制目标，以细支卷烟结构参数为约束条件，以细支卷烟烟丝结构特征，卷烟纸透气度，滤嘴通风为调节变量，建立了细支卷烟吸阻与吸阻稳定性数字化设计方法与优化方案。

卷烟吸阻设计必须立足于卷烟结构特征，目前大多数在销售卷烟结构尺寸基本是标准化的，普通卷烟 84mm，细支卷烟 97mm。即卷烟烟丝段的长度滤嘴段的长度之和为固定值。

卷烟普通滤嘴段的长度也是在常见的尺寸里面选择，这是由于滤嘴生产需要造成的，常见的滤棒的长度是有 100mm 和 120mm 两种。经过切割成型的滤棒有 25mm 的，即 100mm 的滤棒分成 4 段；有 24mm 的，即 120mm 的滤棒分成 5 段；有 30mm 的，即 120mm 的滤棒分成 4 段。卷烟烟丝段的长度即为卷烟总长度减去卷烟滤嘴段的长度。

由于卷烟在设计过程中，为了追求美感，卷烟烟丝前段的长度与卷烟总长度的比值一般为黄金分割。即为 0.618。对于 84mm 长度的普通卷烟，烟丝前段长度为 52mm 左右比较合适，相应的对于 100mm 长度细支卷烟，烟丝前段的长度为 62mm 左右比较合适，现有产品当中普通卷烟烟丝前段基本为 52mm 左右，而细支卷烟烟丝前段长度为 65mm。

由于现有的主要卷烟产品均具有滤嘴通风，滤嘴通风的形式以多排通风孔为主，因此以下主要对具有集中滤嘴通风孔的细支卷烟进行研究。

根据卷烟各个部分的串并联关系（图 8-3），可以获得卷烟各段气阻与卷烟吸阻以及通风率之间的定量关系分别为：

卷烟吸阻的表达式为

$$p_{\text{total}} = qR_{\text{total}} = q\left(\dfrac{\left(\dfrac{R_1 R_2}{R_1 + R_2} + R_3 + R_4\right) R_6}{\dfrac{R_1 R_2}{R_1 + R_2} + R_3 + R_4 + R_6} + R_5\right) \quad (8-1)$$

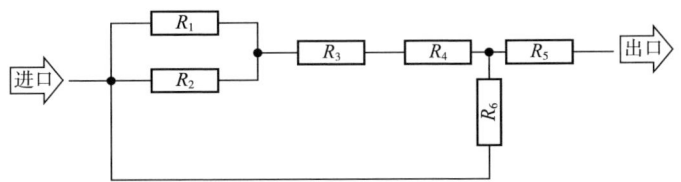

图 8-3 细支卷烟各部分气阻值的串并联关系

卷烟纸通风率的表达式为

$$\eta_{\text{paper}} = \frac{R_1}{R_1 + R_2} \frac{R_6}{\frac{R_1 R_2}{R_1 + R_2} + R_3 + R_4 + R_6} \tag{8-2}$$

卷烟滤嘴通风率的表达式为

$$\eta_{\text{filter}} = \frac{\frac{R_1 R_2}{R_1 + R_2} + R_3 + R_4}{\frac{R_1 R_2}{R_1 + R_2} + R_3 + R_4 + R_6} \tag{8-3}$$

卷烟总通风率的表达式为

$$\eta_{\text{total}} = \eta_{\text{paper}} + \eta_{\text{filter}} \tag{8-4}$$

从卷烟设计的角度考虑上述关系式，就是已知卷烟的吸阻、卷烟纸通风率和滤嘴通风率来计算卷烟各个组成部分的数值。相当于求解上述 3 个方程。实际上一共具有 6 个变量，即烟丝前段的气阻值（R_1）、卷烟纸的气阻值（R_2）、烟丝后端的气阻值（R_3）、通风孔前段的气阻值（R_4）、通风孔后端的气阻值（R_5）、通风孔的气阻值（R_6）。

在实际应用过程中，卷烟的各个部分是具有联系的。比如，R_1 和 R_3 一般都与长度成正比，而这个长度比也是在一定的范围内。对于普通卷烟 R_1/R_3 约等于7.4，更多的在 5~8.6。对于细支卷烟 R_1/R_3 约等于 13。而且一般的卷烟 R_4 与 R_5 都是相等的。这使得卷烟的吸阻设计时可以更改的变量减小，设计更为便捷。

设定 R_1/R_3 的比值、R_4/R_5 的比值，即

$$\frac{R_1}{R_3} = \alpha \tag{8-5}$$

$$\frac{R_4}{R_5} = \beta \tag{8-6}$$

$$\frac{R_1 + R_3}{R_4 + R_5} = \gamma \tag{8-7}$$

式（8-7）定义为卷烟在封闭卷烟纸透气和滤嘴通风孔透气的情况下，即全封闭时烟丝段与滤嘴段之间的气阻的比值。通过求解以上6个方程组即可以获得卷烟的各个部分气阻值，完成卷烟的数字化设计。

通过求解以上6个方程，可知

$$R_1 = \frac{\alpha\gamma(1+\beta)}{1+\alpha}R_5 \tag{8-8}$$

$$R_2 = \frac{1-\eta_{\text{paper}}-\eta_{\text{filter}}}{\eta_{\text{paper}}}\frac{\alpha\gamma(1+\beta)}{1+\alpha}R_5 \tag{8-9}$$

$$R_3 = \frac{\gamma(1+\beta)}{1+\alpha}R_5 \tag{8-10}$$

$$R_4 = \beta R_5 \tag{8-11}$$

$$R_5 = \frac{p_{\text{total}}(1+\alpha)}{q\left[(1+\alpha)+\gamma(1+\beta)(1-\eta_{\text{filter}})+\beta(1-\eta_{\text{filter}})(1+\alpha)+(1-\eta_{\text{filter}}-\eta_{\text{paper}})\alpha\gamma(1+\beta)\right]} \tag{8-12}$$

$$R_6 = \left(\frac{p_{\text{total}}}{q} - R_5\right)/\eta_{\text{filter}} \tag{8-13}$$

以现有某细支卷烟为例，对上述方程气阻的解进行验证。其中需要优化的各个参数如下：

$p_{\text{total}} = 3008$；$\eta_{\text{paper}} = 0.1071$；$\eta_{\text{filter}} = 0.2155$；$\alpha = 6.4423$；$\beta = 1.1429$；$\gamma = 0.9868$

带入以上方程可得 $R_1 \sim R_6$ 的数值。

计算可得 R_1 为 91.61，R_2 为 998.99，R_3 为 14.22，R_4 为 57.20，R_5 为 50.05，R_6 为 65.63。

二、卷烟吸阻优化设计方案

卷烟吸阻优化方案与一般的优化问题相同，都涉及优化目标、约束条件以及优化变量。以卷烟的属性，如烟丝前段与烟丝后段之间的长度比，滤嘴前段与滤嘴后端之间的长度比，卷烟纸通风率，滤嘴通风率等作为约束条件，建立以吸阻作为目标的优化函数，如下：

$$\min |p(R_1, R_2, R_3, R_4, R_5, R_6) - p_0|$$

$$s.t.\ R_1/R_2 = \alpha,\ R_4/R_5 = \beta,\ \eta_{\text{paper}} = \eta_{\text{paper}},\ \eta_{\text{filter}} = \eta_{\text{filter}}$$

烟丝前段的气阻值（R_1），卷烟纸的气阻值（R_2），烟丝后端的气阻值（R_3），通风孔前段的气阻值（R_4），通风孔后端的气阻值（R_5）通风孔的气阻值（R_6），上述优化目标函数，有6个变量，约束条件具有4个方程，经过迭代，相当于具有2个优化变量的无约束问题。因此，在现有卷烟的参数条件下，采取变量自身的灵敏度分析，更容易发现卷烟各个组成部分的数值与吸阻之间的关系。

以现有某牌号细支卷烟为例，其吸阻为1800Pa左右，以其结构参数设定吸阻的优化目标值 P_0 设定为1500Pa，α 设定为13（与现有卷烟相同），β 设定为1.5（与现有卷烟相同），卷烟纸透气度 η_{paper} 设定为0.1（与现有卷烟相同），滤嘴通风率设定为0.3（与现有卷烟相同）。由于现有细支卷烟 γ 的取值为0.5~2.5之间，故 γ 选取在0.5~2.5之间变化，计算出在不同 γ 数值下的卷烟各个部分气阻值，计算结果如图8-4所示。从计算结果可以看出 R_1-R_6 与 γ 基本均呈现指数函数关系，R_1，R_2，R_3 与 R_6 随着 γ 的增加而增加，而 R_4 与 R_5 随着 γ 的增加而减小。由于 γ 表示卷烟烟丝段与滤嘴段之间的气阻比，前段气阻的增加必然造成后段气阻的减小。以上结果说明在保持卷烟纸通风率，滤嘴通风率，总通风率不变的情况下，降低卷烟吸阻，需要改变卷烟各个部分的气阻值。表8-2列出了相应的优化方案。

表8-2　　　　　　　　吸阻优化设计方案

	常量（气阻值）	调整量（气阻值）	备注
方案一	R_1（90） R_3（6.92）	R_2（453），R_4（29），R_5（19），R_6（167）	吸阻1500Pa左右
方案二	R_2（155）	R_1（31），R_3（2），R_4（55），R_5（36），R_6（123）	由于烟丝前段的气阻值 R_1 过于小而不合理
方案三	R_4（37） R_5（25）	R_1（70），R_2（352），R_3（5），R_6（152）	吸阻1500Pa左右
方案四	R_6（239）	R_1-R_5 无法调整	无法实现吸阻的调控

方案一：保持此细支卷烟的 R_1 不变为90，R_3 即为6.92（细支卷烟 R_1/R_3 约13），R_2 必须调整为453，R_4 必须调整为29，R_5 必须调整为19，而 R_6 也必须调整为167，才能保证吸阻的稳定。

方案二：保持现有细支卷烟的 R_2 不变，即为155（通过卷烟纸透气度计算得到的数值），R_1 需要调整为31，R_3 调整为2，R_4 调整为55，R_5 调整为36，R_6 调整为123。这种情况由于 R_1 过于小而不合理。

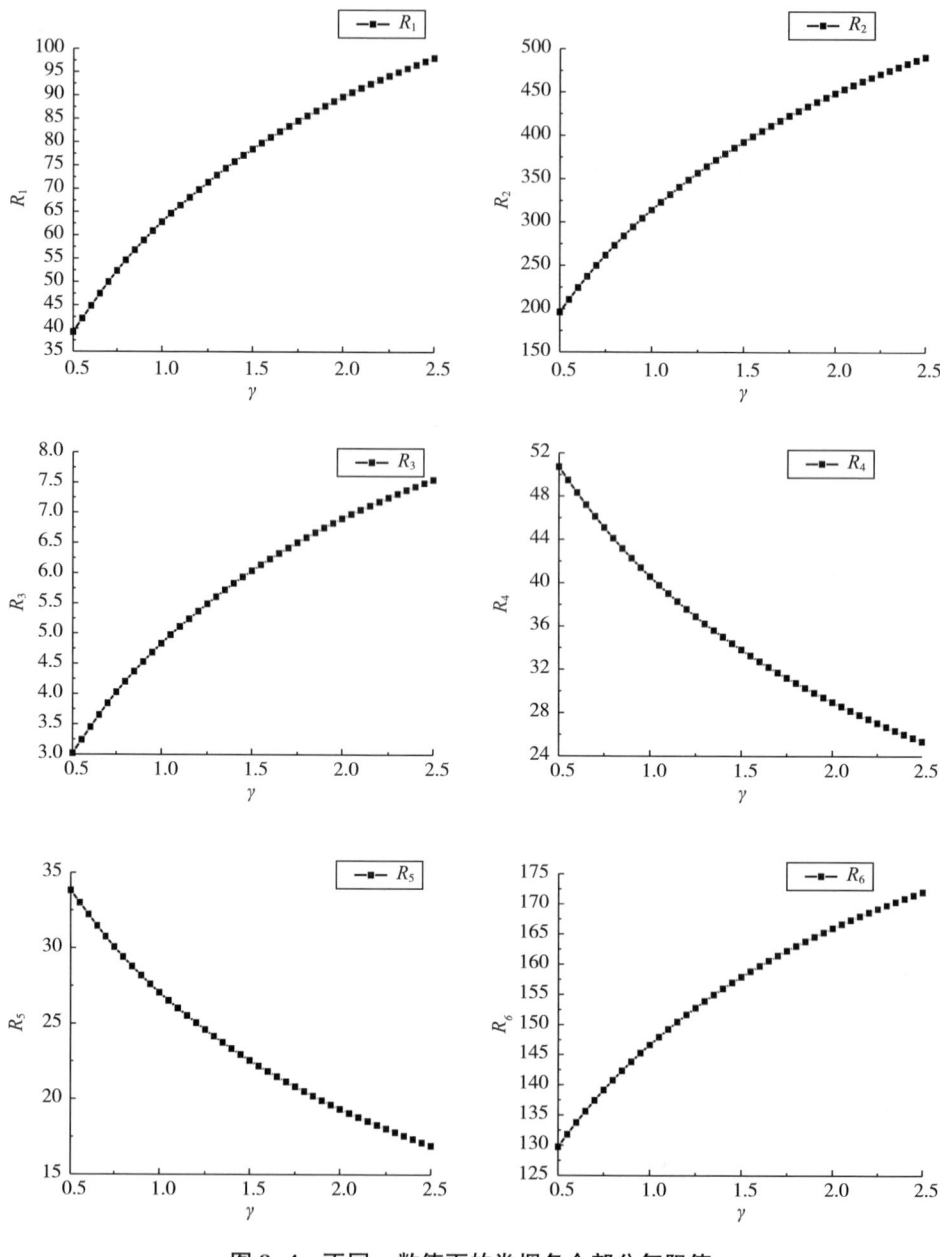

图 8-4 不同 γ 数值下的卷烟各个部分气阻值

方案三：保持现有 R_4 不变为 37，相应的 R_5 也保持不变为 25，如此 R_4 与 R_5 的和也不变，为 62，这样，R_1 必须调整为 70，R_2 必须调整为 352，而 R_3

也相应的变为 5，最后 R_6 必须调整为 152。

方案四：保持现有卷烟的 R_6 不变为 239，卷烟其他各个部分的气阻值调整不了，优化目标不能实现。

综上所述，为保证吸阻在一定数值下，可行的调整方案有：①保持烟丝段气阻值不变，调整其他参数；②保持滤嘴段气阻值不变，调整其他参数。不论哪种方案，都必须降低卷烟纸透气度，即增大 R_2 数值；必须增加滤嘴通风率，以降低 R_6 的数值。上述调整方案是在假定 α 和 β 值不变的前提下的设计方案，实际应用中根据产品设计具体要求，可以调整 α 和 β 的值。

第九章
关键技术研究应用

以 18 家工业企业与 1 家中烟实业细支卷烟产品的质量及稳定性特征分析为基础，依据提高细支卷烟稳定性控制技术研究结论，结合国内不同细支卷烟质量稳定性调研结果，针对不同牌号（规格）卷烟质量稳定性现状特点，依据验证卷烟牌号（或规格）烟支存在的不同质量稳定性问题，提出改进目的，开展提升质量稳定性的应用验证工作。

第一节 验证试验参数

目前获得了对 9 家卷烟企业的 12 个规格（或牌号）细支卷烟质量稳定性进行提升验证优化推广试验数据。试验参数如表 9-1 所示。并对验证试验的卷烟烟支样品分别进行常规物理指标、烟支其他物理指标、烟支烟气指标及其稳定性进行检测分析。

表 9-1   优化验证试验

序号	企业名称	牌号	调整目的	调整手段或途径
1	A	AS	降低硬度波动，降低落头倾向	增加烟丝纯净度，增加梗签剔除比例，增加大风机负压，改变卷烟机平准器规格
2	A	NXXZ	降低硬度波动，降低落头倾向	适当增加烟丝长度，适当提高制叶片及制丝物料含水率，增加烟丝纯净度，改变卷烟机平准器规格
3	B	XHM	减小动态吸阻波动	适当降低烟丝宽度及烟丝结构
4	B	JLSEC	增加动态吸阻一致性，降低落头倾向	增加烟丝纯净度，改变卷烟机平准器规格

续表

序号	企业名称	牌号	调整目的	调整手段或途径
5	C	TXML	降低吸阻波动,增加烟支密度一致性	适当提高烟丝填充性能,改变卷烟机平准器规格
6		XGQ	降低支重、硬度波动,降低落头倾向	降低烟丝长度,适当提高烟丝填充性能,改变卷烟机平准器规格
7	D	XY	降低烟支硬度及动态吸阻,降低落头倾向	降低烟丝长度,适当提高烟丝填充性能,提高卷烟机回丝比例,改变卷烟机平准器规格
8	E	GD	降低烟支硬度波动,降低空头率	降低烟丝宽度
9	F	FM	烟丝填充量略低,吸阻标准偏差相对较高,密度一致性略差	调整卷制参数,改变平准盘槽深和槽宽的设定、增加梗签剔除和回丝比例
10	H	TWG	支重及硬度偏低,吸阻及动态吸阻波动较大	适当增加烟丝填充量,优化烟丝填充性能,优化回丝比例和平准器规格
11	I	SMHY	支重和吸阻波动较大	降低烟丝长度,适当增加烟丝宽度,改善烟丝填充性能
12	J	GYKY	动态吸阻波动较大和落头倾性较高	调控平准器型号,控制槽深槽宽,适当增加梗签剔除比例

第二节 验证试验结果

一、烟支常规物理指标及其稳定性

对针对性改进试验烟支样品的常规物理指标支重、硬度、吸阻、滤嘴通风、总通风等指标进行测定,并分析各物理指标改进前后的稳定性情况。表9-2与图9-3列出了优化前后各指标的平均值与稳定性。可以看出各指标稳定性均有不同程度提升。卷烟支重量平均标准偏差≤12.56mg,烟支吸阻(开)平均标准偏差≤49Pa,烟支硬度标准偏差≤2.81%。详细分析结果如图9-1~图9-10。

表 9-2　　　　　支重、硬度等物理指标优化前后平均值

指标平均值	支重/(mg/支)	硬度/%	吸阻/Pa	滤嘴通风/%	总通风率/%	落头倾向/%	动态吸阻/Pa	密度/(mg/cm³)
优化前	528	59.38	1438	32.75	44.62	12.23	2528	242
优化后	532	58.16	1421	32.25	42.93	11.14	2569	240

表 9-3　　　　　支重、硬度等物理指标优化前后稳定性

指标稳定性*	支重/(mg/支)	硬度/%	吸阻/Pa	滤嘴通风/%	总通风率/%	落头倾向/%	动态吸阻/Pa	密度/(mg/cm³)
优化前	13.46	4.05	70	2.17	2.63	—	165	43.8
优化后	12.56	2.81	49	1.88	2.10	—	156	34.7

注：* 标准偏差或 η 值

1. 烟支支重

图 9-1 和图 9-2 分别为优化前、后各牌号细支卷烟支重均值和标准偏差变化情况。由图 9-1~图 9-7 可知，优化后样品与优化前相比，11 个规格细支卷烟中的 10 个规格烟支单支重标准偏差降低，即 90% 以上的验证样品单支重标准偏差降低，标准偏差降低幅度为 6.7%，经优化后细支卷烟烟支单支重稳定性得到提升。

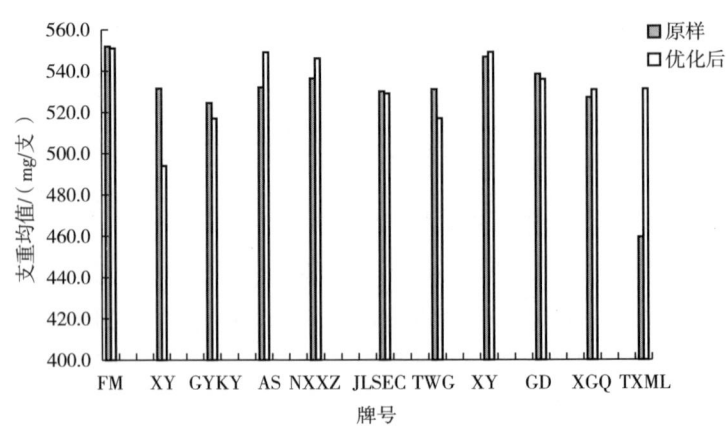

图 9-1　优化前、后烟支支重均值变化情况

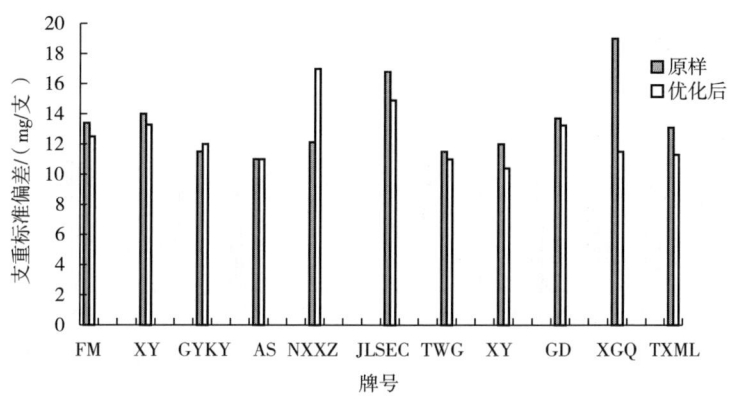

图 9-2　优化前、后烟支支重标准偏差变化情况

2. 烟支硬度

图 9-3 和图 9-4 分别为优化前、后各牌号细支卷烟烟支硬度均值和标准偏差变化情况。由图 9-3 和图 9-4 可知，优化后样品与优化前相比，11 个规格细支卷烟中的 9 个规格烟支硬度标准偏差降低，即 81.8% 以上的验证样品硬度标准偏差降低，标准偏差降低幅度为 26.1%，经优化后细支卷烟烟支硬度稳定性得到提升。

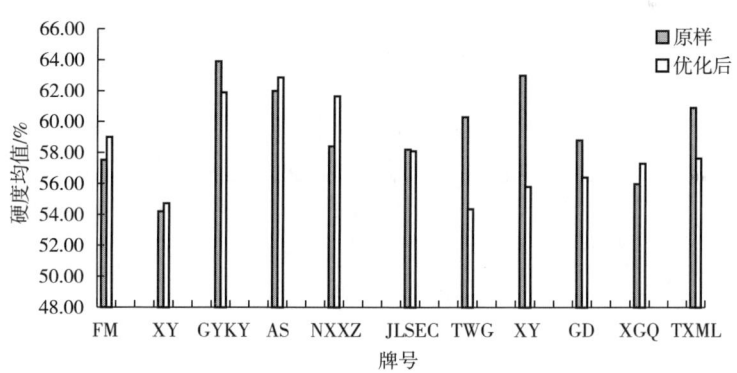

图 9-3　优化前、后烟支硬度均值变化情况

3. 烟支吸阻

图 9-5 和图 9-6 分别为优化前、后各牌号细支卷烟烟支吸阻均值和标准偏差变化情况。由图 9-5 和图 9-6 可知，优化后样品与优化前相比，11 个规

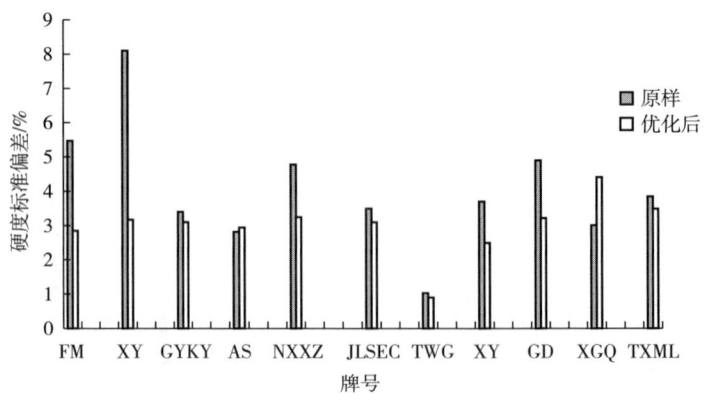

图 9-4 优化前、后烟支硬度标准偏差变化情况

格细支卷烟中的 10 个规格烟支吸阻标准偏差降低，即 90% 以上的验证样品吸阻标准偏差降低，标准偏差降低幅度为 18.2%，经优化后细支卷烟烟支吸阻稳定性得到提升。

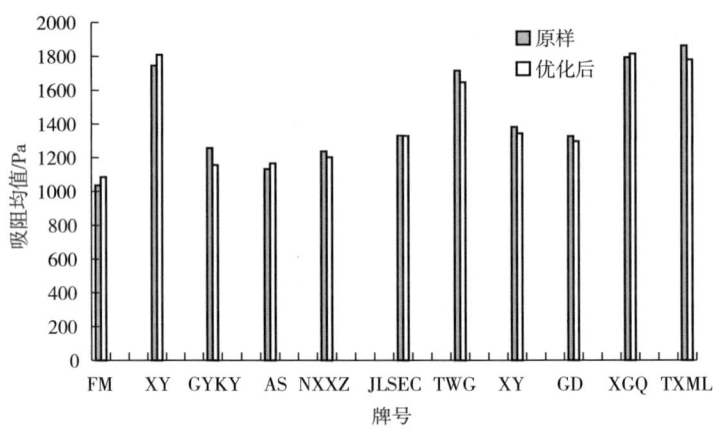

图 9-5 优化前、后烟支吸阻变化情况

4. 滤嘴通风率

图 9-7 和图 9-8 分别为优化前、后各牌号细支卷烟滤嘴通风率均值和标准偏差变化情况。由图 9-7 和图 9-8 可知，优化后样品与优化前相比，11 个规格细支卷烟中的 9 个规格烟支滤嘴通风率的标准偏差降低，即 81.8% 以上的验证样品滤嘴通风率的标准偏差降低，标准偏差降低幅度为 13.3%，经优化后细支卷烟滤嘴通风率稳定性得到提升。

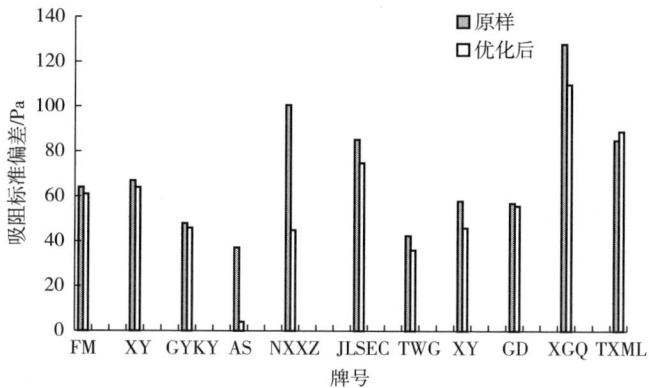

图 9-6 优化前、后烟支吸阻标准偏差变化情况

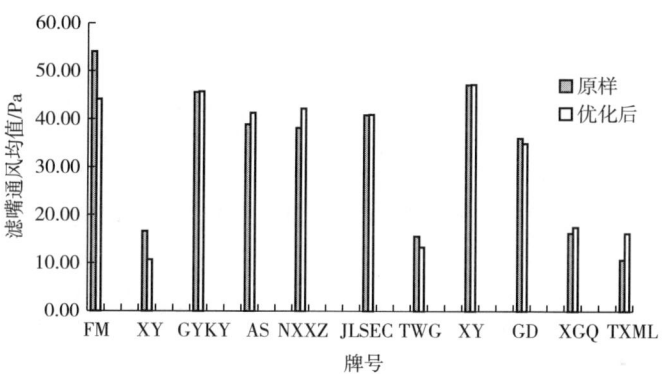

图 9-7 优化前、后烟支滤嘴通风均值变化情况

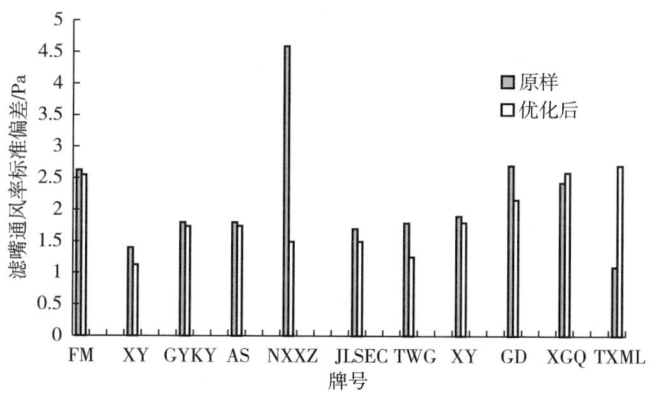

图 9-8 优化前、后烟支滤嘴通风标准偏差变化情况

5. 总通风

图 9-9 和图 9-10 分别为优化前、后各牌号细支卷烟总通风均值和标准偏差变化情况。由图 9-9 和图 9-10 可知，优化后样品与优化前相比，11 个规格细支卷烟中的 10 个规格烟支总通风率的标准偏差降低，即 90%以上的验证样品总通风率的标准偏差降低，标准偏差降低幅度为 20.2%，经优化后细支卷烟总通风率的稳定性得到提升。

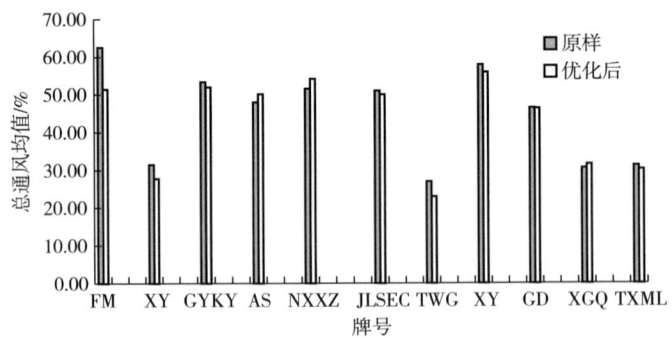

图 9-9 优化前、后烟支总通风均值变化情况

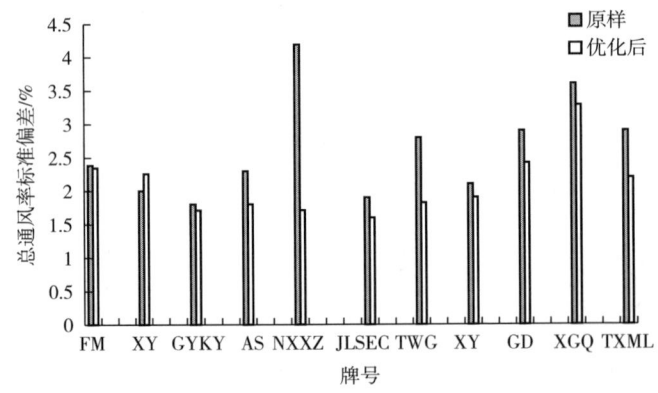

图 9-10 优化前、后烟支总通风率标准偏差变化情况

小结：采用研究成果进行细支卷烟加工过程优化，优化后卷制烟支样品与优化前相比，烟支各常规物理指标单支重、硬度、吸阻、滤嘴通风率、总通风率的稳定性均得到不同程度提升。

二、烟支其他物理指标及其稳定性

对针对性改进试验烟支样品的其他物理指标动态吸阻、密度一致性、燃烧锥落头倾向等指标进行测定，并分析各指标改进前后的差异及变化情况。结果如图9-11~图9-17所示。

1. 动态吸阻

图9-11~图9-13分别为优化前、后各牌号细支卷烟吸阻均值、标准偏差和动态吸阻值 η 变化情况。由图9-11~图9-13可知，优化后样品与优化前相比，11个规格细支卷烟中的8个规格烟支吸阻标准偏差降低，11个规格细支卷烟中的9个规格烟支动态吸阻值 η 降低，其中，标准偏差降低幅度为5.05%。即经优化后细支卷烟总动态吸阻的稳定性得到提升。

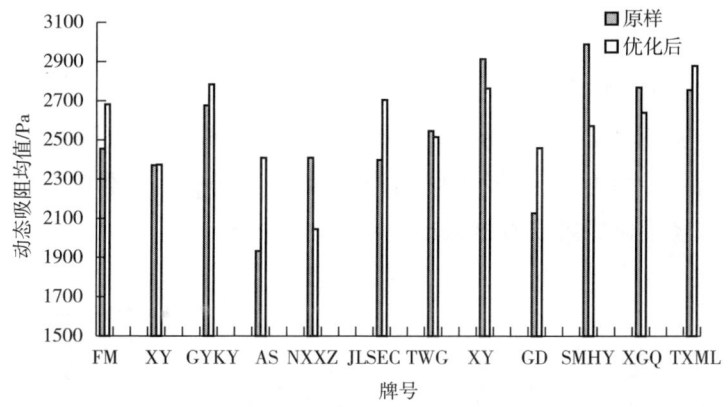

图9-11 优化前、后烟支动态吸阻均值变化情况

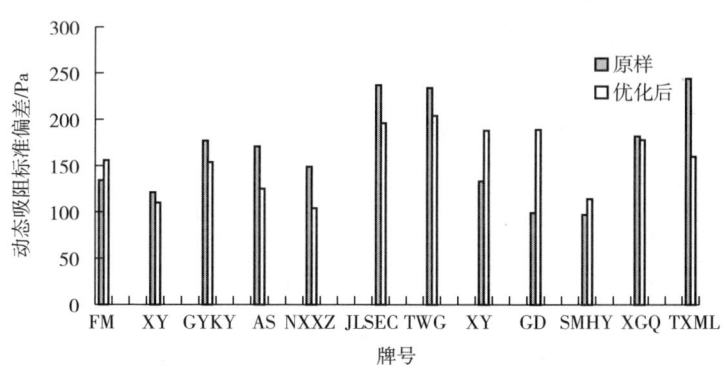

图9-12 优化前、后烟支动态吸阻标准偏差变化情况

2. 密度一致性

图9-14~图9-16分别为优化前、后各牌号细支卷烟密度均值、标准偏差

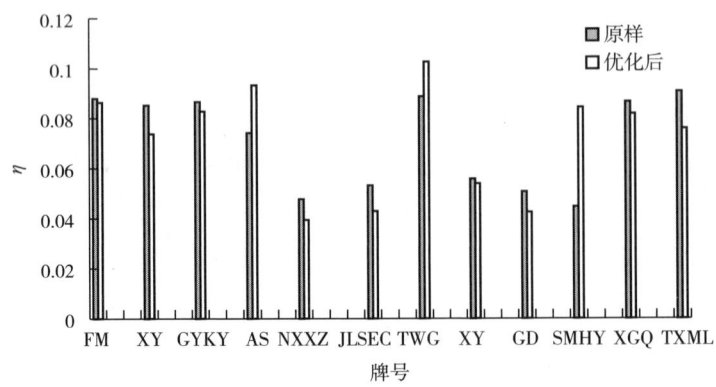

图 9-13 优化前、后烟支动态吸阻 η 值变化情况

和密度一致性值 η 变化情况。由图 9-14~图 9-16 可知,优化后样品与优化前相比,12 个规格细支卷烟中的 11 个规格烟支密度标准偏差降低,12 个规格细支卷烟中的 7 个规格烟支动态吸阻值 η 降低,其中,标准偏差降低幅度为 20.69%。即经优化后细支卷烟密度一致性得到提升。

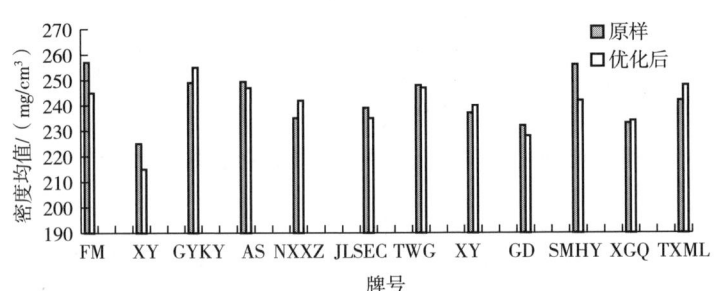

图 9-14 优化前、后烟支密度均值变化情况

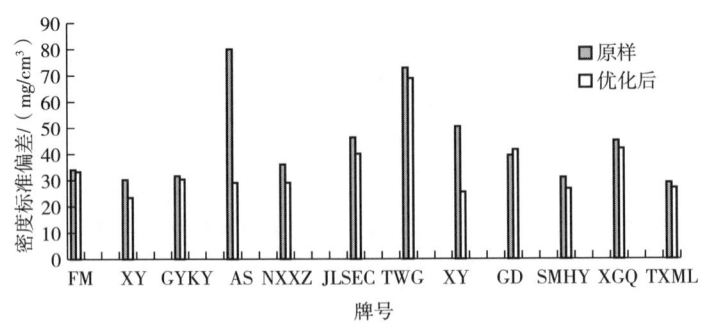

图 9-15 优化前、后烟支密度标准偏差变化情况

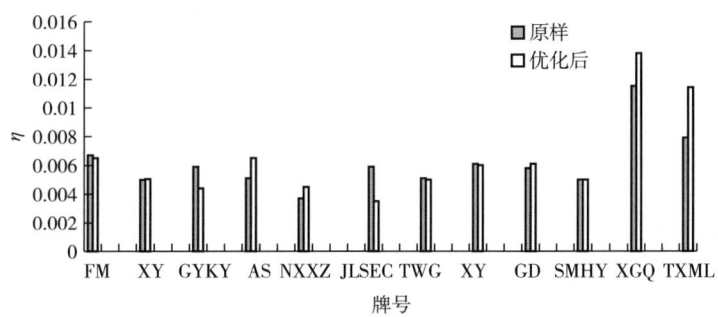

图 9-16 优化前、后烟支密度分布一致性 η 值变化情况

3. 落头倾向

图 9-17 为优化前、后各牌号细支卷烟燃烧锥落头倾向变化情况。由图 9-17 可知，优化后样品与优化前相比，12 个规格细支卷烟中的 9 个规格烟支燃烧锥落头倾向降低，即 75% 以上的验证样品燃烧锥落头倾向降低，燃烧锥落头倾向降低幅度为 8.86%，经优化后细支卷烟的总通风率稳定性得到提升。

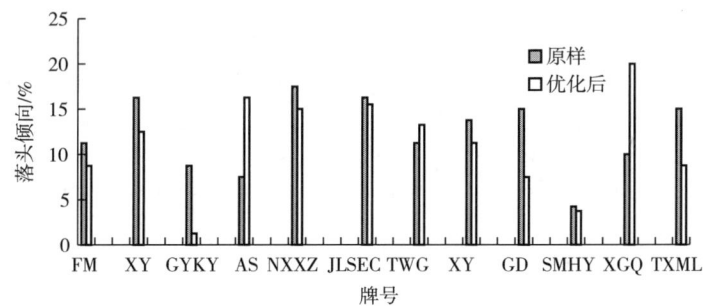

图 9-17 优化前、后烟支燃烧锥落头倾向变化情况

三、烟支烟气指标及其稳定性

对针对性改进试验烟支样品的烟气指标抽吸口数、TPM、焦油、烟碱、CO 等指标进行测定，并分析各物理指标改进前后的稳定性情况。结果如图 9-18 和图 9-19 所示。4 个规格的细支卷烟，总体而言，优化后样品与优化前相比烟支烟气指标中抽吸口数标准偏差、TPM 标准偏差、焦油标准偏差、烟碱标准偏差、CO 标准偏差均得到不同幅度的降低，即优化处理后烟支烟气指标稳定性得到一定程度提升。其中焦油量批内波动≤0.40mg，焦油量批间波动≤0.58mg。

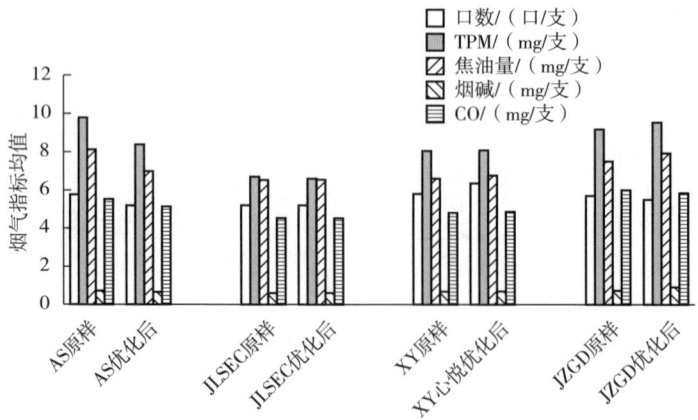

图 9-18 优化前、后烟支烟气指标均值变化情况

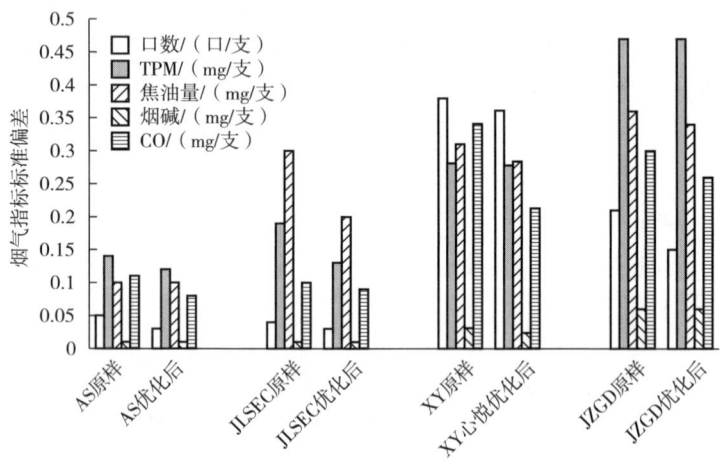

图 9-19 优化前、后烟支烟气指标标准偏差变化情况

四、烟支感官质量评价

对针对性改进试验烟支样品分别进行改进前后感官质量指标评价,采用 GB 5606.4—2005《卷烟 第4部分:感官技术要求》进行评价,评价结果如表 9-4 所示,由表 9-4 中数据可知,优化改进后,细支卷烟感官质量平均提升 0.40 分,优化的 11 个细支卷烟规格,7 个规格细支卷烟感官质量得到明显提升,4 个规格感官质量变化不明显。即针对细支卷烟特点,依据项目研究成果进行优化提升后,细支卷烟整体感官质量得到不同程度提升。

表 9-4　　　　　　　优化后细支卷烟感官质量评价结果

牌号	光泽	香气	谐调	杂气	刺激性	余味	合计	改进前	总分提高
七匹狼（锋芒）	5.00	29.50	5.00	11.00	18.00	22.50	91.00	89.88	1.13
真龙（凌云）	5.00	28.61	4.94	10.83	17.83	22.00	89.22	88.88	0.35
黄金叶（浓香细支）	5.00	29.56	5.00	11.06	18.06	22.33	91.00	89.75	1.25
黄金叶（爱尚）	5.00	29.00	4.94	11.00	17.78	22.06	89.78	89.69	0.09
南京（金陵十二钗）	5.00	29.39	5.00	11.06	17.94	22.28	90.67	90.50	0.17
金圣（滕王阁）	5.00	28.61	4.83	10.83	17.61	21.94	88.83	88.56	0.27
泰山（心悦）	5.00	28.44	4.89	10.78	17.67	21.94	88.72	88.84	-0.12
娇子（格调）	5.00	28.94	4.94	10.94	17.83	22.00	89.67	89.19	0.48
黄鹤楼（峡谷情）	5.00	29.61	5.00	11.06	18.11	22.33	91.11	90.38	0.74
黄鹤楼（天下名楼）	5.00	28.89	5.00	10.94	17.89	22.06	89.78	90.00	-0.22
神秘花园	5.00	29.33	5.00	11.06	18.00	22.33	90.72	90.38	0.35
平均	5.00	29.08	4.96	10.96	17.88	22.16	90.05	89.65	0.40

附表

附表1　国内细支卷烟物理指标测试结果表（1）

序号	品牌	质量/g	圆周/mm	长度/mm	开吸阻/Pa	闭吸阻/Pa	滤嘴通风率/%	全通风率/%	硬度/%	含末率/%	燃烧速率/(s/4.0cm)
1	HS (HFYXZ)	0.581	17.07	96.9	1555	1968	20.4	38.4	55.9	2.42	6.35
2	QPL (FM)	0.552	16.96	97.3	1036	1974	54.0	62.6	57.5	3.41	7.83
3	SX (GXXZ)	0.603	17.12	97.0	1519	1871	17.7	37.0	62.8	3.59	7.05
4	ZL (LY)	0.532	16.89	96.8	1745	2030	16.6	31.5	54.2	4.64	8.12
5	GY (KY)	0.525	17.17	90.1	1256	2150	45.6	53.3	63.9	5.62	6.38
6	ZS (XZHH)	0.537	16.99	96.9	1139	1835	41.2	50.1	57.2	2.30	7.44
7	HJY (AS)	0.546	17.10	97.0	1160	1857	42.9	51.7	57.1	2.84	7.49
8	HJY (TXXZ)	0.547	17.12	97.0	1187	1843	41.0	53.3	57.4	4.34	7.35
9	HJY (XS)	0.547	17.10	97.0	1111	1757	43.5	54.1	58.6	3.15	7.05
10	HJY (NXXZ)	0.536	17.04	97.1	1236	1859	38.2	51.5	58.4	6.12	8.25
11	HJL (YLAN)	0.517	17.14	89.8	1857	1991	8.1	23.1	57.4	3.46	7.70
12	HHL (TXML)	0.478	16.70	84.0	1943	2151	11.2	30.7	57.0	3.39	7.58
13	HJL (YANBZ)	0.529	17.18	90.1	1911	2053	9.5	26.1	54.5	2.91	7.75
14	HHL (YXGQXZ)	0.526	17.24	89.9	1698	1983	20.1	31.7	49.5	2.44	8.21
15	BS (YTTXSXZ)	0.522	16.93	96.8	1868	1885	—	12.3	51.8	5.83	8.15
16	NJ (XHM)	0.542	17.11	96.9	1671	2175	25.6	36.1	58.0	4.46	6.94
17	NJ (SECKY)	0.516	17.06	97.1	1269	1943	40.9	51.0	52.7	5.23	8.88

附表

18	NJ（SECBH）	0.528	17.01	96.8	1480	2251	39.6	51.7	61.5	6.50	8.54
19	NJ（YHS）	0.530	17.03	97.1	1205	2127	50.6	59.0	55.6	3.90	8.53
20	NJ（XZJW）	0.594	17.04	96.8	1041	2038	52.9	60.0	54.3	2.69	9.18
21	NJ（SECZSHHX）	0.518	17.04	97.1	1025	2088	61.2	68.3	60.5	4.39	7.88
22	JS（TWGXZ）	0.519	16.98	97.0	1647	1997	18.7	29.8	54.1	6.00	7.64
23	TS（XY）	0.547	16.94	97.0	1383	2322	47.2	57.8	63.0	2.51	7.62
24	TS（HKXZ）	0.531	17.04	97.1	1341	2096	45.0	54.1	55.5	3.92	8.08
25	TS（FGXZ）	0.542	17.02	97.1	1365	2188	45.1	55.3	61.0	2.59	7.70
26	TS（RFXZ）	0.523	17.12	97.3	1205	2118	50.4	55.4	62.7	2.43	7.75
27	HM（XZCL）	0.511	16.90	97.2	1630	2102	26.8	40.0	59.9	4.18	7.73
28	FH（XZ）	0.459	17.06	84.1	1908	1906	—	15.1	58.6	3.69	7.78
29	JZ（GDXZ）	0.538	17.06	97.1	1328	1889	36.1	46.4	58.8	3.75	7.12
30	JZ（XLY）	0.530	17.03	97.2	1569	2063	27.5	41.2	62.6	2.66	8.62
31	JZ（LYXXZ）	0.518	17.09	97.1	1333	2321	54.3	62.7	66.5	2.17	8.63
32	HTS（XZCQ）	0.559	17.01	99.8	1417	2061	36.1	46.0	58.1	4.38	7.96
33	YY（SMHY）	0.594	17.06	100.1	1699	2462	33.5	53.2	65.9	3.34	6.68
34	YX（XZQXSJ）	0.561	17.14	99.8	1402	1959	34.0	44.5	55.9	2.25	6.84
35	LQ（XZYG）	0.467	17.11	84.5	1604	2196	30.8	40.9	58.8	3.51	6.98
36	CBS（777）	0.543	17.02	97.1	1165	1973	44.8	53.6	59.3	2.85	7.04
37	SX（YXHHRZ）	0.563	17.05	96.9	2121	2122	—	22.0	63.5	5.21	7.61
	平均值	0.535	17.04	95.5	1460	2043	35.6	44.6	58.4	3.76	7.69
	最大值	0.603	17.24	100.1	2121	2462	61.2	68.3	66.5	6.50	9.18
	最小值	0.459	16.70	84.0	1025	1757	8.1	12.3	49.5	2.17	6.35

附表 2　国内细支卷烟物理指标测试结果表（2）

序号	品牌	质量 CV/%	圆周 CV/%	长度 CV/%	开吸阻 CV/%	闭吸阻 CV/%	滤嘴通风度 CV/%	全通风度 CV/%	硬度 CV/%
1	HS（HFYXZ）	1.86	0.25	0.14	4.73	5.41	9.55	5.68	5.30
2	QPL（FM）	2.43	0.47	0.19	6.18	5.13	4.86	3.82	5.47
3	SX（GXXZ）	2.30	0.26	0.12	5.27	5.23	8.29	5.21	4.54
4	ZL（LY）	2.64	0.40	0.17	3.82	4.51	8.74	6.29	8.13
5	GY（KY）	2.20	0.28	0.13	3.80	4.52	4.01	3.41	3.44
6	ZS（XZHH）	3.27	0.32	0.13	4.69	7.52	5.49	5.12	4.66
7	HJY（AS）	2.91	0.28	0.14	4.82	6.38	3.46	3.40	4.07
8	HJY（TXXZ）	2.29	0.25	0.07	4.02	4.68	4.79	3.81	4.17
9	HJY（XS）	2.04	0.28	0.10	3.43	4.65	4.49	3.48	4.05
10	HJY（NXXZ）	2.26	0.28	0.15	8.14	4.57	14.64	8.13	4.78
11	HJL（YLAN）	3.12	0.41	0.14	6.01	6.53	12.19	12.29	5.92
12	HHL（TXML）	2.79	0.96	0.06	6.14	7.00	9.79	11.29	5.64
13	HJL（YANBZ）	2.88	0.29	0.23	6.02	6.79	18.89	11.10	5.08
14	HHL（YXGQXZ）	3.02	0.29	0.19	3.72	4.41	9.63	7.99	6.18
15	BS（YTTXSXZ）	2.17	0.34	0.17	4.62	4.62	—	—	4.24
16	NJ（XHM）	1.67	0.32	0.11	4.01	4.32	8.59	5.84	2.97
17	NJ（SECKY）	3.27	0.33	0.16	4.06	4.46	4.27	3.80	5.72
18	NJ（SECBH）	2.21	0.29	0.25	3.88	4.49	5.40	3.48	4.29

序号	标签								
19	NJ (YHS)	2.84	0.57	0.18	5.37	6.32	4.27	3.40	4.94
20	NJ (XZJW)	2.38	0.33	0.91	6.03	5.81	4.13	3.64	4.83
21	NJ (SECZSHHX)	2.06	0.30	0.16	3.78	4.58	3.00	2.57	4.50
22	JS (TWGXZ)	2.23	0.23	0.13	6.33	6.36	10.87	6.66	4.63
23	TS (XY)	2.19	0.31	0.16	4.22	5.38	4.01	3.55	3.71
24	TS (HKXZ)	2.67	0.36	0.21	3.69	5.02	5.95	5.25	5.43
25	TS (FGXZ)	1.99	0.27	0.22	3.68	4.36	4.61	3.81	5.74
26	TS (RFXZ)	2.28	0.32	0.14	11.16	5.11	13.72	11.52	3.43
27	HM (XZCL)	2.68	0.44	0.21	5.54	5.65	4.28	4.36	5.12
28	FH (XZ)	2.11	0.42	0.14	4.17	4.17	—	—	6.31
29	JZ (GDXZ)	2.55	0.38	0.16	4.27	4.83	7.36	6.20	4.88
30	JZ (XLY)	2.13	0.42	0.25	4.47	4.77	6.99	4.97	5.12
31	JZ (LYXXZ)	3.69	0.36	0.22	6.96	6.35	8.58	6.41	5.83
32	HTS (XZCQ)	3.33	0.38	0.13	5.46	6.35	5.84	5.80	3.92
33	YY (SMHY)	2.07	0.39	0.13	5.43	5.98	7.45	4.30	4.14
34	YX (XZQXSJ)	3.54	0.48	0.15	4.94	7.37	7.06	7.83	6.09
35	LQ (XZYG)	2.06	0.28	0.16	3.84	5.59	6.16	5.43	3.96
36	CBS (777)	2.28	0.27	0.19	5.30	5.69	4.83	3.92	4.61
37	SX (YXHHRZ)	2.52	0.28	0.12	4.32	4.30	—	—	4.53
	平均值	2.51	0.35	0.18	5.04	5.38	7.24	5.70	4.87
	最大值	3.69	0.96	0.91	11.16	7.52	18.89	12.29	8.13
	最小值	1.67	0.23	0.06	3.43	4.17	3.00	2.57	2.97

附表 3　国外细支卷烟物理指标测试结果表（1）

序号	品牌	质量/g	圆周/mm	长度/mm	开吸阻/Pa	闭吸阻/Pa	滤嘴通风率/%	全通风率/%	硬度/%	含末率/%	燃烧速率/(s/4.0cm)
1	DWDF（YB）	0.536	17.06	99.4	823	2965	86.4	90.5	69.3	5.91	7.66
2	DWDF（ZL）	0.523	17.08	99.4	1936	3133	41.0	53.0	68.9	6.16	7.73
3	AXBH	0.536	17.09	100.1	1264	2635	64.8	70.2	67.8	7.24	6.90
4	AXHB	0.562	17.08	100.2	1079	3131	74.6	80.1	63.9	6.30	7.59
5	AXYS	0.564	17.08	99.9	1126	3142	74.9	79.4	69.8	4.94	7.35
6	AXL	0.535	17.11	100.1	1354	2746	62.3	68.5	69.7	8.60	7.18
7	AXJ	0.549	17.14	100.0	1115	3000	72.9	78.2	71.6	8.34	7.29
8	AX1mg	0.513	17.10	100.1	876	2861	86.7	88.6	67.5	6.66	8.62
9	AX6mg	0.528	17.11	100.0	1560	2711	51.5	58.9	67.6	9.05	7.38
10	JPHB	0.517	17.12	83.0	850	2951	87.9	89.0	68.2	7.06	8.40
11	JPXY	0.517	17.17	83.1	1164	2629	62.3	65.1	70.1	6.85	7.60
	平均值	0.535	17.10	96.8	1195	2900	69.6	74.7	68.6	7.01	7.61
	最大值	0.564	17.17	100.2	1936	3142	87.9	90.5	71.6	9.05	8.62
	最小值	0.513	17.06	83.0	823	2629	41.0	53.0	63.9	4.94	6.90

附表

附表4 国外细支卷烟物理指标测试结果表（2）

序号	品牌	质量 CV/%	圆周 CV/%	长度 CV/%	开吸阻 CV/%	闭吸阻 CV/%	滤嘴通风度 CV/%	全通风度 CV/%	硬度 CV/%
1	DWDF（YB）	1.84	0.34	0.12	5.01	6.67	3.67	3.96	3.94
2	DWDF（ZL）	2.97	0.26	0.11	4.60	6.11	3.51	3.29	2.81
3	AXBH	2.09	0.36	0.13	4.46	5.88	1.85	1.94	4.74
4	AXHB	2.68	0.22	0.12	4.69	3.95	1.93	1.62	4.04
5	AXYS	1.81	0.24	0.14	4.66	4.95	2.84	2.68	3.46
6	AXL	1.96	0.38	0.15	5.25	6.66	3.16	2.98	3.03
7	AXJ	1.86	0.42	0.08	6.17	5.88	1.95	1.99	3.66
8	AX1mg	1.88	0.34	0.08	4.44	5.26	4.35	3.60	3.21
9	AX6mg	1.90	0.26	0.12	4.89	4.98	0.92	0.91	3.52
10	JPHB	1.87	0.33	0.14	4.47	4.78	2.52	2.37	3.32
11	JPXY	2.09	0.32	0.12	4.73	5.40	2.52	2.38	3.57
	平均值	2.09	0.32	0.12	4.85	5.50	2.66	2.52	3.57
	最大值	2.97	0.42	0.15	6.17	6.67	4.35	3.96	4.74
	最小值	1.81	0.22	0.08	4.44	3.95	0.92	0.91	2.81

附表5　国内细支卷烟烟丝质量特征表（1）

序号	品牌	配方结构/%				烟丝宽度/mm
		叶丝	膨胀叶丝	梗丝	再造烟叶	
1	HS（HFYXZ）	100.00	0	0	0	0.95
2	QPL（FM）	100.00	0	0	0	0.78
3	SX（GXXZ）	100.00	0	0	0	0.73
4	ZL（LY）	98.09	0	0	1.91	0.64
5	GY（KY）	100.00	0	0	0	0.78
6	ZS（XZHH）	100.00	0	0	0	0.84
7	HJY（AS）	97.78	0	0	2.22	0.82
8	HJY（TXXZ）	100.00	0	0	0	0.79
9	HJY（XS）	100.00	0	0	0	0.77
10	HJY（NXXZ）	96.40	0	0	3.60	0.75
11	HJL（YLAN）	88.04	6.31	0	5.65	0.83
12	HHL（TXML）	93.87	3.07	0	3.06	0.81
13	HJL（YANBZ）	91.60	4.58	0	3.81	0.80
14	HHL（YXGQXZ）	91.33	4.84	0	3.82	0.77
15	BS（YTTXSXZ）	92.94	0	0	7.06	0.67
16	NJ（XHM）	94.51	5.49	0	0	0.89
17	NJ（SECKY）	95.81	4.19	0	0	0.73
18	NJ（SECBH）	92.85	4.00	0	3.15	0.73

19	NJ (YHS)	94.77	5.23	0	0	0	0.73
20	NJ (XZJW)	96.39	3.61	0	0	0	0.78
21	NJ (SECZSHHX)	96.07	3.93	0	0	0	0.77
22	JS (TWGXZ)	93.88	0	4.26	1.86	0	0.82
23	TS (XY)	100.00	0	0	0	0	0.81
24	TS (HKXZ)	96.31	0	0	3.69	0	0.80
25	TS (FGXZ)	100.00	0	0	0	0	0.74
26	TS (RFXZ)	96.99	0	0	3.01	0	0.72
27	HM (XZCL)	100.00	0	0	0	0	0.80
28	FH (XZ)	94.04	0	0	5.96	0	0.83
29	JZ (GDXZ)	96.88	3.12	0	0	0	0.94
30	JZ (XLY)	85.65	7.24	3.90	3.20	0	0.72
31	JZ (LYXXZ)	70.91	29.09	0	0	0	1.01
32	HTS (XZCQ)	77.32	0	0	22.68	0	0.66
33	YY (SMHY)	92.43	0	3.44	4.13	0	0.66
34	YX (XZQXSJ)	96.48	0	0	3.52	0	0.66
35	LQ (XZYG)	89.62	10.38	0	0	0	0.83
36	CBS (777)	85.92	0	0	14.08	0	0.71
37	SX (YXHHRZ)	96.66	0	0	3.34	0	0.73
	平均值	94.42	6.79	3.87	5.25	0	0.78
	最大值	100.00	29.09	4.26	22.68	0	1.01
	最小值	70.91	3.07	3.44	1.86	0	0.64

附表6 国内细支卷烟烟丝质量特征表（2）

烟丝结构/mm

序号	品牌	>4.0	(3.15~4.00)	(2.00~3.15)	(1.00~2.00)	(0.50~1.00)	(0.50~0.16)	<0.16
1	HS（HFYXZ）	8.05	5.73	21.51	46.21	17.07	1.38	0.05
2	QPL（FM）	3.93	3.76	16.73	46.23	27.47	1.77	0.11
3	SX（GXXZ）	5.83	3.99	16.54	42.44	29.95	1.18	0.07
4	ZL（LY）	4.48	3.4	15.54	46.2	28.56	1.76	0.06
5	GY（KY）	3.82	3.8	18.01	47.57	23.79	2.9	0.11
6	ZS（XZHH）	8.04	5.9	21.19	44.56	19.05	1.2	0.06
7	HJY（AS）	3.93	5.69	23.01	46.42	19.49	1.37	0.09
8	HJY（TXXZ）	3.1	2.65	13.92	43.97	34.1	2.11	0.14
9	HJY（XS）	3.89	4.21	18.31	45.52	26.42	1.54	0.1
10	HJY（NXXZ）	2.55	2.75	12.64	44.4	34.56	2.86	0.24
11	HJL（YLAN）	4.47	3.76	17.35	49.7	23.05	1.57	0.1
12	HHL（TXML）	4.43	4.32	16.88	46.79	25.61	1.87	0.1
13	HJL（YANBZ）	4.14	4.13	17.83	49.3	23.13	1.39	0.08
14	HHL（YXGQXZ）	3.53	4.08	19	49.26	22.62	1.43	0.08
15	BS（YTTXSXZ）	1.77	2.56	13.82	48.07	30.39	3.25	0.13
16	NJ（XHM）	7.52	4.62	18.96	41.86	24.74	2.2	0.09
17	NJ（SECKY）	6.38	3.8	14.31	42.28	30.85	2.29	0.08
18	NJ（SECBH）	4.99	3.88	15.68	41.92	30.73	2.65	0.15

19	NJ (YHS)	6.55	5.14	18.43	43.11	24.68	2	0.08
20	NJ (XZJW)	7.16	4.93	21.02	44.36	20.94	1.49	0.09
21	NJ (SECZSHHX)	4.69	4.21	16.37	44.32	27.91	2.29	0.21
22	JS (TWGXZ)	4.41	4.4	16.79	44.52	26.45	3.27	0.16
23	TS (XY)	6.83	5.18	20.78	44.42	21.5	1.2	0.08
24	TS (HKXZ)	5.02	4.61	19.32	43.9	24.63	2.38	0.14
25	TS (FGXZ)	6.41	4.45	19.49	44.78	23.66	1.16	0.04
26	TS (RFXZ)	3.53	4.25	20.43	47.36	23.19	1.19	0.05
27	HM (XZCL)	9.05	3.83	13.84	40.23	31.08	1.9	0.07
28	FH (XZ)	5.16	4.74	19.52	45.22	23.5	1.77	0.09
29	JZ (GDXZ)	5.83	5.83	18.31	46.27	21.74	1.95	0.07
30	JZ (XLY)	4.9	4.88	22.6	46.18	19.94	1.41	0.09
31	JZ (LYXXZ)	2.93	4.67	19.92	52.94	17.94	1.47	0.13
32	HTS (XZCQ)	6.56	4.26	18.61	42.59	25.64	2.22	0.12
33	YY (SMHY)	6.56	5.35	22.23	45.03	18.95	1.74	0.14
34	YX (XZQXSJ)	7.55	5.48	23.6	42.57	19.53	1.21	0.06
35	LQ (XZYG)	3.49	4.18	18.81	47.75	23.78	1.88	0.11
36	CBS (777)	7.02	4.23	18.98	43.47	24.82	1.39	0.09
37	SX (YXHHRZ)	3.14	2.92	14.01	45.08	31.97	2.66	0.22
	平均值	5.18	4.34	18.22	45.32	24.96	1.87	0.10
	最大值	9.05	5.90	23.60	52.94	34.56	3.27	0.24
	最小值	1.77	2.56	12.64	40.23	17.07	1.16	0.04

附表7 国外细支卷烟烟丝质量特征表（1）

序号	品牌	配方结构/%					烟丝宽度/mm
		叶丝	膨胀叶丝	梗丝	再造烟叶	
1	DWDF（YB）	71.23	11.76	17.01	0	0.68
2	DWDF（ZL）	72.02	15.11	12.86	0	0.68
3	AXBH	71.03	10.02	6.54	12.41	0.69
4	AXHB	68.82	13.19	6.47	11.51	0.49
5	AXYS	65.74	16.23	4.19	13.84	0.80
6	AXL	75.23	12.47	3.47	8.82	0.73
7	AXJ	69.64	15.40	2.10	12.86	0.64
8	AX1mg	47.90	14.03	14.18	23.88	0.71
9	AX6mg	72.96	11.03	4.54	11.46	0.67
10	JPHB	84.06	7.54	0	8.40	0.71
11	JPXY	84.83	7.98	0	7.19	0.66
	平均值	71.22	12.25	7.93	12.26	0.68
	最大值	84.83	16.23	17.01	23.88	0.80
	最小值	47.90	7.54	2.10	7.19	0.49

附表 8　国外细支卷烟烟丝质量特征表（2）

序号	品牌	烟丝结构/mm					
		>4.0	(3.15~4.00)	(2.00~3.15)	(1.00~2.00)	(0.50~1.00)	(0.50~0.16)	<0.16
1	DWDF (YB)	3.95	5.15	21.91	44.15	21.68	2.96	0.2
2	DWDF (ZL)	2.55	4.02	18.17	44.32	26.37	4.3	0.27
3	AXBH	2.19	2.89	13.29	40.78	37.41	3.19	0.25
4	AXHB	2.82	2.95	13.83	42.8	34.33	3.07	0.2
5	AXYS	5.08	4.09	16.35	41.86	30.27	2.14	0.21
6	AXL	2.21	3.43	13.89	40.32	36.37	3.5	0.28
7	AXJ	2.65	3.5	12.84	40.23	37.26	3.24	0.28
8	AX1mg	3.01	3.69	15.44	39.65	34.67	3.28	0.26
9	AX6mg	1.69	2.7	11.34	41.03	39.11	3.87	0.27
10	JPHB	2.8	3.29	14.27	43.47	32.74	3.19	0.24
11	JPXY	2.31	2.72	12.74	42.81	35.14	3.92	0.37
	平均值	2.84	3.49	14.92	41.95	33.21	3.33	0.26
	最大值	5.08	5.15	21.91	44.32	39.11	4.30	0.37
	最小值	1.69	2.70	11.34	39.65	21.68	2.14	0.20

附表9　国内细支卷烟用材料特征表（1）

序号	品牌	接装纸透气度/CU	成型纸透气度/CU	卷烟纸透气度/CU	卷烟长度/mm	接装纸长度/mm	卷烟纸长度/mm	滤嘴长度/mm
1	HS (HFYXZ)	313.6	7911.2	66.1	96.4	36.0	66.7	29.8
2	QPL (FM)	1007.8	8978.6	59.9	97.0	38.0	66.9	29.9
3	SX (GXXZ)	212.2	4380.8	67.3	96.6	38.0	66.8	29.9
4	ZL (LY)	130.0	8830.4	67.7	96.6	35.0	66.7	29.8
5	GY (KY)	558.4	460.2	52.9	90.0	35.0	60.0	30.0
6	ZS (XZHH)	377.6	302.4	51.7	96.6	36.0	66.4	30.1
7	HJY (AS)	259.0	345.8	51.2	96.9	36.8	67.0	30.0
8	HJY (TXXZ)	366.6	9021.0	67.9	97.0	36.8	67.0	30.0
9	HJY (XS)	599.2	354.4	67.6	97.0	37.0	67.0	30.0
10	HJY (NXXZ)	499.2	329.4	68.5	96.6	36.9	67.0	29.8
11	HJL (YLAN)	84.0	4928.6	49.3	89.8	31.9	70.0	19.8
12	HHL (TXML)	123.0	4579.2	67.1	83.8	27.0	63.8	19.9
13	HJL (YANBZ)	154.2	4687.8	67.5	89.9	31.9	70.0	19.9
14	HHL (YXGQXZ)	229.8	5618.8	68.1	89.6	35.0	69.8	19.8
15	BS (YTTXSXZ)	—	—	45.0	96.4	40.2	66.2	30.2
16	NJ (XHM)	267.0	168.8	48.0	96.6	38.0	66.8	29.9
17	NJ (SECKY)	468.0	293.8	66.7	96.8	35.0	66.8	30.0
18	NJ (SECBH)	365.4	269.4	64.8	96.8	35.0	66.5	30.0

19	NJ (YHS)	611.8	400.4	61.7	96.8	36.8	67.0	29.8
20	NJ (XZJW)	1366.0	590.8	56.1	96.8	38.0	66.8	30.0
21	NJ (SEC2SHHX)	871.0	574.2	65.8	96.8	35.0	66.8	29.9
22	JS (TWGXZ)	326.0	4749.6	44.3	97.0	36.0	67.0	30.0
23	TS (XY)	528.6	330.8	57.2	96.8	35.0	66.8	30.0
24	TS (HKXZ)	462.2	352.2	57.2	96.8	34.9	67.0	29.8
25	TS (FGXZ)	588.0	357.0	58.9	96.8	35.0	66.8	30.0
26	TS (RFXZ)	627.8	558.2	46.8	97.0	35.0	67.0	30.0
27	HM (XZCL)	351.0	5628.6	59.7	97.1	35.8	67.2	29.8
28	FH (XZ)	—	—	59.7	84.0	29.9	58.9	25.0
29	JZ (GDXZ)	587.4	5304.6	66.0	96.9	36.0	72.9	24.0
30	JZ (XLY)	567.8	5139.4	65.2	96.8	36.0	73.0	23.9
31	JZ (LYXXZ)	1120.2	4487.0	56.0	96.9	36.0	73.0	23.9
32	HTS (XZCQ)	507.0	255.4	50.2	99.6	35.0	69.8	29.8
33	YY (SMHY)	427.6	5690.4	67.4	99.8	34.9	69.9	30.0
34	YX (XZQXSJ)	550.2	278.8	45.5	99.6	34.8	69.8	29.6
35	LQ (XZYG)	400.0	11529.2	54.6	84.0	36.0	54.0	30.0
36	CBS (777)	773.6	8756.4	44.4	96.8	34.9	66.8	30.0
37	SX (YXHHRZ)	—	—	66.6	96.8	38.0	66.9	28.2
	平均值	490.6	3424.8	58.9	95.2	35.5	67.0	30.2
	最大值	1366.0	11529.2	68.5	99.8	40.2	73.0	19.8
	最小值	84.0	168.8	44.3	83.8	27.0	54.0	

· 205 ·

附表 10　国内细支卷烟烟用材料特征表（2）

序号	品牌	卷烟开放吸阻/Pa	卷烟滤嘴封闭吸阻/Pa	滤嘴开放吸阻/Pa	滤嘴封闭/Pa	烟支开放/Pa	烟支封闭吸阻/Pa	烟筒质量/g	滤嘴质量/g
1	HS（HFYXZ）	1502	1885	763	830	115	133.2	0.095	—
2	QPL（FM）	1017	1914	735	923	104.7	121	0.095	0.079
3	SX（GXXZ）	1384	1692	689	745	105.4	129.5	0.105	—
4	ZL（LY）	1634	1859	1160	1220	72.2	80.7	0.099	—
5	GY（KY）	1133	1894	766	951	104.6	116.1	0.084	0.087
6	ZS（XZHH）	1103	1759	661	782	105.3	121.5	0.096	0.075
7	HJY（AS）	1082	1733	665	769	101.6	114.6	0.088	0.072
8	HJY（TXXZ）	1162	1792	714	818	101.5	120.4	0.087	0.074
9	HJY（XS）	1070	1666	693	802	91.9	106.9	0.089	0.074
10	HJY（NXXZ）	1146	1799	694	800	107.1	122.2	0.087	0.077
11	HJL（YLAN）	1750	1867	823	840	103.9	113.6	0.078	0.056
12	HHL（TXML）	1887	2050	835	851	123.6	148.1	0.077	0.052
13	HJL（YANBZ）	1835	1953	991	1008	98.7	111	0.082	0.067
14	HHL（YXGQXZ）	1642	1899	1019	1042	87.2	96.8	0.090	0.068
15	BS（YTTXSXZ）	1771	1771	883	883	94.5	103.4	0.091	0.077
16	NJ（XHM）	1526	1946	917	1011	100	110.3	0.092	0.076
17	NJ（SECKY）	1235	1883	856	1036	93	105.4	0.090	0.078
18	NJ（SECBH）	1402	2138	961	1142	110.8	128	0.091	0.077

19	NJ (YHS)	1127	1941	803	1009	101.8	112.8	0.094	0.077
20	NJ (XZJW)	996	1906	717	969	100.5	113.8	0.147	—
21	NJ (SECZSHHX)	965	1966	761	1020	98.2	113.3	0.088	0.077
22	JS (TWGXZ)	1565	1857	818	857	107.2	118.7	0.084	0.077
23	TS (XY)	1326	2244	906	1101	124.6	146.7	0.092	0.080
24	TS (HKXZ)	1311	2007	942	1104	98.1	109.2	0.091	0.080
25	TS (FGXZ)	1337	2129	933	1125	108.9	125.2	0.092	0.080
26	TS (RFXZ)	1193	2058	965	1289	83.4	89.8	0.090	0.096
27	HM (XZCL)	1593	2017	1039	1123	99.4	116.2	0.083	0.083
28	FH (XZ)	1833	1833	929	929	95.1	107	0.074	0.066
29	JZ (GDXZ)	1307	1857	859	946	95.7	109.8	0.084	0.068
30	JZ (XLY)	1517	1936	890	941	103.6	120	0.085	0.068
31	JZ (LYXXZ)	1305	2242	913	983	132.7	154.9	0.090	0.075
32	HTS (XZCQ)	1320	1886	793	887	108.1	123.7	0.090	0.080
33	YY (SMHY)	1643	2314	891	971	144.7	185.7	0.094	0.078
34	YX (XZQXSJ)	1330	1855	828	905	102.9	120.2	0.099	0.080
35	LQ (XZYG)	1544	2082	904	979	120.8	135.2	0.076	0.076
36	CBS (777)	1146	1891	674	766	117.5	132.6	0.086	0.071
37	SX (YXHHRZ)	1983	1983	1099	1099	92.3	114.6	0.096	0.078
	平均值	1395	1933	851	958	104	120	0.091	0.075
	最大值	1983	2314	1160	1289	144.7	185.7	0.147	0.096
	最小值	965	1666	661	745	72.2	80.7	0.074	0.052

附表 11　国内细支卷烟烟用材料特征表（3）

序号	品牌	卷烟纸搭口宽度/mm	卷烟纸定量/g	分离后接装纸长度/mm	嘴端到打孔区前端距离/mm	打孔区宽度,不施胶区/mm	嘴端到外孔带之间距离/mm	孔带宽度/mm	打孔方式	打孔排数	孔直径/mm
1	HS (HFYXZ)	2.2	29.2	36.2	12.9	8.2	14.0	1.1	两排激光预打孔	2	0.082
2	QPL (FM)	2.3	31.3	38.0	10.6	8.8	13.7	3.1	四排激光预打孔	4	0.104
3	SX (GXXZ)	2.1	34.4	38.0	10.8	6.9	11.9	1.1	两排激光预打孔	2	0.08
4	ZL (LY)	2.2	31.0	35.0	—	15.5	—	—	自然透气	—	—
5	GY (KY)	2.0	28.0	35.0	11.2	—	12.8	1.5	两排激光在线打孔	2	0.165
6	ZS (XZHH)	2.3	34.4	35.9	11.8	—	13.3	1.5	两排激光在线打孔	2	0.163
7	HJY (AS)	2.2	29.1	37.0	14.4	—	16.0	1.6	两排激光在线打孔	2	0.172
8	HJY (TXXZ)	2.1	29.6	37.0	13.8	—	15.3	1.5	两排激光在线打孔	2	0.19
9	HJY (XS)	2.3	29.5	37.7	14.6	—	16.3	1.7	两排激光在线打孔	2	0.169
10	HJY (NXXZ)	2.2	28.7	37.0	14.2	—	15.8	1.6	两排激光在线打孔	2	0.152
11	HJL (YLAN)	2.2	29.2	32.1	13.8	5.6	13.9	—	单排激光在线打孔	1	0.08
12	HHL (TXML)	2.2	34.7	27.0	13.8	5.9	13.9	—	单排激光在线打孔	1	0.095
13	HJL (YANBZ)	2.2	31.5	32.1	14.1	5.5	14.2	—	单排激光在线打孔	1	0.104
14	HHL (YXGQXZ)	2.1	33.6	35.0	13.3	5.5	14.5	1.2	两排激光预打孔	2	0.082
15	BS (YTTXSXZ)	2.2	28.2	—	—	—	—	—	—	—	—
16	NJ (XHM)	2.0	28.4	38.0	12.2	—	13.6	1.5	两排激光在线打孔	2	0.152
17	NJ (SECKY)	2.1	29.4	35.0	12.4	—	13.8	1.4	两排激光在线打孔	2	0.324
18	NJ (SECBH)	2.1	30.6	35.1	12.3	—	13.8	1.5	两排激光在线打孔	2	0.239

序号	名称										
19	NJ (YHS)	2.2	30.1	36.8	12.2	—	13.6	1.4	两排激光在线打孔	2	0.348
20	NJ (XZJW)	2.2	28.3	38.0	12.2	—	13.7	1.5	两排激光在线打孔	2	0.248
21	NJ (SECZSHHX)	2.1	29.5	35.0	12.2	—	13.7	1.5	两排激光在线打孔	2	0.263
22	JS (TWGXZ)	2.2	29.0	36.0	12.4	5.4	13.3	1.2	两排激光预订孔	2	0.096
23	TS (XY)	2.3	30.8	34.8	13.1	—	14.6	1.5	两排激光在线打孔	2	0.293
24	TS (HKXZ)	2.2	30.4	34.9	14.8	—	16.3	1.5	两排激光在线打孔	2	0.322
25	TS (FGXZ)	2.2	30.8	34.9	13.1	—	14.6	1.5	两排激光在线打孔	2	0.325
26	TS (RFXZ)	2.0	29.7	34.9	10.2	—	11.7	1.5	两排激光在线打孔	2	0.069
27	HM (XZCL)	2.3	31.4	36.1	13.9	11.5	16.1	2.2	三排激光打孔	3	—
28	FH (XZ)	2.2	27.9	—	—	—	—	—	—	—	0.083
29	JZ (GDXZ)	2.2	30.0	35.6	11.1	8.5	14.3	3.2	四排激光预订孔	4	0.11
30	JZ (XLY)	2.2	29.7	35.9	12.3	8.2	13.4	1.1	两排激光预订孔	2	0.125
31	JZ (LYXXZ)	2.1	30.4	36.0	14.3	8.9	17.5	3.2	四排激光预订孔	4	0.119
32	HTS (XZCQ)	1.7	33.5	34.6	15.0	—	16.6	1.5	两排激光在线打孔	2	0.074
33	YY (SMHY)	2.1	31.6	34.7	11.8	8.0	14.9	3.2	四排激光在线打孔	4	0.175
34	YX (XZQXSJ)	1.6	33.6	35.0	15.3	—	16.7	1.4	两排激光在线打孔	2	0.078
35	LQ (XZYG)	2.1	28.1	36.0	14.5	8.0	17.8	3.2	四排激光预订孔	4	0.152
36	CBS (777)	2.1	30.0	34.5	11.9	10.4	14.0	2.1	四排激光预订孔	4	—
37	SX (YXHHRZ)	2.1	34.4	—	—	—	—	—	—	—	0.164
	平均值	2.1	30.5	35.4	12.9	8.2	14.5	1.8	—	—	0.348
	最大值	2.3	34.7	38.0	15.3	15.5	17.8	3.2	0	4	0.069
	最小值	1.6	27.9	27.0	10.2	5.4	11.7	1.1	0	1	

附表 12　国外细支卷烟烟用材料特征表（1）

序号	品牌	接装纸透气度/CU	成型纸透气度/CU	卷烟纸透气度/CU	卷烟长度/mm	接装纸长度/mm	卷烟纸长度/mm	滤嘴长度/mm
1	DWDF（YB）	1821.8	1208.2	60.4	99.0	35.0	69.0	30.0
2	DWDF（ZL）	450.0	262.8	36.3	99.0	34.8	68.8	30.0
3	AXBH	869.6	23260.8	30.1	100.0	35.0	70.0	29.8
4	AXHB	1012.4	725.2	35.9	100.0	35.0	70.0	30.0
5	AXYS	1713.0	23281.2	33.2	99.8	34.8	70.0	29.8
6	AXL	860.6	24745.0	30.8	99.8	34.8	70.0	29.9
7	AXJ	1086.4	22854.6	32.7	99.6	35.0	69.8	29.8
8	AX1mg	2983.0	22646.0	33.4	100.0	35.0	70.0	30.0
9	AX6mg	665.6	5631.4	30.0	99.8	35.0	70.0	29.9
10	JPHB	2597.6	1231.6	26.5	82.8	32.0	55.9	26.9
11	JPXY	1144.8	556.2	18.8	83.0	32.0	56.0	27.0
	平均值	1382.3	11491.2	33.5	96.6	34.4	67.2	29.4
	最大值	2983.0	24745.0	60.4	100.0	35.0	70.0	30.0
	最小值	450.0	262.8	18.8	82.8	32.0	55.9	26.9

附表 13　国外细支卷烟烟用材料特征表（2）

序号	品牌	卷烟开放吸阻/Pa	卷烟滤嘴封闭吸阻/Pa	滤嘴开放吸阻/Pa	滤嘴封闭吸阻/Pa	烟支开放吸阻/Pa	烟支封闭吸阻/Pa	烟筒质量/g	滤嘴质量/g
1	DWDF (YB)	781	2811	713	1219	179	241	0.079	0.083
2	DWDF (ZL)	1862	3025	1071	1250	193	240	0.078	0.085
3	AXBH	1144	2403	840	994	151	178	0.081	0.079
4	AXHB	1051	2857	799	1293	170	202	0.084	0.096
5	AXYS	1068	3022	902	1360	179	216	0.089	—
6	AXL	1350	2775	976	1149	178	209	0.080	0.080
7	AXJ	1030	2953	1881	2258	192	230	0.084	0.079
8	AX1mg	820	2760	785	1380	154	184	0.080	0.086
9	AX6mg	1495	2583	1011	1145	152	173	0.086	0.079
10	JPHB	793	2872	765	1512	145	160	0.085	—
11	JPXY	1065	2482	765	1060	148	159	0.084	—
	平均值	1133	2777	955	1329	167	199	0.083	0.083
	最大值	1862	3025	1881	2258	193	241	0.089	0.096
	最小值	781	2403	713	994	145	159	0.078	0.079

附表 14　国外细支卷烟烟用材料特征表（3）

序号	品牌	卷烟纸搭口宽度/mm	卷烟纸定量/g	分离后接装纸长度/mm	嘴端到打孔区前端距离/mm	打孔区宽度，不施胶区/mm	嘴端到外孔带之间距离/mm	孔带宽度/mm	打孔方式	打孔排数	孔直径/mm
1	DWDF（YB）	1.7	26.2	35.7	11.4	3.5	12.9	1.5	两排激光预打孔	2	0.234
2	DWDF（ZL）	1.5	25.7	35.9	11.6	3.6	13.0	1.5	两排激光预打孔	2	0.134
3	AXBH	2.1	28.1	35.2	16.3	6.5	19.4	3.1	四排激光预打孔	3	0.084
4	AXHB	2.1	27.3	34.9	10.7	—	10.9	—	单排激光在线打孔	1	0.457
5	AXYS	2.2	29.7	35.2	10.9	8.2	13.5	2.6	四排激光预打孔	4	0.166
6	AXL	2.2	27.9	35.0	16.0	6.4	19.1	3.2	四排激光预打孔	4	0.096
7	AXJ	2.2	29.5	35.1	11.4	8.4	14.7	3.3	四排激光预打孔	4	0.095
8	AX1mg	2.2	27.3	35.2	11.4	8.2	14.1	2.7	八排激光预打孔	8	0.11
9	AX6mg	2.2	28.6	34.9	15.7	6.6	18.8	3.2	四排激光预打孔	4	0.084
10	JPHB	1.6	29.3	31.9	12.2	8.0	13.6	1.4	两排激光在线打孔	2	0.649
11	JPXY	1.5	29.1	31.9	12.1	8.2	13.5	1.4	两排激光在线打孔	2	0.279
平均值		2.0	28.1	34.6	12.7	6.8	14.9	2.4	—	—	0.217
最大值		2.2	29.7	35.9	16.3	8.4	19.4	3.3	—	8	0.649
最小值		1.5	25.7	31.9	10.7	3.5	10.9	1.4	—	1	0.084

附表 15　国产细支卷烟烟气释放量结果描述性统计分析

	盒标值			测试结果												
	焦油量/mg	烟碱/mg	CO/mg	烟碱/mg	焦油/mg	CO/mg	口数	B[a]P/ng	NNK/ng	氨/μg	HCN/μg	巴豆醛/μg	苯酚/μg	苯/μg	1-3丁二烯/μg	H指数
平均值	6.95	0.67	6.11	0.69	7.14	5.69	5.43	6.16	2.95	4.79	64.48	15.44	10.29	23.32	45.34	5.65
标准误差	0.22	0.02	0.24	0.02	0.22	0.20	0.10	0.15	0.17	0.19	2.59	0.49	0.35	0.61	1.56	0.15
中位数	7.00	0.60	6.00	0.70	7.27	5.90	5.40	6.16	3.00	4.69	62.40	15.19	9.68	24.00	44.00	5.48
标准偏差	1.31	0.12	1.43	0.11	1.36	1.24	0.61	0.88	1.06	1.16	15.78	2.96	2.11	3.74	9.52	0.94
方差	1.72	0.01	2.04	0.01	1.86	1.54	0.37	0.78	1.13	1.34	249.07	8.75	4.46	13.96	90.61	0.89
峰度	-0.35	-0.85	-1.08	-0.22	0.15	-0.74	0.62	1.34	1.47	3.00	-0.28	-0.38	0.79	-0.34	-0.74	-0.77
偏度	-0.13	-0.10	-0.14	-0.35	-0.71	-0.33	0.26	0.25	1.12	1.23	0.27	0.28	0.86	0.46	0.21	0.37
最小值	4.00	0.40	3.00	0.48	3.56	3.20	4.20	3.96	1.49	3.11	33.10	9.29	6.88	17.20	26.80	4.12
最大值	10.00	0.90	8.00	0.92	9.32	7.70	7.10	8.51	5.97	8.84	102.00	21.83	16.54	33.20	63.80	7.80
样本数	37	37	37	37	37	37	37	37	37	37	37	37	37	37	37	37
置信度(95.0%)	0.44	0.04	0.48	0.04	0.45	0.41	0.20	0.29	0.35	0.39	5.26	0.99	0.70	1.25	3.17	0.31

附表16 国外细支卷烟烟气释放量结果描述性统计分析

	盒标值			测试结果												
	焦油量/mg	烟碱/mg	CO/mg	焦油/mg	烟碱/mg	CO/mg	口数	B[a]P/ng	NNK/ng	氨/μg	HCN/μg	巴豆醛/μg	苯酚/μg	苯/μg	1-3丁二烯/μg	H指数
平均值	3.59	0.35	3.00	3.57	0.36	3.01	6.40	3.77	12.20	3.00	31.23	6.88	5.72	12.35	21.22	5.80
标准误差	0.58	0.06	0.50	0.61	0.05	0.56	0.18	0.53	2.45	0.52	7.57	1.07	1.12	1.88	3.60	1.04
中位数	4.00	0.40	3.00	4.03	0.38	3.35	6.50	4.07	12.42	2.74	30.40	6.12	5.24	12.00	18.80	5.31
标准偏差	1.91	0.19	1.67	2.03	0.17	1.86	0.61	1.75	8.13	1.73	25.11	3.55	3.71	6.24	11.92	3.46
方差	3.64	0.04	2.80	4.14	0.03	3.47	0.37	3.06	66.02	3.01	630.28	12.62	13.78	38.91	142.19	12.00
峰度	-1.25	-1.34	-1.83	-1.26	-1.24	-1.03	-0.45	-0.71	1.16	-1.37	-0.90	-1.71	-1.32	-1.34	-1.23	-0.47
偏度	-0.33	-0.24	-0.00	-0.36	-0.42	0.21	-0.88	0.07	1.09	-0.17	0.47	0.13	0.19	-0.04	0.13	0.55
最小值	1.00	0.10	1.00	0.31	0.10	0.66	5.35	1.24	2.68	0.31	2.70	2.63	1.02	3.80	5.40	1.48
最大值	6.00	0.60	5.00	6.31	0.57	5.99	7.02	6.83	30.03	5.07	77.00	11.93	11.96	21.40	39.40	12.06
样本数	11	11	11	11	11	11	11	11	11	11	11	11	11	11	11	11
置信度(95.0%)	1.28	0.13	1.12	1.37	0.11	1.25	0.41	1.18	5.46	1.17	16.87	2.39	2.49	4.19	8.01	2.33

附表17 国产常规卷烟烟气释放量结果描述性统计分析

	盒标值			测试结果										
	焦油量/mg	烟碱/mg	CO/mg	烟碱/mg	焦油/mg	CO/mg	口数	B[a]P/ng	NNK/ng	氨/μg	HCN/μg	巴豆醛/μg	苯酚/μg	苯/μg	1-3丁二烯/μg	H指数
平均值	9.90	0.93	11.15	0.87	10.16	11.00	6.16	8.97	5.27	6.58	112.89	16.21	13.24	48.40	51.83	8.25
标准误差	0.32	0.04	0.38	0.03	0.34	0.44	0.10	0.33	0.50	0.34	6.25	0.79	0.69	2.46	1.78	0.19
中位数	10.00	1.00	11.00	0.90	10.54	11.33	6.08	9.49	4.40	6.47	110.24	16.78	13.39	46.59	52.25	8.35
标准偏差	1.41	0.17	1.69	0.14	1.54	1.96	0.45	1.49	2.26	1.50	27.95	3.55	3.08	11.01	7.97	0.87
方差	1.99	0.03	2.87	0.02	2.36	3.85	0.21	2.22	5.10	2.26	781.38	12.58	9.49	121.16	63.56	0.75
峰度	7.43	4.36	3.93	7.83	7.68	2.24	−0.73	−0.08	7.32	7.19	1.12	0.92	0.99	0.87	1.82	−0.75
偏度	−2.43	−1.69	−1.70	−2.40	−2.47	−1.27	0.38	−0.89	2.54	2.15	−0.43	−0.75	−0.72	0.39	−1.02	−0.12
最小值	5.00	0.40	6.00	0.37	4.80	5.85	5.56	5.49	3.47	4.13	42.31	6.85	5.30	24.59	29.46	6.81
最大值	11.00	1.10	13.00	1.05	11.83	14.40	7.11	10.58	13.07	11.72	161.07	20.93	18.36	73.15	63.15	9.70
样本数	20	20	20	20	20	20	20	20	20	20	20	20	20	20	20	20
置信度(95.0%)	0.66	0.08	0.79	0.07	0.72	0.92	0.21	0.70	1.06	0.70	13.08	1.66	1.44	5.15	3.73	0.41

附表18　细支卷烟卷烟纸助燃剂含量分析结果

样品名称	阳离子含量/(mg/g)				阴离子含量/(mg/g)		
	Na	Mg	K	Ca	醋酸根	磷酸根	柠檬酸根
HS（HFYXZ）	1.22	0.43	6.08	58.99	1.23	0.00	12.26
QPL（FM）	2.00	0.43	7.82	55.52	2.17	0.00	15.95
SX（GXXZ）	2.16	0.71	6.77	84.84	2.27	0.00	13.34
ZL（LY）	0.87	0.48	6.11	51.57	0.49	0.00	13.43
GY（KY）	1.51	0.57	2.60	55.17	1.37	0.00	9.68
ZS（XZHH）	1.43	0.53	7.89	74.93	2.48	0.00	15.22
HJY（AS）	0.44	0.45	13.23	54.55	1.99	0.00	16.50
HJY（TXXZ）	0.51	0.44	10.92	56.81	1.84	0.00	15.87
HJY（XS）	0.22	0.38	13.10	60.02	1.90	0.00	16.02
HJY（NXXZ）	0.18	0.45	14.29	55.08	1.67	0.00	15.93
HJL（YLAN）	0.60	0.43	9.84	57.15	1.36	0.00	14.64
HHL（TXML）	1.86	0.34	4.31	61.26	0.48	1.84	11.20
HJL（YANBZ）	1.81	0.34	4.60	59.34	0.53	0.87	10.37
HHL（YXGQXZ）	2.30	0.43	2.03	60.25	0.52	1.02	12.06
BS（YTTXSXZ）	1.13	0.28	3.89	62.06	0.74	0.00	10.33
NJ（XHM）	1.28	0.34	3.43	65.52	1.64	0.00	14.86
NJ（SECKY）	0.22	0.37	12.47	56.86	1.86	0.00	15.16
NJ（SECBH）	0.19	0.28	14.31	62.90	1.52	0.00	16.35
NJ（YHS）	0.18	0.29	15.79	74.93	1.46	0.00	15.94
NJ（XZJW）	0.55	0.39	9.37	71.17	1.63	0.00	17.39
NJ（SECZSHHX）	0.21	0.37	12.03	61.45	1.59	0.00	16.21
JS（TWGXZ）	0.88	0.25	4.60	70.25	1.10	0.00	10.14
TS（XY）	0.90	0.47	6.33	55.93	1.60	0.00	13.93
TS（HKXZ）	0.96	0.31	7.70	65.71	1.42	0.00	14.05

续表

样品名称	阳离子含量/(mg/g)				阴离子含量/(mg/g)		
	Na	Mg	K	Ca	醋酸根	磷酸根	柠檬酸根
TS（FGXZ）	0.89	0.53	6.36	49.58	1.49	0.00	14.37
TS（RFXZ）	0.99	0.28	4.18	68.18	1.53	0.00	13.62
HM（XZCL）	1.14	0.33	8.36	66.68	1.77	0.00	13.23
FH（XZ）	1.85	0.42	2.98	68.94	1.41	0.00	13.38
JZ（GDXZ）	1.70	0.32	4.73	66.15	0.24	1.01	10.13
JZ（XLY）	0.72	0.26	4.53	59.24	0.06	1.33	9.95
JZ（LYXXZ）	1.23	0.45	7.22	55.27	1.26	0.00	12.57
HTS（XZCQ）	0.81	0.74	5.59	61.38	1.18	0.00	8.72
YY（SMHY）	1.33	0.63	2.57	65.44	1.46	0.00	6.66
YX（XZQXSJ）	0.60	0.66	6.45	67.99	1.37	0.00	8.74
LQ（XZYG）	0.52	0.57	11.70	63.06	1.52	0.00	10.02
CBS（777）	1.29	0.50	5.37	58.23	0.95	0.00	8.42
SX（YXHHRZ）	0.14	0.46	6.33	34.72	1.57	0.00	12.84
DWDF（YB）	1.28	0.64	3.72	69.84	2.12	0.00	12.46
DWDF（ZL）	1.60	0.50	2.98	78.72	2.08	0.00	12.57
AXBH	1.00	0.59	3.07	60.11	1.52	0.00	14.24
AXHB	0.99	0.53	3.24	52.56	1.46	0.00	14.03
AXYS	0.76	0.60	2.59	72.09	1.63	0.00	14.18
AXL	1.00	0.55	3.18	62.29	1.59	0.00	14.09
AXJ	0.72	0.58	2.84	70.32	1.46	0.00	14.87
AX1mg	0.92	0.56	3.91	54.53	1.39	0.00	13.92
AX6mg	0.63	0.45	4.03	64.82	1.45	0.00	4.32
JPHB	0.22	0.33	11.95	72.36	3.50	0.00	15.25
JPXY	0.20	0.34	11.89	74.07	3.42	0.00	15.26

参考文献

[1] 王金棒,洪广峰,高健,等.细支卷烟研究综述[J].中国烟草学报,2018,24(5):91-101.

[2] CRAWFORD M, ALLISON F, ANNE M, et al. Are all cigarettes just the samefemale's perceptions of slim, coloured, aroma-tized and capsule cigarettes [J]. Health Education Research, 2015, 30 (1): 1-12.

[3] McAdam K, Eldridge A, Fearon I M, et al. Influence of cigarette circumference on smoke chemistry, biological activity, and smoking behaviour [J]. Regulatory Toxicology and Pharmacology, 2016, 82: 111-126.

[4] Moodie C, Ford A, Mackintosh A, et al. Are all cigarettes just the same Female's perceptions of slim, coloured, aromatized and capsule cigarettes [J]. Health Education Research, 2015, 30 (1): 1-12.

[5] Davis D, Nielsen M T. Tobacco: production, chemistry and technology [M]. Malden: Blackwell Science Inc. 1999: 353-387.

[6] Iranian Tobacco Company. Specifications of plan (round) HOMA cigarette manufactured in 1951 [EB/OL]. [2017-11-15].

[7] Samfield M M. Declaration of Max M Samfield in the matter of opposition to Japanese patent application No. 110432/1986in the name of British-American Tobacco Company Limited [EB/OL]. [2017-11-15].

[8] Lugton W G D. Cigarette design: the smoke analysis of some commercial brands [EB/OL]. (1973-03-28) [2017-11-15].

[9] Martineau P. Papers from the 1969 A. A. A. A. region conventions: how an agency builds a brand-the Virginia slims story [EB/OL]. (1970-10-28) [2017-11-15].

[10] Unknown. Silva thins, filter and menthol research and copy presentation [EB/OL]. 1968 [2017-11-15].

[11] Unknown. A consumer survey of Silva thins and Virginia slims smokers [EB/OL]. 1968 [2017-11-15].

[12] Ernster V L. Women, smoking, cigarette advertising and cancer [J]. Women & health, 1986, 11 (3/4): 217-235.

[13] O'Keefe A M, Pollay R W. Deadly targeting of women in promoting cigarettes [J]. Journal of the American Medical Women's Association (1972), 1996, 51 (1/2): 67-69.

[14] Boyd C J, Boyd T C, Cash J L. Why is Virginia slim Women and cigarette advertising [J].

The International Quarterly of Community Health Education, 1999, 19 (1): 19-31.

［15］Boyd T C, Boyd C J, Greenlee T B. A means to an end: slim hopes and cigarette advertising ［J］. Health Promotion Practice, 2003, 4 (3): 266-277.

［16］Pawlińska-Chmara R, Wronka I, Suliga E, et al. Socio-economic factors and prevalence of underweight and overweight among female students in Poland ［J］. HOMO-Journal of Comparative Human Biology, 2007, 58 (4): 309-318.

［17］Manaf R A, Shamsuddin K. Smoking among young urban Malaysian women and its risk factors ［J］. Asia Pacific Journal of Public Health, 2008, 20 (3): 204-213.

［18］Lee K, Carpenter C, Challa C, et al. The strategic targeting of females by transnational tobacco companies in south Korea following trade liberalisation ［J］. Globalization and Health, 2009, 5: 2.

［19］Mutti S, Hammond D, Borland R, et al. Beyond light and mild: cigarette brand descriptors and perceptions of risk in the International Tobacco Control (ITC) four country survey ［J］. Addiction, 2011, 106 (6): 1166-1175.

［20］Tatham E R. Brand equity exploration Capri superslims. Escape from the ordinary ［EB/OL］. (1995-02-16) ［2017-11-15］.

［21］Park S. Preference evolution in the south Korean cigarette market ［EB/OL］. 2009 ［2017-11-15］.

［22］European Commission. European Commission document 2013 ［EB/OL］. ［2017-11-15］.

［23］骆晨. 2016年世界烟草发展报告（上）［N/OL］. 东方烟草报，2017-04-12 ［2018-03-05］.

［24］Kmietowicz Z. Teenagers sa y slim cigarettes are "cool" and "classy" ［J］. BMJ, 2013, 347: f6759.

［25］Ford A, Moodie C, MacKintosh A M, et al. Adolescent perceptions of cigarette appearance ［J］. European Journal of Publi c Health, 2014, 24 (3): 464-468.

［26］Kaleta D, Polanska K, Bak-Romaniszyn L, et al. Perceived relative harm of selected cigarettes and non-cigarette tobacco products-a study of young people from a socio-economically disadvantaged rural area in Poland ［J］. International Journ al of Environmental Research and Public Health, 2016, 13 (9): 885.

［27］王斌. 国产细支烟发展思路探讨：以江苏中烟为例 ［J］. 现代商贸工业，2015, 36 (2): 4-5.

［28］孙东亮，赵华民. 基于消费者感知的细支卷烟轻松感、满足感设计思路 ［J］. 中国烟草学报，2017, 23 (2): 42-49.

［29］谢剑平. 形势与未来：烟草科技发展展望 ［J］. 中国烟草学报，2017, 23 (3): 1-7.

［30］程生博，余翔，岳华峰，等. 国内细支卷烟研发成果与展望 ［J］. 现代农业科技，2021 (9): 238-241.

[31] 王金棒, 洪广峰, 高健, 等. 细支卷烟研究综述 [J]. 中国烟草学报, 2018, 24 (5): 91-101.

[32] 殷沛沛, 张强, 向明, 等. 植物材料烟用处理工艺研究进展 [J]. 食品工业, 2014, 35 (10): 209-212.

[33] 高明奇, 田海英, 冯晓民等. 细支烟滤嘴参数对烟碱过滤效率的影响 [J]. 烟草科技, 2018, 51 (12): 72-76.

[34] 楚文娟, 田海英, 李耀光, 等. 滤嘴参数对细支烟主流烟气 pH 和感官质量的影响 [J]. 烟草科技, 2019, 52 (2): 47-55.

[35] 楚文娟, 田海英, 冯晓民, 等. 滤嘴参数对细支烟主流烟气中 5 种关键烤甜香释放量的影响 [J]. 轻工学报, 2019, 34 (1): 43-50.

[36] 楚文娟, 胡少东, 田海英, 等. 滤嘴参数对细支烟主流烟气中代表性香味成分释放量的影响 [J]. 中国烟草学报, 2020, 26 (1).

[37] 楚文娟, 孟祥士, 许旭, 等. 滤嘴参数对细支烟主要理化指标的影响 [J]. 烟草科技, 2019, 52 (8): 60-66.

[38] 尧珍玉, 徐济仓, 沈妍, 等. 接装纸透气度对卷烟燃烧温度和烟气指标的影响 [J]. 中国造纸学报, 2016, 31 (3): 18-21.

[39] 庞永强, 黄春晖, 陈再根, 等. 通风稀释对卷烟燃烧温度及主流烟气中主要有害成分释放量的影响 [J]. 烟草科技, 2012 (11): 29-32.

[40] 杨松, 岳保山, 孙培健, 等. 通风对细支烟主流烟气常规成分及 7 种有害成分释放量的影响 [J]. 烟草科技, 2020, 53 (12): 37-46.

[41] 喻赛波, 王诗太, 金勇, 等. 接装纸透气度及烟丝结构对细支卷烟逐口吸阻波动的影响 [J]. 烟草科技, 2019, 52 (1): 79-84.

[42] 杨金龙, 王文婷, 朱萍, 等. 接装纸透气度对卷烟烟气及感官质量影响的 PLS 回归分析 [J]. 湖南文理学院学报 (自然科学版), 2021, 33 (3): 86-90.

[43] 易虹宇, 黄治, 曾天一, 等. 接装纸激光打孔方式对细支卷烟物理指标的影响 [J]. 科技视界, 2020 (28): 123-126.

[44] 王小平, 周桂园, 吴雄会, 等. 国内外细支卷烟设计参数对比及国内细支烟用卷烟纸特性分析 [J]. 工业技术创新, 2018, 05 (3): 6-10.

[45] 李海锋, 杨皓, 宣润泉, 等. 卷烟纸特性对细支烟主流烟气指标的影响 [J]. 中国造纸, 2017, 36 (6): 38-42.

[46] 楚文娟, 田海英, 彭桂新, 等. 基于卷烟材料参数的细支烟烟气有害成分预测模型 [J]. 烟草科技, 2019, 52 (9): 46-54.

[47] 张月华, 顾秋林, 李秦宇, 等. 不同阴燃速率卷烟纸对细支烟燃烧锥落头的影响 [J]. 轻工科技, 2020, 36 (12): 72-74.

[48] 何红梅, 张媛, 朱怀远, 等. 抽吸模式对纸打孔细支卷烟烟气释放量的影响 [J]. 食品与机械, 2018, 34 (5): 210-215.

[49] 张志刚, 贺健, 顾秋林, 等. 爆珠对滤棒、卷烟物理性能及卷烟主流烟气的影响 [J]. 烟草科技, 2019, 52 (10): 75-78.

[50] 朱凤鹏, 李雪, 罗彦波, 等. 爆珠破碎对主流烟气有害成分释放量和滤嘴截留的影响 [J]. 烟草科技, 2017, 50 (4): 37-42.

[51] 刘凌璇, 朱杰, 邹泉. 爆珠对细支卷烟物理指标及烟气舒适性的影响 [J]. 轻工科技, 2021, 37 (1): 6-8+14.

[52] 吴秉宇, 费婷, 罗辰, 等. 细支卷烟不同加香方式香味成分的转移行为 [J]. 烟草科技, 2021, 54 (1): 24-31.

[53] 楚文娟, 孟祥士, 纪朋, 等. 爆珠中柠檬烯、薄荷醇在卷烟中的转移行为 [J]. 烟草科技, 2020, 53 (8): 59-64.

[54] 江雪彬, 胡开利, 韩明, 等. 不同制丝工艺环节烟丝尺寸分布的关联性分析 [J]. 南方农业学报, 2016, 47 (9): 1576-1581.

[55] 刘泽, 何邦华, 林文强, 等. 片烟形态、结构与烟丝结构的关系 [J]. 烟草科技, 2020, 53 (11): 83-88+102.

[56] 卢幼祥, 张劲, 周良明, 等. 2种打叶工艺片烟对细支卷烟质量影响对比分析 [J]. 农学学报, 2021, 11 (9): 52-57.

[57] 袁帅, 徐磊, 姚小龙, 等. 基于中细支卷烟的叶片结构优化研究 [J]. 轻工科技, 2020, 36 (4): 113-114.

[58] 刘鹏, 李敏, 隋相军, 等. 细支卷烟原料叶片结构控制方式的优化设计 [J]. 工业技术创新, 2020, 07 (3): 46-51.

[59] 郭华诚, 吴艳艳, 张峻松, 等. 切丝宽度对细支烟卷制质量、主流烟气及感官质量的影响 [J]. 食品与机械, 2021, 37 (2): 194-198.

[60] 段海涛, 钟良, 胡立朝, 等. 烟丝宽度对细支烟理化指标及感官质量的影响 [J]. 食品工业, 2018, 39 (5): 227-230.

[61] 瞿先中, 张劲, 蒋士盛, 等. 定长切丝工艺对细支卷烟质量特性的影响 [J]. 安徽农学通报, 2020, 26 (18): 134-136.

[62] 朱文魁, 张永川, 向光, 等. 片烟成丝模式对烟丝结构与卷制质量的影响 [J]. 烟草科技, 2012 (5): 10-12.

[63] 韩慧杰, 罗光杰, 谭科军, 等. 不同切丝模式对烟丝结构与卷烟物理指标的影响 [J]. 中国农学通报, 2014, 30 (6): 302-305.

[64] 王夏婷, 潘文, 邹泉, 等. 2种叶片成丝方式对细支卷烟质量的影响 [J]. 安徽农业科学, 2018, 46 (23): 177-180+191.

[65] 赵静芬, 李坚. 不同烘丝方式对细支卷烟烟丝结构和烟支质量的影响分析 [J]. 轻工科技, 2020, 36 (4): 115-116.

[66] 郭华诚, 陈康, 张峻松, 等. 不同干燥模式对细支烟烟丝结构、卷制质量及主流烟气成分的影响 [J]. 轻工学报, 2021, 36 (4): 45-50.

[67] 丁美宙，刘欢，刘强，等. 梗丝形态对细支卷烟加工及综合质量的影响 [J]. 食品与机械，2017，33（9）：197-202.

[68] 廖晓祥，赵云川，邹泉，等. 梗丝形态对细支卷烟品质稳定性的影响 [J]. 烟草科技，2016，49（10）：74-80.

[69] 云南中烟工业有限责任公司. 一种细支烟用梗丝的制备方法：201710104590.6 [P]. 2018-03-09.

[70] 廖晓祥，张建华，牟定荣，等. 梗丝形态对细支卷烟主流烟气及燃烧特性影响 [J]. 化学研究与应用，2020，32（4）：537-550.

[71] 周利军，郑力文，李洪涛，等. 压梗和切梗工序对片状梗丝成丝特性的影响 [J]. 中国烟草学报，2020，26（5）：47-52.

[72] 吴风光，戚新平，聂广军，等. 适应细支烟的打叶复烤片烟结构优化关键工艺与装备研究 [R]. 2017.

[73] 张胜华，蔡冰，郑茜，等. "黄鹤楼"品牌细支卷烟特色工艺研究 [R]. 2019.

[74] 韩龙洋，朴永革，贺兆伟，等. 片烟在线调控技术在细支卷烟生产中的应用研究 [J]. 中国烟草学报，2020，26（5）：39-46.

[75] 朱成文，郝喜良，沈晓晨，等. 定长切丝技术在细支卷烟生产中的应用 [J]. 烟草科技，2019，52（3）：86-91.

[76] 朱成文，王瑞，徐如彦，等. 定长切丝对细支卷烟危害性指数的影响 [J]. 烟草科技，2020，53（4）：82-88.

[77] 王震，李青，张玉海，等. 细支卷烟烟丝结构柔性调控设备的设计 [J]. 烟草科技，2020，53（10）：103-107.

[78] 王震，游敏，李青，等. 柔性断丝技术在细支卷烟生产中的应用 [J]. 烟草科技，2021，54（10）：63-69.

[79] 周凯敏，张浩博，何晋，等. 卷烟机参数对细支烟卷制的影响 [J]. 食品与机械，2020，36（3）：129.

[80] 王迅，王一恒，孟杰，等. 细支卷烟剖切位置对卷烟质量指标的影响 [J]. 安徽农学通报，2019（1）：93.

[81] 高明奇，顾亮，李明哲，等. 在线打孔参数对细支卷烟理化指标的影响 [J]. 食品与机械，2017，33（11）：200.

[82] 喻赛波，谭超，王诗太，等. 烟丝含水率对细支卷烟的影响 [J]. 食品与机械，2018，34（5）：216.

[83] 王亮，夏平宇，罗玮，等. 烟丝结构分布对细支卷烟燃烧锥落头的影响 [J]. 烟草科技，2018，51（11）：79.

[84] 孔祥，杨波，肖方明，等. 不同形状打叶框栏对叶片结构的影响 [J]. 安徽农业科学，2018，46（23）：175-176.

[85] 王发勇，牛绍辉，李一辉，等. 基于片烟结构的不同规格框栏对比分析及优化设计

[J]．烟草科技，2020，53（6）：103-107．

[86] 李俊男，黄亚宇．不同打叶框栏开口对烟叶片型的影响［J］．农业装备与车辆工程，2020，58（6）：144-145+148．

[87] 杨江平，钱旎，周玉新，等．不同形状打叶框栏组合对烟叶打后叶片结构和经济指标的影响［J］．南方农业，2020，14（7）：30-32．

[88] 江苏中烟工业有限责任公司．一种基于细支烟烟丝长度控制的筛选装置：201921288348．X［P］．2020-07-07．

[89] 江苏恒森烟草机械有限公司．细支卷烟烟丝长度控制及梗签剔除装置：201621001712．6［P］．2017-05-31．

[90] 红塔烟草（集团）有限责任公司．一种降低细支卷烟烟丝中梗签含量的方法及设备：201810973018．8［P］．2019-01-22．

[91] 山东中烟工业有限责任公司．一种适用于细支卷烟的烟丝结构确定方法和装置：201910198992．6［P］．2019-07-16．

[92] 赵宸楠．细支烟开发研究进展［J］．轻工科技，2017，33（10）：12-13．

[93] 贵州中烟工业有限责任公司．一种细支烟包顶升板和ZB45型细支包装机组：201822258923．3［P］．2020-03-10．

[94] 天海欧康科技信息（厦门）有限公司．一种细支烟和常规烟混合包装设备及包装方法：201811408479．7［P］．2019-03-22．

[95] 湖北中烟工业有限责任公司．一种细支烟条烟平行改立行输送装置：201920251400．8［P］．2020-04-10．

[96] 昆明创迪科技开发有限公司．细支烟条烟立式输送设备：201721197974．9［P］．2018-04-06．

[97] 河南中烟工业有限责任公司．一种细支烟烟包输送平板带调整装置：201911135986．2［P］．2020-01-07．

[98] 常德烟草机械有限责任公司．一种细支烟回收装置：201911065965．8［P］．2020-01-14．

[99] 河南中烟工业有限责任公司．一种细支烟卷接机组的平准器装置：201721016206．9［P］．2018-03-27．

[100] 红云红河烟草（集团）有限责任公司．一种细支卷烟机搓接装置：201821647308．5［P］．2019-07-05．

[101] 湖北中烟工业有限责任公司．一种改进的GDX2细支包装机五轮出口导板：201721726357．3［P］．2018-07-10．

[102] 贵州中烟工业有限责任公司．一种用于细支烟机组的切割圆刀的冷却装置：20192000700．5［P］．2020-03-17．

[103] 红云红河烟草（集团）有限责任公司．一种细支卷烟机新型动态密封装置：201720543129．6［P］．2018-01-16．

[104] 湖北中烟工业有限责任公司. 一种细支卷烟设备喇叭嘴支架找正装置：201821690521.4［P］.2019-08-02.

[105] 红云红河烟草（集团）有限责任公司. 一种细支卷烟包装机烟支料库下烟通道稳定装置：201920825513.4［P］.2020-02-18.

[106] 李钊. 提高细支烟在PASSIM机型改造后的可靠性［J］. 机械工程师，2014（9）：222-223.

[107] 殷树强. PASSIM8K机组生产超细支（φ5.4）卷烟［J］. 科技与企业，2013（18）：304.

[108] 孙吉华，孟庆华，李绍坚，等. 细支烟装封箱机研制［Z］. 科技成果，K2017-17.

[109] 乔维定，杨勇，毕昆义，等. FY118型激光式超细废烟支在线回收装置［Z］. 科技成果，K2015-29.

[110] 刘小苏，文胜辉，冯雄裕，等. 一种新型GDX2细支烟异型包装机六号轮模盒：中国. CN204871700U［P］. 2015-12-16.

[111] 韦干付，朱润铭，周肇峰，等. 一种适用超细支烟的劈刀盘：中国，CN204861136U［P］. 2015-12-16.

[112] 张爱武，王安宽，谢崇权，等. 用于超细支烟的搓板机构：中国，CN205567802U［P］. 2016-09-14.

[113] 玉溪市群力工贸有限公司. 细支烟长度与激光打孔检测仪：201810024983.0［P］. 2019-07-19.

[114] 郑州嘉德机电科技有限公司. 细支烟燃烧锥落头检测装置：201620558392.8［P］. 2016-11-30.

[115] 河南中烟工业有限责任公司. 一种烟支圆周和长度理化指标测量工具：2019215626.6［P］. 2020-05-22.

[116] 陈丞. 综合测试台检测细支卷烟的技术改造［J］. 安徽农业科学，2016，44（6）：309-312.

[117] 申钦鹏，刘春波，杨光宇，等. 一种用于细支烟的卷烟烟气捕集器的转接头：中国，CN204064730U［P］. 2014-12-31.

[118] 刘彤，陈欢，韩书磊，等. 单光子飞行时间质谱在线逐口分析细支烟主流烟气中7种挥发性有机化合物：中国，CN104833719A［P］. 2015-08-12.

[119] 国家烟草专卖局. 细支卷烟升级创新重大专项方案［Z］. 2016.

[120] 国家烟草专卖局. 细支卷烟升级创新重大专项［R］. 2020.

[121] 吴风光，戚新平，聂广军，等. 适应细支烟的打叶复烤片烟结构优化关键工艺与装备研究［R］. 2017.

[122] 陈晶波，朱怀远，郝喜良，等. 中式卷烟细支烟品类构建与创新［R］. 2018.

[123] 王兵，李斌，邓国栋，等. 提高细支卷烟质量稳定性的关键工艺技术研究［R］. 2018.

[124] 马宇平, 堵劲松, 丁美宙, 等. 适用于细支卷烟的烟片结构及调控技术研究 [R]. 2019.

[125] 张虹, 全国烟草科技工作会议上的工作报告"坚韧不拔加大科技创新力度, 提升烟草科技发展质量和水平", 2015, 国家烟草专卖局.

[126] Ford A, C. Moodie, A. M. MacKintosh, et al. Adolescent perceptions of cigarette appearance [J]. European Journal of Public Health, 2014. 24 (3): 464-468.

[127] Siu M., N. Mladjenovic, E. Soo. The analysis of mainstream smoke emissions of Canadian 'super slim' cigarettes [J]. Tobacco Control, 2013. 22 (6).

[128] Ashley M., M. Dixon, K. Prasad. Relationship between cigarette format and mouth-level exposure to tar and nicotine in smokers of Russian king-size cigarettes [J]. Regul Toxicol Pharmacol, 2014. 70 (1): 430-7.

[129] 甘学文, 胡启秀, 蒋锦锋, 等. HCI模式对超细卷烟常规烟气成分测试结果的影响 [J]. 烟草科技, 2014 (7): 40-44.

[130] 制丝项目工作组, 制丝工艺技术集成推广工作交流材料, 2005: 国家烟草专卖局科技教育司.

[131] 中国科学技术协会, 烟草科学与技术学科发展报告, 中国烟草学会. 2010, 北京: 中国科学技术出版社.

[132] 余娜, 申晓锋, 徐大勇, 等. 基于分形理论的烟丝尺寸分布表征方法 [J]. 烟草科技, 2012 (4): 5-8.

[133] 余娜. 片烟结构与叶丝结构关系研究 [D], 2012.

[134] 申晓锋, 李华杰, 李善莲, 等. 烟丝结构表征方法研究 [J]. 中国烟草学报, 2010. 16 (2): 20-25.

[135] 罗登山, 曾静, 刘栋, 等. 叶片结构对卷烟质量影响的研究进展 [J]. 郑州轻工业学院学报 (自然科学版), 2010. 25 (2): 13-17.

[136] 夏营威, 冯茜, 赵砚棠, 等. 基于计算机视觉的烟丝宽度测量方法 [J]. 烟草科技, 2014 (9): 10-14.

[137] 申晓锋. 烟丝结构对卷烟物理指标的影响研究 [J]. 郑州: 中国烟草总公司郑州烟草研究院, 2008.

[138] 李善莲, 申晓锋, 李华杰, 等. 烟丝结构对卷烟端部落丝量的影响 [J]. 烟草科技, 2010 (2): 5-7, 10.

[139] Shen J., J. Li, X. Qian, et al. A review on engineering of cellulosic cigarette paper to reduce carbon monoxide delivery of cigarettes [J]. Carbohydrate Polymers, 2014. 101: 769-775.

[140] Li B., H. R. Pang, J. Xing, et al. Effect of reduced ignition propensity paper bands on cigarette burning temperatures [J]. Thermochimica Acta, 2014. 579: 93-99.

[141] 谢卫, 黄朝章, 苏明亮, 等. 辅助材料设计参数对卷烟7种烟气有害成分释放量及

其危害性指数的影响 [J]. 烟草科技, 2013 (1): 31-38.

[142] 李斌, 庞红蕊, 谢国勇, 等. 卷烟纸助燃剂含量与定量对卷烟燃吸温度分布特征的影响 [J]. 烟草科技, 2013 (12): 45-49.

[143] 赵乐, 彭斌, 于川芳, 等. 辅助材料设计参数对卷烟7种烟气有害成分释放量的影响 [J]. 烟草科技, 2012 (10): 46-50+84.

[144] 庞永强, 黄春晖, 陈再根, 等. 通风稀释对卷烟燃烧温度及主流烟气中主要有害成分释放量的影响 [J]. 烟草科技, 2012 (11): 29-32.

[145] 黄朝章, 李桂珍, 连芬燕, 等. 卷烟纸特性对卷烟主流烟气7种有害成分释放量的影响 [J]. 烟草科技, 2011 (4): 29-32.

[146] 常纪恒, 赵荣, 余振华, 等. 滤棒成型工艺参数与质量稳定性的关系 [J]. 烟草科技, 2007 (1): 5-9, 14.

[147] 常纪恒, 阮晓明, 赵荣, 等. 滤棒物性参数之间的相关关系 [J]. 烟草科技, 2003 (10): 9-12.

[148] 邓国栋, 堵劲松, 张玉海, 等. 不同卷烟机型对烟丝造碎的影响 [J]. 烟草科技, 2012 (8): 8-11.

[149] 沈晓晨, 刘献军, 庄亚东, 等. 烟丝分布对卷烟主流烟气中氨和焦油释放量的影响 [J]. 烟草科技, 2013 (6): 37-39.

[150] 李斌, 孔臻, 冯志斌, 等. 测定卷烟机剔除梗签物中含烟丝量的仪器 [P]. 国家知识产权局 201110168642.9.

[151] 曾静, 李斌, 冯志斌, 等. 卷烟机剔除梗签物中含丝量的检测 [J]. 烟草科技, 2012 (8): 5-7, 11.

[152] 江威, 张国智, 冯志斌等. 利用烟丝含签率检测仪研究加工工艺对烟支含签率的影响 [J]. 食品与机械, 2014. 30 (5): 6.

[153] 李斌, 马新玲, 刘向真, 等. 卷烟燃烧锥受力分析与落头倾向检测方法 [J]. 烟草科技, 2014 (1): 12-15.